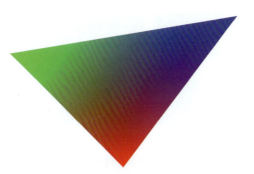

图 1　用重心坐标算法填充效果图

图 2　光滑着色正六边形

图 3　填充正六边形

图 4　交叉条几何模型

图 5　交叉条的面消隐效果

图 6　交叉三角形（平三角形）

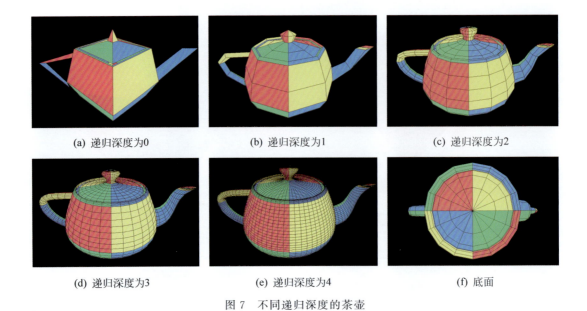

(a) 递归深度为0　　　　　　(b) 递归深度为1　　　　　　(c) 递归深度为2

(d) 递归深度为3　　　　　　(e) 递归深度为4　　　　　　(f) 底面

图 7　不同递归深度的茶壶

图 8　多个茶壶(俯视图)

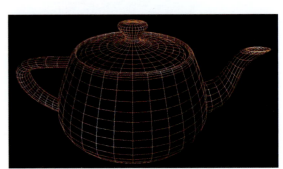

图 9　茶壶光照线框模型效果图

图 10　茶壶的 Gouraud 光照效果

图 11　法向量不存在点处(壶顶)

图 12 平面着色茶壶

图 13 茶壶的 Phong 明暗处理光照模型效果图

图 14 Phong 光滑着色西施壶

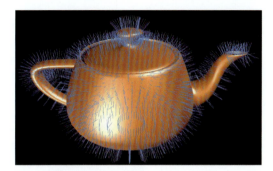

图 15 添加了法线的茶壶（状态 1）

图 16 C-T 光照模型

图 17 西施壶 C-T 光照模型渲染效果图

图 18 背景为棋盘图案的半透明铜材质 Utah 茶壶

图 19 光照茶壶及其阴影效果图

图 20 三维场景的阴影贴图效果

图 21 三维木纹茶壶效果图

图 22 Perlin 噪声效果图

图 23 漫反射贴图效果

(a) 贴画　　　　　　　　　　　　　　(b) 贴图效果

图 24 茶壶"前面"贴一幅图

图 25 高度图

图 26 凹凸贴图效果

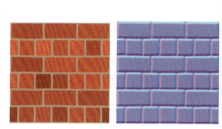

图 27 漫反射图、法线图及法线贴图

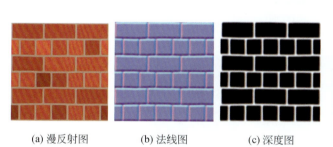

(a) 漫反射图　　　(b) 法线图　　　(c) 深度图

图 28 视差贴图所需的图像

图 29 视差贴图

图 30 环境图

图 31 环境贴图

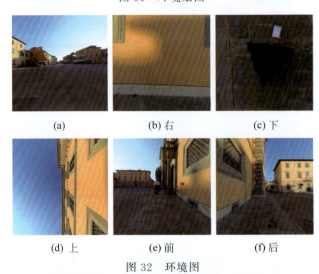

图 32 环境图

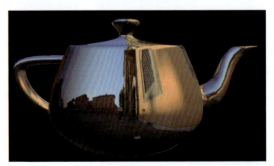

图 33 使用环境映射算法的贴图效果

图 34 实物图

(a) 光照模型

(b) 真实感图形

图 35 铸客大鼎渲染效果图

高等学校计算机专业教材·图形图像与多媒体技术

"十二五"普通高等教育本科国家级规划教材

计算机图形学实践教程
(Visual C++版)(第3版)

孔令德 编著

清华大学出版社
北京

内 容 简 介

本书是《计算机图形学基础教程(Visual C++版)》(第3版)(ISBN 978-7-302-66306-5)的姊妹篇。编写原则是将计算机图形学的原理与具体实践相结合,培养"懂算法、会编程"的应用型人才。本书选用面向对象程序设计语言C++编写计算机图形学算法,开发平台是Visual Studio 2022的MFC。MFC仅用于制作一张画布,用绘制像素点函数展示计算机图形学的算法实现效果。

作为首批国家级一流本科课程"计算机图形学"的负责人,笔者历时十多年,用C++语言编写了计算机图形学算法类,搭建了一个U3DS三维图形学系统。U3DS三维图形学系统用三维动画的方式展示绘制效果,共给出50个算法案例。

本书模块化强、代码统一、注释规范。读者通过观看各个案例的微课视频讲解,可以编程绘制彩图展示的效果图。

本书不仅可以作为本科生和研究生学习计算机图形学的案例化教材,也可以作为实验和课程设计教材,还可以供从事游戏开发和三维重建的程序员自学使用。

版权所有,侵权必究。举报:010-62782989,beiqinquan@tup.tsinghua.edu.cn。

图书在版编目(CIP)数据

计算机图形学实践教程:Visual C++版/孔令德编著. -- 3版. -- 北京:清华大学出版社,2025.2. --(高等学校计算机专业教材). -- ISBN 978-7-302-68217-2

Ⅰ.TP391.41;TP312.8

中国国家版本馆CIP数据核字第20250CG007号

责任编辑:汪汉友　常建丽
封面设计:常雪影
责任校对:王勤勤
责任印制:刘　菲

出版发行:清华大学出版社
网　　址:https://www.tup.com.cn,https://www.wqxuetang.com
地　　址:北京清华大学学研大厦A座　　　邮　编:100084
社 总 机:010-83470000　　　　　　　　　邮　购:010-62786544
投稿与读者服务:010-62776969,c-service@tup.tsinghua.edu.cn
质量反馈:010-62772015,zhiliang@tup.tsinghua.edu.cn
课件下载:https://www.tup.com.cn,010-83470236
印 装 者:涿州汇美亿浓印刷有限公司
经　　销:全国新华书店
开　　本:185mm×260mm　　印　张:23　　彩　插:3　　字　数:566千字
版　　次:2008年5月第1版　　2025年3月第3版　　印　次:2025年3月第1次印刷
定　　价:69.00元

产品编号:070232-01

第 3 版前言

本书是与《计算机图形学基础教程(Visual C++版)》(第 3 版)(ISBN 978-7-302-66306-5,简称主教材)配套的实践教程。对于主教材中讲解的每个原理,本书均给出配套的算法实现源代码,共计 50 个案例。本书案例没有采用任何第三方的图形库,纯粹使用 C++语言从底层开发。所有的案例集合属于笔者的 U3DS 系统(山西省教学成果二等奖,2012 年)。

本书的算法类模块包括直线类 CLine、三角形填充类 CTriangle、二维变换类 CTransform2、三维变换类 CTransform3、投影类 CProjection、深度缓冲类 CZBuffer、光源类 CLightSource、材质类 CMaterial、光照类 CLighting、纹理类 CTexture 等。为了支持算法类的运行,定义的基础类模块包括二维点类 CP2、三维点类 CP3、表面类 CFace、三维向量类 CVector3、颜色类 CRGB、纹理坐标类 CT2 等。三维物体是计算机图形学算法作用的对象,物体类模块主要包括立方体类 CCube、球体类 CSphere、圆环类 CTorus、茶壶类 CTeapot 等。

每个案例按照"案例需求""案例分析""算法设计""案例设计""案例小结""案例拓展"6 部分编排。教师每讲完一个算法就定义一个类模块,该模块可以在后续案例中使用。举例说:讲解法线贴图算法时,不需要讲解物体类模块、投影类模块 CProjection、消隐类模块 CZBuffer、光照类模块 CLighting、纹理类模块 CTexture,只须关注如何修改 CZBuffer 消隐类模块,从法线贴图中读出扰动后的法向量,进而产生凹凸光照效果。为了避免重复,前述案例已经阐述过的代码,后续案例中将不再提及。

本次改版的主要工作有以下 5 点。

① 规范了算法类模块,严格按照面向对象方法重新搭建了算法类模块,主要修改包括物体类、填充类、投影类、纹理类。

② 规范了代码的注释,使得编写风格统一、注释规范。

③ 以茶壶为主体展示算法效果,这是国际上计算机图形学教材常用的方法。

④ 重新改写了光照和纹理相关的算法,增加了法线贴图、透视校正、环境贴图等与市场前沿技术接轨的算法。

⑤ 为每个案例增加了"案例拓展"部分,方便学习案例后进行自主创新。

本书可作为主教材的配套教材使用,也可作为计算机图形学课程的实验教材单独使用。用 C++编写案例不是唯一的途径,读者可以采用其他程序设计语言重写所有案例。期望读者开展这方面的工作,与笔者共同开发计算机图形学案例。

不管如何教学,建立案例资源是必需的。教改文章可以写,教学模式可以改革,但教学的核心内容是案例资源建设,用编码实现来理解原理算法。经年累月,积少成多,笔者一直致力于打造计算机图形学优质教学资源库。本书提供的教学案例集曾荣获山西省教学成果最高奖。

孔令德
2025 年 3 月

学习资源

第 2 版前言

  计算机图形学是一门只有通过实践才能掌握的课程，任何不给出算法的计算机图形学书籍都是不完整的，学习计算机图形学原理的最好方法之一就是编程实现这些原理，只有真正实现一个算法才能对原理有深刻的理解，才能对算法的细枝末节有所体会。

  读者可能惊诧于彩插中的美丽图形，以为是使用 3ds max 软件或者 OpenGL 图形库绘制的，其实这些图形是使用 C++ 语言绘制的，更确切地说是在本书配套的《计算机图形学基础教程(VisualC++版)》(第 2 版)所讲授的计算机图形学原理的指导下，使用 Visual C++ 的 MFC 框架完成的。对于《计算机图形学基础教程》(第 2 版)中讲解的每个原理，本书都给出了一一对应的案例源程序。笔者把这套自主开发的系统命名为 Universal 3D System，简称为 U3DS，共包含 60 个案例源程序。

  每个案例使用"案例需求""案例分析""算法设计""案例设计""案例总结"五部曲模式进行编写。为了避免重复，前述案例已经讲解过的代码，在后续的案例中将不再提及。所有案例均经过了严格测试，读者只要在 Visual C++ 的集成开发环境中编译、连接、运行就可以看到案例所展示的动画效果。U3DS 中所有案例构成的计算机图形学实践教学资源库已于 2012 年被评为省级教学成果一等奖。

  U3DS 以类模块为单元，采用"搭积木"的方法建设。将《计算机图形学基础教程(Visual C+版)》(第 2 版)的每个原理使用 MFC 定义一个类，添加到 U3DS 架构中供后续案例调用。U3DS 提供的原理级类模块包括 CLine 直线类、CALine 反走样直线类、CFill 填充类、CTransform 几何变换类、CZBufier 深度缓冲类、CMaterial 材质类、CLightSource 光源类、CLighting 光照类等。为了支持原理类的运行，U3DS 定义了一些必要的基础类包括 CP2 二维点类、CP3 三维点类、CFace 表面类、CVector 向量类和 CRGB(或 CRGBA)颜色类等。读完本书的所有案例，读者就可以在三维动画场景中，对自定义的物体(使用顶点表和表面表定义)施加光照，改变材质属性或映射纹理，最终生成真实感图形。

  本书此次改版相当于重写，案例数由第 1 版的 43 个增加到 60 个，新增案例主要来自于真实感图形部分，本书既可作为教学案例指导书，配合主教材验证原理，也可以作为实验指导书供学生完成上机实验。

  对于本书所提供的所有源程序，笔者享有软件著作权，如果本书代码存在不足之处，敬请读者提出宝贵建议，请选用本书的计算机图形学教师及时加入"计算机图形学教师群"，笔者可对书中的代码进行在线解释。

孔令德
2012 年 10 月

第 1 版前言

计算机图形学是交互式图形开发的基本理论,同时也是一门实践性的学科。笔者积累十多年的计算机图形学讲授经验,使用 Visual C++ 6.0 的 MFC 框架开发了涉及"基本图形的扫描转换""多边形填充""二维变换和裁剪""三维变换和投影""自由曲线和曲面""分形几何""动态消隐""真实感图形"等章节内容的 43 个案例。

本书是《计算机图形学基础教程(Visual C++ 版)》(ISBN 978-7-302-17082-2)的配套实践教程。对于 Visual C++ 的 MFC 框架,本书从使用的角度进行了详细操作说明。本书的程序给出了 *.h 文件和 *.cpp 文件,算法编写规范,注释清晰,读者可以很容易地按照本书提供的源程序一步一步地完成上机实践。

学习完本书,读者可以建立三维场景,对形体施加光照,改变材质或实现纹理映射。在场景中通过鼠标、键盘来控制形体的旋转和动画,基本达到 OpenGl 或 3DS 生成的图形效果。

本书中有许多案例是笔者工作的基础,如有效边表填充算法、透视投影变换、Gouraud 明暗处理、Z-Buffer 消隐算法和光照模型等,希望读者认真体会和理解。

笔者负责主持山西省精品课程"C++ 程序设计"和院级精品课程"计算机图形学"。本书是面向对象语言和计算机图形学原理相结合形成的产物,是笔者十多年教学科研工作成果的总结。

孔令德

2008 年 4 月

目 录

案例 1　金刚石图案算法 ··· 1
案例 2　双缓冲动画算法 ··· 14
案例 3　DDA 画线算法 ·· 23
案例 4　Bresenham 画线算法 ··· 27
案例 5　中点画线算法 ·· 34
案例 6　中点画圆算法 ·· 43
案例 7　中点画椭圆算法 ··· 48
案例 8　Wu 反走样算法 ··· 53
案例 9　标准填充算法 ·· 59
案例 10　Bresenham 填充算法 ··· 67
案例 11　重心坐标填充算法 ·· 73
案例 12　有效边表填充算法 ·· 77
案例 13　边填充算法 ··· 86
案例 14　边界表示的种子填充算法 ·· 91
案例 15　内点表示的泛填充算法 ··· 98
案例 16　扫描线种子填充算法 ··· 102
案例 17　二维图形几何变换算法 ·· 108
案例 18　Cohen-Sutherland 裁剪算法 ··· 118
案例 19　中点分割裁剪算法 ·· 124
案例 20　Liang-Barsky 裁剪算法 ·· 128
案例 21　Sutherland-Hodgman 多边形裁剪算法 ···································· 134
案例 22　三维图形几何变换算法 ·· 140
案例 23　三视图算法 ··· 152
案例 24　透视投影算法 ·· 160
案例 25　三次 Bezier 曲线算法 ·· 165
案例 26　双三次 Bezier 曲面算法 ··· 170
案例 27　Bezier 球体算法 ··· 180
案例 28　Utah 茶壶算法 ··· 191
案例 29　三次 B 样条曲线算法 ·· 204
案例 30　双三次 B 样条曲面算法 ··· 211
案例 31　背面剔除算法 ·· 218
案例 32　zBuffer 算法 ··· 227
案例 33　画家算法 ·· 234
案例 34　Blinn-Phong 光照模型算法 ·· 243

案例 35　Gouraud 明暗处理算法 …………………………………………………………… 250
案例 36　Phong 明暗处理算法 ……………………………………………………………… 257
案例 37　Cook-Torrance 光照模型算法 …………………………………………………… 263
案例 38　简单透明算法 ……………………………………………………………………… 269
案例 39　投影阴影算法 ……………………………………………………………………… 277
案例 40　阴影贴图算法 ……………………………………………………………………… 283
案例 41　函数纹理算法 ……………………………………………………………………… 291
案例 42　三维纹理算法 ……………………………………………………………………… 296
案例 43　透视校正算法 ……………………………………………………………………… 302
案例 44　漫反射贴图算法 …………………………………………………………………… 308
案例 45　凹凸贴图算法 ……………………………………………………………………… 316
案例 46　法线贴图算法 ……………………………………………………………………… 322
案例 47　视差贴图算法 ……………………………………………………………………… 329
案例 48　环境贴图算法（球方法） ………………………………………………………… 337
案例 49　环境贴图算法（立方体方法） …………………………………………………… 342
案例 50　读入外部模型算法 ………………………………………………………………… 348
参考文献 ………………………………………………………………………………………… 356

案例 1 金刚石图案算法

知识点

- 创建 Test 项目模板。
- 定义二维坐标系。
- 定义二维点类。
- 定义金刚石类。

一、案例需求

1. 案例描述

对半径为 r 的圆 n 等分,使用直线段连接各等分点形成金刚石图案。试以窗口客户区中心为金刚石图案的中心,绘制金刚石图案(以下简称金刚石)。

2. 功能说明

(1)自定义屏幕二维坐标系,原点位于窗口客户区中心,x 轴水平向右为正,y 轴垂直向上为正。

(2)在窗口客户区中心绘制金刚石。

3. 案例效果图

绘制等分点数 $n=21$、半径 $r=300$ 的黑色线条连接的金刚石,效果如图 1-1 所示。

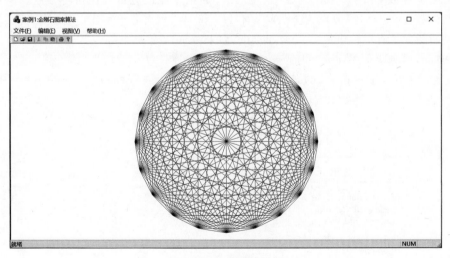

图 1-1 金刚石效果图

二、案例分析

1. 设计目的

在 Windows 11 操作系统上，使用 Microsoft Visual Studio 2022（以下简称 VS22）开发平台建立一个 Test 项目。本案例讲解二维点类 CP2 和 CDiamond 类的定义方法，以及在 CTestView 类中调用 CDiamond 类绘图的方法。

2. 定义二维点类

窗口客户区由像素点组成，屏幕坐标系使用的是整数坐标。在图形的计算过程中，为了保证精度，使用了双精度参数。将计算结果输出到窗口客户区所代表的屏幕时，需要将双精度数转换为整数。

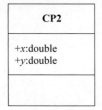

图 1-2 二维点类图

本案例定义二维点类 CP2 来存储双精度型变量 x 和 y，如图 1-2 所示。在 Visual C++ 中，常用大写字母"C"开始的标识符作为类名。"P"代表 Point，"2"表示仅包含变量 x 坐标和 y 坐标的二维点。CP2 类将一个点的双精度型变量 x 和 y 绑定在一起处理。类图 1-2 中，"＋"代表公有成员（"－"代表私有成员，"♯"代表保护成员）。虽然一般在类的设计中常将成员变量设置为私有成员，但 CP2 类中的 (x, y) 主要用于类外直接读入二维点坐标。为方便操作起见，x 和 y 均设计为公有数据成员。

3. 定义金刚石类

设计金刚石类 CDiamond，如图 1-3 所示。公有成员函数包括设置参数函数 SetParameter()，用于设置金刚石的等分点数、半径和中心点；读入等分点函数 ReadVertex() 和绘图函数 Draw()；私有数据成员包括圆的等分点数目 n、圆的半径 r 和金刚石的中心点 pt 以及等分点数组 P。数组 P 根据读入的等分点数 n 进行动态定义，可以节省存储空间。

定义成员函数 Draw() 来绘制金刚石。设计的难点是避免重复连接等分点。例如，当圆的等分点个数 $n=5$ 时，等分点为 P_0、P_1、P_2、P_3 和 P_4，只需要连接 10 段直线。线段的端点对应情况如图 1-4 所示。金刚石所需连接的直线数 Sum 是一个等差数列，Sum＝$n(n-1)/2$。本例中，当等分点个数 $n=5$ 时，Sum＝10。P_0 点连接 P_1、P_2、P_3、P_4，用 4 段直线；P_1 点连接 P_2、P_3、P_4，用 3 段直线；P_2 点连接 P_3、P_4，用 2 段直线；P_3 点连接 P_4，用 1 段直线，合计：连接 5 个点需要 10 段直线。

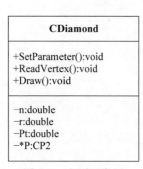

图 1-3 金刚石类图

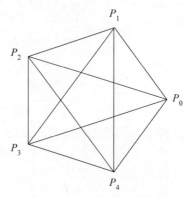

图 1-4 $n=5$ 时的线段连接

三、算法设计

(1) 定义金刚石类,成员函数有以下 3 个。

① 设置参数函数。读入圆的等分点个数 n、圆的半径 r 和圆的中心点位置。

② 读入等分点函数。计算圆的等分点坐标,并将等分点坐标存储于数组 P 中。

③ 绘图函数。设计一个二重循环避免等分点之间重复连线,代表起点的外层整型变量 i 从 $i=0$ 循环到 $i=n-2$;代表终点的内层整型变量 j 从 $j=i+1$ 循环到 $j=n-1$。以 $P[i]$ 为起点,$P[j]$ 为终点,用直线段连接等分点来绘制金刚石。

(2) 将金刚石类导入 CTestView 类中。

① 在构造函数中初始化金刚石对象,调用设置参数函数读入等分点数、圆的半径和中心点坐标。

② 在 OnDraw() 函数中,先使用模式映射函数自定义二维坐标系,然后调用 DrawObject() 函数来绘制图形。

③ 在 DrawObject() 函数中,调用 CDiamond 类的 Draw() 函数绘制金刚石。

四、案例实现

1. 设计 Test 项目模板

在 Windows 11 操作系统上,安装中文版的 VS22。在"工作负荷"一栏选择"使用 C++ 的桌面开发",如图 1-5 所示;在"单个组件"一栏安装搜索组件"MFC",选中搜索内容的最后一项,即"适用于最新 v143 生成工具的 C++ MFC(x86 和 x64)",如图 1-6 所示,即可正常安装 VS22 的 MFC。

图 1-5 选择工作负荷

新建一个名称为 Test 的项目,这是一个单文档应用程序框架。创建步骤如下。

(1) 启动 VS22,出现如图 1-7 所示的启动界面。

(2) 在图 1-8 所示的"创建新项目"对话框中选中"MFC 应用",单击"下一步"按钮。

(3) 在图 1-9 所示的"配置新项目"对话框中,"项目名称"输入"Test";"位置"设置为 "D:\";"解决方案名称"默认与项目名称一样。单击"创建"按钮。

图 1-6 选择单个组件

图 1-7 启动界面

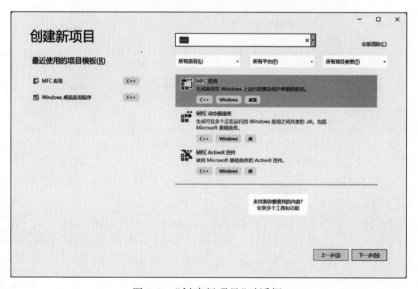

图 1-8 "创建新项目"对话框

图1-9 "配置新项目"对话框

（4）在图1-10所示"MFC应用程序"对话框中,"应用程序类型"设置为"单个文档";"项目样式"设置为"MFC standard"。其余采用默认值,单击"完成"按钮。

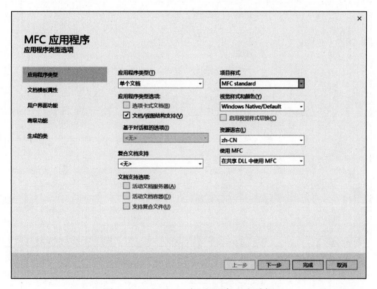

图1-10 "MFC应用程序"对话框

（5）应用程序向导最后生成了Test项目的单文档应用程序框架,并在"解决方案资源管理器"中自动打开了Test项目的集成开发环境,如图1-11所示。

（6）单击工具条上的 本地Windows调试器 按钮,就可以编译、连接、运行Test项目。Test项目运行界面如图1-12所示。

（7）在Test.cpp文件的InitInstance()函数中找到相应的注释语句(唯一的一个窗口已初始化,因此显示它并对其进行更新),添加阴影部分的代码,设置标题栏显示的文字内容为"案例1:金刚石图案算法"。

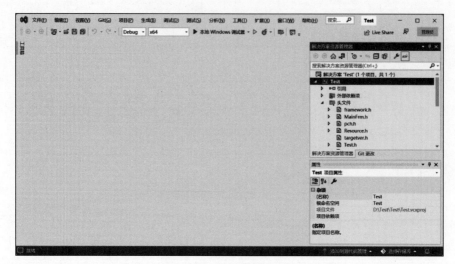

图 1-11 集成开发环境

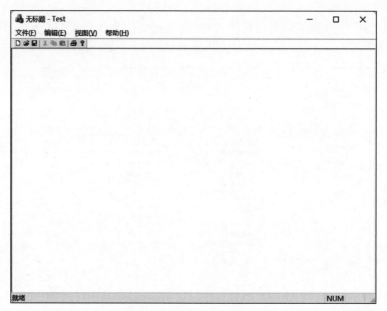

图 1-12 Test 项目运行界面

```
BOOL CTestApp::InitInstance()
{
    ...
    // 唯一的一个窗口已初始化,因此显示它并对其进行更新
    m_pMainWnd->ShowWindow(SW_SHOW);
    m_pMainWnd->SetWindowTextW(CString("案例1:金刚石图案算法"));
    m_pMainWnd->UpdateWindow();
    return TRUE;
}
```

其中,m_pMainWnd 为 CWinThread 类的公有指针数据成员。使用 m_pMainWnd 调用

CWnd 类的成员函数 ShowWindow() 可以控制窗口的显示状态。ShowWindow() 函数的原型如下：

```
BOOL ShowWindow(int nCmdShow);
```

当参数 nCmdShow 的取值为 SW_SHOW 时，窗口以现有的尺寸和位置显示；当参数 nCmdShow 的取值为 SW_SHOWMAXIMIZED 时，窗口极大化显示。VS22 有保持窗口上一次运行状态的功能。

使用 m_pMainWnd 调用 CWnd 类的成员函数 SetWindowTextW() 可以设置窗口标题栏的文字。SetWindowTextW() 函数的原型如下：

```
void SetWindowTextW( LPCTSTR lpszString );
```

本案例将窗口设置为极大化显示模式，并且在标题栏显示文字"案例 1：金刚石图案算法"。

2. 设计二维双精度点类

选中"项目|添加类"菜单项，打开"添加类"对话框，如图 1-13 所示。输入类名为 CP2 类，Visual C++ 的类向导自动添加了"CP2.h"文件和"CP2.cpp"。为了保持与 MFC 类命名的一致性，修改文件名为"P2.h"和"P2.cpp"。CP2 类添加成功后，在"解决方案资源管理器"标签页中显示结果如图 1-14 所示。

图 1-13　定义 CP2 类　　　　　　　　图 1-14　CP2 类的文件

（1）P2.h 文件的内容如下：

```
#pragma once
class CP2                          //二维点类
{
public:
    CP2(void);
    CP2(double x,double y);    //重载构造函数
    virtual ~CP2(void);
```

```
public:
    double x;
    double y;
};
```

(2) P2.cpp 文件的内容如下：

```
#include "pch.h"
#include"P2.h"
CP2::CP2(void)
{
}
CP2::CP2(double x,double y)
{
    this->x=x;
    this->y=y;
}
CP2::~CP2(void)
{
}
```

程序说明：#pragma once 指令用于防止重复定义。对于点类，频繁访问其数据成员 x 和 y，所以将 x 和 y 定义为公有成员。

3. 设计 CDiamond 类

按图 1-15 所示方式添加 CDiamond 类，文件名为"Diamond.h"和"Diamond.cpp"。

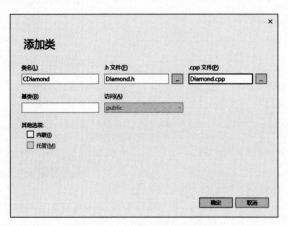

图 1-15　定义 CDiamond 类

1) CDiamond 类的头文件

```
#pragma once
#include "P2.h"
class CDiamond                                //金刚石类
{
public:
    CDiamond(void);
    virtual ~CDiamond(void);
    void SetParameter(int n, double r, CP2 Pt);   //设置参数
```

```cpp
    void ReadVertex(void);              //计算等分点坐标
    void Draw(CDC * pDC);               //绘图
private:
    int n;                              //等分点数
    double r;                           //金刚石半径
    CP2 Pt;                             //金刚石中心点
    CP2 * P;                            //等分点一维数组
};
```

程序说明：Diamond.h 文件开头要包含头文件♯include"P2.h"，用浮点型数来提高计算精度。

成员函数说明：

① SetParameter()用于设置金刚石的等分点数、半径和中心点坐标。

② ReadVertex()用于计算并读入等分点坐标。

③ Draw()函数用于绘图。

数据成员说明：

① 变量 r 表示圆的半径；

② CP2 类型的变量 Pt 表示金刚石的中心点。

③ CP2 类型的指针成员变量 P 用于存储金刚石的等分点坐标。

2) 设计 CDiamond 类的实现文件

(1) 定义 SetParameter()函数。

```cpp
void CDiamond::SetParameter(int n, double r, CP2 Pt)    //读入参数
{
    this->n=n;
    this->r=r;
    this->Pt=Pt;                        //中心点坐标
    P=new CP2[n];                       //等分点数组
}
```

程序说明：由于等分点数是输入值，所以需要使用一维动态数组 P 来存储等分点坐标。new 运算符返回指向该对象的指针。

(2) 定义 ReadVertex()函数。

```cpp
void CDiamond::ReadVertex(void)                         //读入等分点
{
    double Theta=2*PI/n;                //定义金刚石的等分角
    for (int i=0; i<n; i++)             //计算等分点坐标
    {
        P[i].x=r*cos(i*Theta);
        P[i].y=r*sin(i*Theta);
    }
}
```

程序说明：Theta(表示 θ)是等分角，使用三角函数计算等分点坐标。

(3) 定义 Draw()函数。

```cpp
void CDiamond::Draw(CDC * pDC)                          //绘图
```

```
    {
        for (int i=0; i<=n-2; i++)                    //直线段连接等分点
            for (int j=i+1; j<=n-1; j++)
            {
                pDC->MoveTo(ROUND(P[n].x+P[i].x), ROUND(P[n].y+P[i].y));
                pDC->LineTo(ROUND(P[n].x+P[j].x), ROUND(P[n].y+P[j].y));
            }
    }
```

程序说明：本段代码避免直线段重复连接，设置起点的索引号 i 为 $0 \sim n-2$，终点的索引号 j 为 $i+1 \sim n-1$。如果感觉以上代码不好理解，也可以重复连接。重复连接各顶点的代码如下：

```
void CDiamond::Draw(CDC * pDC)
{
    for (int i=0; i<n; i++)                           //连接等分点
        for (int j=0; j<n; j++)
        {
            pDC->MoveTo(ROUND(Pt.x+P[i].x), ROUND(Pt.y+P[i].y));
            pDC->LineTo(ROUND(Pt.x+P[j].x), ROUND(Pt.y+P[j].y));
        }
}
```

（4）撤销动态申请的内存空间。

```
CDiamond::~CDiamond(void)
{
    delete[] P;
    P=NULL;
}
```

程序说明：使用 new 运算符申请的内存空间，用完后应使用 delete 运算符撤销，以避免造成内存泄漏（Memory Leak）。而且，撤销 P 所指向的内存区域后，应该将 P 指针置空。

（5）Diamond.cpp 文件开头需要包含以下头文件。

```
#define PI 3.1415926                                  //PI 的宏定义
#define ROUND(d)  int((d)+0.5)                        //浮点数 d 的圆整
```

程序说明：ROUND 是带参数的宏定义。ROUND 宏只能进行正数圆整。对于自定义坐标系，数值出现了负数，需要几何上取离当前浮点型点最近的整数点。圆整函数常定义为

```
#define ROUND(d)  int(floor((d)+0.5))                 //几何圆整宏定义
```

4. 设计 CTestView 类

1）CTestView 类的头文件

声明成员函数 DrawObject() 用于绘图。声明 CDiamond 对象 diamond 来绘制金刚石。

```
public:
    void DrawObject(CDC * pDC);                       //绘制图形
protected:
    CDiamond diamond;                                 //声明金刚石对象
```

2) CTestView 类的构造函数

首先,在"解决方案管理器"选项卡中找到 TestView.cpp 文件并打开,在构造函数中对金刚石进行初始化。

```
CTestView::CTestView()
{
    // TODO: add construction code here
    int Number=21;                                              //定义等分点数
    double Radius=300;                                          //定义圆的半径
    CP2 CenterPoint(0, 0);                                      //定义中心点坐标
    diamond.SetParameter(Number, Radius, CenterPoint);          //设置金刚石的参数
    diamond.ReadVertex();                                       //读入等分点坐标
}
```

程序说明:定义等分点个数 Number 为 21,圆的半径 Radius 为 300。定义窗口客户区中心为金刚石的中心。调用 diamond 的接口函数 SetParameter() 初始化金刚石。调用 diamond 的接口函数 ReadVertex() 计算圆的等分点坐标。

3) OnDraw 函数

```
void CTestView::OnDraw(CDC * pDC)
{
    CTestDoc * pDoc=GetDocument();
    ASSERT_VALID(pDoc);
    if (!pDoc)
        return;
    // TODO: 在此处为本机数据添加绘制代码
    CRect rect;
    GetClientRect(&rect);
    pDC->SetMapMode(MM_ANISOTROPIC);                            //自定义二维坐标系
    pDC->SetWindowExt(rect.Width(), rect.Height());
    pDC->SetViewportExt(rect.Width(), -rect.Height());
    pDC->SetViewportOrg(rect.Width()/2, rect.Height()/2);
    rect.OffsetRect(-rect.Width()/2, -rect.Height()/2);         //偏置 rect
    DrawObject(pDC);
}
```

程序说明:定义矩形对象 rect,并使用 CWnd 类的成员函数 GetClientRect() 为 rect 赋值。自定义二维坐标系,坐标系原点位于客户区中心,x 轴水平向右为正,y 轴垂直向上为正。使用 SetMapMode() 函数设置映射模式为各向异性,即 x 坐标和 y 坐标比例可以不同。使用 SetMapMode() 函数时,需要调用 SetWindowExt() 函数和 SetViewportExt() 函数来设置窗口和视区,以建立映射关系。这里,设置视区时,取 y 轴反向,即向上。调用 SetViewportOrg() 函数设置窗口客户区中心为自定义二维坐标系原点。自定义坐标系将原先第一象限内的设备坐标系(x 坐标和 y 坐标均为正值,如图 1-16 所示)扩展到 4 个象限内,x 坐标和 y 坐标出现了负值。由于坐标系的改变,rect 已经向屏幕的右上方偏移了半宽和半高,如图 1-17 所示。CRect 类的成员函数 OffsetRect() 的作用是在新坐标系内将 rect 恢复到原先位置,如图 1-18 所示,此时客户区的左下角点坐标为(left,top),右上角点坐标为(right,bottom)。这里请读者注意,在新坐标系下使用 CRect 类的数据成员 left、top、 right 和 bottom 时,其值已经发生了变化。

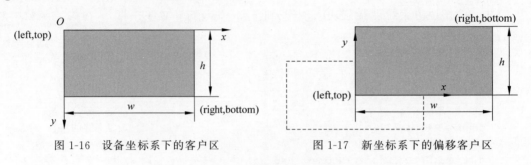

图 1-16　设备坐标系下的客户区　　　　图 1-17　新坐标系下的偏移客户区

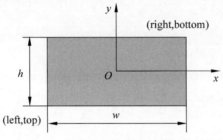

图 1-18　新坐标系下的正确客户区

DrawObject()函数是一个通用函数,用于绘制图形。

4) 绘制金刚石函数

```
void CTestView::DrawObject(CDC * pDC)
{
    diamond.Draw(pDC);      //调用金刚石类对象的函数绘图
}
```

程序说明：调用金刚石对象的 Darw()函数来绘制金刚石。本例中,如果等分点个数设定为偶数(Number=20),部分线段通过中心点,如图 1-19 所示;如果等分点个数设定为奇数(Number=21),所有线段均不通过中心点,遗留一个小圆圈,如图 1-1 所示。

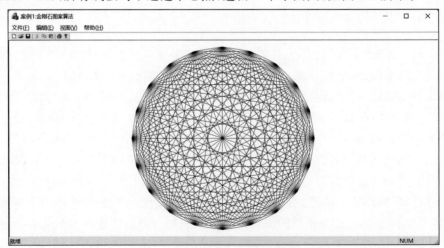

图 1-19　偶数等分点的金刚石

五、案例小结

（1）本案例作为本书第一个示例程序，主要引导 Test 项目模板的建立。

（2）MFC 中，每个类都由 *.h 和 *.cpp 两个文件组成。例如，CP2 类的定义在 P2.h 头文件中，CP2 类的实现在 P2.cpp 源文件中。在 CTestView 类中使用 CP2 类定义的一维数组存储等分点，则需要包含 CP2 类的头文件 P2.h。

六、案例拓展

以窗口客户区中心为正三角形的外接圆圆心，绘制正三角形。将 3 个金刚石的中心点分别取为正三角形的 3 个顶点，计算金刚石半径使金刚石彼此相切。金刚石线条颜色分别设置为红色、绿色、蓝色。试绘制如图 1-20 所示的红绿蓝金刚石。

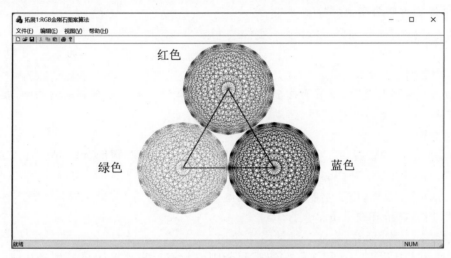

图 1-20　红绿蓝金刚石

案例 2　双缓冲动画算法

知识点

- 创建 Test 项目的动画模板。
- 设计个性化的菜单项与工具栏。
- 设计双缓冲函数。
- 设计碰撞检测函数。
- 设计定时器的控制函数。

一、案例需求

1. 案例描述

在绘制的金刚石图案(以下简称金刚石)基础上,设计一个金刚石移动的动画,要求是当金刚石与客户区边界发生碰撞后,运动方向取反。

2. 功能说明

(1) 程序运行界面提供了"文件"(File)、"图形"(Graph)和"帮助"(Help)3 个菜单。"文件"菜单项提供"退出"(Exit)子菜单项,用于退出项目。"图形"菜单项提供"动画"(Animation)子菜单项,用于绘制图形或者动画。"帮助"(Help)菜单项提供"关于"(About)子菜单项,用于显示开发人员信息。

(2) 定义双缓冲函数,生成三维动画场景。

(3) 使用工具栏上"动画"图标按钮观察金刚石与窗口客户区边界发生碰撞时,金刚石的运动方向变化情况。

3. 案例效果图

金刚石在窗口客户区的运动效果如图 2-1 所示。

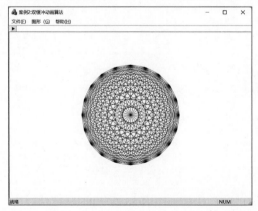 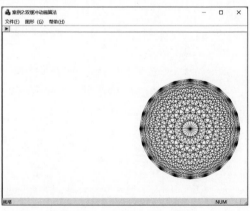

(a) 状态1　　　　　　　　　　　　　　　(b) 状态2

图 2-1　金刚石在窗口客户区的运动效果

二、案例分析

1. 设计目的

在案例 1 建立的 Test 项目基础上,修改菜单栏和工具栏,为后续的案例设计提供一个通用的"动画"模板。该模板包含菜单设计、工具栏图标设计、"关于"对话框设计等任务。Test 项目的"动画"模板上设置了双缓冲函数,通过"打开"和"关闭"定时器生成物体运动的三维动画。

2. 菜单和工具栏按钮

根据功能要求,需要在 MFC 环境中建立一个由"文件""图形"和"帮助"3 个菜单组成的弹出菜单,其中"文件"|"退出(X)"菜单项,用于退出 Test 项目,如图 2-2 所示。"图形"|"动画(A)"菜单项,如图 2-3 所示。"帮助"|"关于 Test(A)"菜单项,用于显示开发人员信息,如图 2-4 所示。工具栏上的"动画"图标按钮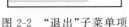与"动画"菜单项功能一样,用于"播放"或者"暂停"动画。

图 2-2 "退出"子菜单项

图 2-3 "动画"子菜单项

图 2-4 "关于 Test(A)"子菜单项

3. 对话框

"关于 Test"对话框显示了开发信息,如图 2-5 所示。这是《计算机图形学基础教程》(第 3 版)的配套实践案例,受版权保护。学习中若有疑难,可通过 QQ 与作者联系。

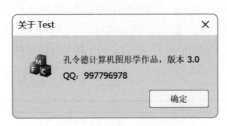

图 2-5 "关于 Test"对话框

4. 双缓冲动画技术

双缓冲动画技术主要用于解决单缓冲擦除图像时带来的屏幕闪烁问题。所谓双缓冲,是指一个显示缓冲区(显存)和一个内存缓冲区(内存)。图 2-6 是单缓冲动画原理示意图。图形直接绘制到屏幕缓冲区,制作动画时需要不断擦除当前帧以显示后续的帧,这会导致屏幕闪烁。现实生活中,教师授课时在黑板上用粉笔书写,写满黑板后需要擦除才能重写,这就是单缓冲绘图。图 2-7 是双缓冲动画原理示意图。第 1 步将图形绘制到内存。当完成所有绘图操作后,第 2 步从内存中将图形一次性复制到显存。内存用于准备图形,这是一幅位图;显存用于在显示器上显示图形。图形绘制到内存,而不是直接绘制到显存,显存只是内存的一个映像。每一帧动画都执行一次图形从内存到显存的复制操作。双缓冲机制的原理表明:显存相当于透明玻璃,上面什么也没画,根本不需要擦除,从而有效避免了屏幕闪烁现象,可生成平滑的逐帧动画。现实生活中,教师将 PPT 绘制到投影仪上,然后再投影到幕布上,就属于双缓冲绘图。切换每一帧时,不需要擦除幕布。

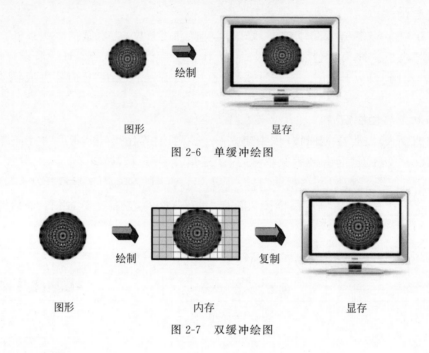

图 2-6 单缓冲绘图

图 2-7 双缓冲绘图

5. 碰撞检测技术

金刚石的外接矩形称为包围盒,如图 2-8 所示。金刚石与窗口客户区的碰撞,事实上是金刚石的包围盒与客户区的碰撞。设金刚石中心坐标为 $P_t(x_0, y_0)$,金刚石半径为 R。金刚石的初始位置位于客户区中心,金刚石的运动使用圆心坐标的改变表示。碰撞发生在 x 方向与 y 方向。窗口客户区边界的半宽为 H_W,半高为 H_H。

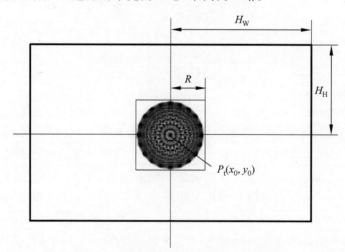

图 2-8 金刚石包围盒和窗口客户区边界

连续执行 x++ 后,金刚石包围盒的右边界与客户区的右边界发生碰撞,需要执行 x--

操作,向左运动;连续执行 $x--$ 后,金刚石包围盒的左边界与客户区的左边界发生碰撞,需要执行 $x++$ 操作,向右运动;连续执行 $y++$ 后,金刚石包围盒的上边界与客户区的上边界发生碰撞,需要执行 $y--$ 操作,向下运动;连续执行 $y--$ 后,金刚石包围盒的下边界与客户区的下边界发生碰撞,需要执行 $y++$ 操作,向上运动。

三、算法设计

(1) 启动双缓冲函数,在黑色窗口客户区中心调用金刚石类,将半径为 R、等分点个数为 N 的白色金刚石绘制到内存中,然后将内存中的图形复制到显存。

(2) 启动定时器,每隔一定间隔改变金刚石移动的步长。

(3) 当金刚石与窗口客户区碰撞时,改变运动方向。

四、案例实现

1. 设计 Test 项目动画模板

选中"项目|类向导"菜单项,打开"类向导"对话框,为"动画"菜单项添加响应函数,如图 2-9 所示。为 ID_ANIMATION 菜单项分别添加 COMMAND 消息和 UPDATE_COMMAND 消息映射函数。在工具栏上,绘制图 2-10 所示的"动画"图标。取"动画"图标按钮与菜单项的 ID 相同,就可以使工具栏图标按钮与菜单项具有相同的功能。

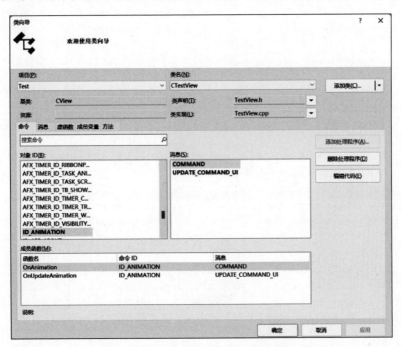

图 2-9 为"动画"菜单项添加消息映射函数

2. 双缓冲函数

定义双缓冲动画函数 DoubleBuffer(),一次性将图形绘制到内存形成一帧,然后用位块传输函数将图形从内存缓冲区复制到显存缓冲区。

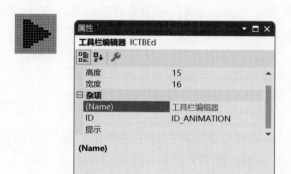

图 2-10　设置工具栏图标的 ID 号

```
#1      void CTestView::DoubleBuffer(CDC * pDC)
        {
            CRect rect;                                     //定义客户区矩形
            GetClientRect(&rect);                           //获得客户区矩形的大小
#5          nHalfClientWidth=rect.Width()/2;                //客户区半宽
            nHalfClientHeight=rect.Height()/2;              //客户区半高
            pDC->SetMapMode(MM_ANISOTROPIC);                //自定义二维坐标系
            pDC->SetWindowExt(rect.Width(), rect.Height());       //设置窗口比例
            pDC->SetViewportExt(rect.Width(), -rect.Height());    //y轴垂直向上为正
#10         pDC->SetViewportOrg(rect.Width()/2, rect.Height()/2);
                                                            //客户区中心为坐标系原点
            rect.OffsetRect(-rect.Width()/2, -rect.Height()/2);   //矩形与客户区重合
            CDC memDC;                                      //声明内存 DC
            memDC.CreateCompatibleDC(pDC);                  //创建一个与显示 DC 兼容的内存 DC
            CBitmap NewBitmap, * pOldBitmap;
#15         NewBitmap.CreateCompatibleBitmap(pDC,rect.Width(), rect.Height());
                                                            //内存位图
            pOldBitmap=memDC.SelectObject(&NewBitmap);      //将兼容位图选入内存 DC
            memDC.SetMapMode(MM_ANISOTROPIC);               //内存 DC 自定义坐标系
            memDC.SetWindowExt(rect.Width(),rect.Height());
            memDC.SetViewportExt(rect.Width(),-rect.Height());
#20         memDC.SetViewportOrg(rect.Width()/2,rect.Height()/2);
            //memDC.FillSolidRect(rect, pDC->GetBkColor()); //白色背景的客户区
            DrawObject(&memDC);                             //绘图
            CollisionDetection();                           //碰撞检测
            pDC->BitBlt(rect.left, rect.top, rect.Width(), rect.Height(),
                &memDC, -rect.Width()/2, -rect.Height()/2, SRCCOPY);
#25         memDC.SelectObject(pOldBitmap);
            NewBitmap.DeleteObject();
            memDC.DeleteDC();
        }
```

程序说明：第 3～4 行语句获得客户区(不包括菜单栏、工具栏和状态栏的空白区域)的大小。第 5～6 行语句计算客户区的半宽和半高。第 7～10 行语句自定义二维坐标系：x 轴水平向右为正，y 轴垂直向上为正，原点位于窗口客户区中心。第 11 行语句用于校正 rect 的位置，使得 rect 与客户区重合。第 12 行语句声明内存设备上下文 memDC。第 13 行

语句创建与显示设备上下文 pDC 兼容的 memDC。第 14 行语句声明一个 CBitmap 新位图对象和旧位图对象指针。第 15 行语句创建一幅与 pDC 兼容的临时位图对象,该位图的宽度和高度与窗口客户区大小一致,且是一幅黑色背景位图。第 16 行语句将兼容位图选入 memDC,并使用 pOldBitmap 指针保存旧位图对象。第 17~20 行语句设置 memDC 的坐标系,保持与 pDC 中的自定义坐标系一致。第 21 行语句用背景色填充客户区,如果注释此语句,客户区的颜色为黑色。第 22 行语句调用自定义函数 DrawObject() 向 memDC 中绘图。第 23 行语句调用自定义函数 CollisionDetection() 进行碰撞检测。第 24 行语句将 memDC 中的位图复制到 pDC 上。第 25 行语句恢复 memDC 中的旧位图。第 26 行语句删除已经成为自由状态的新位图。第 27 行语句删除 memDC。

3. 构造金刚石对象

在 CTestView 类的构造函数内设置金刚石参数。

```
#1   CTestView::CTestView() noexcept
     {
         // TODO：在此处添加构造代码
         bPlay=FALSE;
#5       Pt=CP2(0, 0);                  //初始中心
         N=20, R=300;                   //等分点数和圆的半径
         directionX=1, directionY=1;    //初始运行速度
     }
```

程序说明:第 4 行语句,设置"动画"按钮为弹起状态。第 5 行语句,定义金刚石的圆心位于窗口客户区中心,Pt 是 CTestView 类的数据成员。第 6 行语句,定义金刚石等分点个数为 20,半径为 300。第 7 行语句,定义金刚石的初始运行速度,用金刚石中心点的 x 和 y 的增量表示。

4. 绘制图形函数

定义 DrawObject() 函数,用其绘制图形。

```
#1   void CTestView::DrawObject(CDC * pDC)   //绘制金刚石函数
     {
         ptr=new CDiamond;
         ptr->SetParameter(N, R, Pt);
#5       ptr->ReadVertex();
         ptr->Draw(pDC);
         delete ptr;
         ptr=NULL;
     }
```

程序说明:第 3 行语句,动态建立金刚石指针 ptr。第 4 行语句,设置金刚石的参数,N 为等分点数,R 为金刚石半径,Pt 为金刚石中心点坐标。第 5 行语句,读入金刚石的等分点坐标。第 6 行语句,绘制金刚石。第 7~8 行语句,释放金刚石指针 ptr,如果不及时释放动态建立的指针,会造成内存泄漏。

5. 碰撞检测函数

碰撞检测函数用于测试金刚石包围盒与窗口客户区边界的相对位置。

```
#1   void CTestView::CollisionDetection(void)
```

```
            {
                if (Pt.x+R>=nHalfClientWidth)      //与客户区右边界发生碰撞
                    directionX=-1;
#5              if (Pt.x-R<=-nHalfClientWidth)     //与客户区左边界发生碰撞
                    directionX=1;
                if (Pt.y+R>=nHalfClientHeight)     //与客户区上边界发生碰撞
                    directionY=-1;
                if (Pt.y-R<=-nHalfClientHeight)    //与客户区下边界发生碰撞
#10                 directionY=1;
            }
```

程序说明:在窗口客户区中心绘制金刚石图案。在定时器的作用下,金刚石中心点的坐标发生改变。第3~6行语句,当金刚石与左右边界发生碰撞时,x方向的步长取反;第7~10行语句,当金刚石与上下边界发生碰撞时,y方向的步长取反。

6. "动画"菜单项响应函数

为 CTestView 类添加 ID_ANIMATION 菜单项映射函数。

```
#1   void CTestView::OnAnimation()
     {
         // TODO: 在此添加命令处理程序代码
         bPlay=~bPlay;
#5       if (bPlay)
             SetTimer(1, 10, NULL);
         else
             KillTimer(1);
     }
```

程序说明:第4行语句,设置动画菜单项的二值状态。第5~6行语句,当"动画"菜单项被选中时,就开始动画。定时器设置为每隔10ms调用一次程序。第7~8行语句,关闭定时器。

7. "运行"菜单项更新函数

为 CTestView 类添加 ID_ANIMATION 菜单项的更新函数。

```
#1   void CTestView::OnUpdateAnimation(CCmdUI * pCmdUI)
     {
         //TODO: 在此添加命令更新用户界面处理程序代码
         if (bPlay)
#5           pCmdUI->SetCheck(TRUE);
         else
             pCmdUI->SetCheck(FALSE);
     }
```

程序说明:当"动画"菜单项被选中时,"动画"菜单项前面显示"√",同时"动画"图标显示为按下状态。

8. WM_TIMER 消息响应函数

选中"项目|类向导"菜单项,打开"类向导"对话框,为 CTestView 类添加 WM_TIMER 消息响应函数,如图 2-11 所示。

```
#1   void CTestView::OnTimer(UINT_PTR nIDEvent)
```

```
        {
            // TODO: 在此添加消息处理程序代码和/或调用默认值
            Pt.x+=directionX;
#5          Pt.y+=directionY;
            Invalidate(FALSE);
            CView::OnTimer(nIDEvent);
        }
```

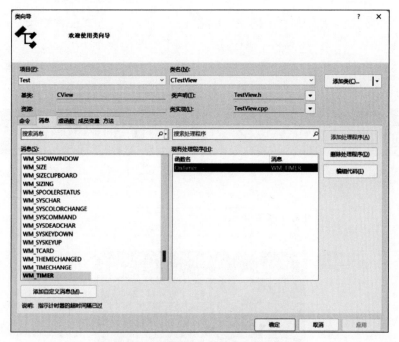

图 2-11　添加定时器消息映射函数

程序说明：第 4～5 行语句，在定时器的作用下，圆心坐标与运动方向进行合成。执行"＋＝"操作，需要对 CP2 类重载运算符。第 6 行语句，Invalidate()函数使客户区无效，等价于间接调用 OnDraw()函数。

五、案例小结

（1）本案例重点讲解 Test 项目的个性化菜单和工具栏的设计过程。本案例提出的"动画"模板将作为后续案例的通用模板使用。

（2）本案例使用双缓冲函数和定时器函数绘制金刚石与客户区边界碰撞的动画过程。双缓冲技术在图形内存 memDC 与显示设备 pDC 之间进行图像的交互传送。定时器使用系统时钟驱动图形运动。

（3）为了控制画布的大小，在 MainFrame.cpp 文件中定义了窗口的宽度和高度。

```
#1      BOOL CMainFrame::PreCreateWindow(CREATESTRUCT &cs)
        {
            if ( !CFrameWnd::PreCreateWindow(cs) )
                return FALSE;
#5          //TODO:在此处通过修改
```

```
//CREATESTRUCT cs 来修改窗口类或样式
cs.cx=1000, cs.cy=800;
return TRUE;
}
```

程序说明：第 7 行语句，设置窗口的宽度和高度。

六、案例拓展

将图 2-12 所示的一幅火焰动画位图 flame.bmp 加载到 MFC 的资源中。flame.bmp 位图的大小为 1560×140，由 26 幅小位图组成，每幅小位图的大小为 60×140。试使用双缓冲技术逐幅读入小位图，间隔 20ms，依次显示在窗口客户区中心，后一幅小位图取代前一幅小位图制作"跳动的火焰"动画。火焰效果如图 2-13 所示。

图 2-12　火焰动画位图 flame.bmp

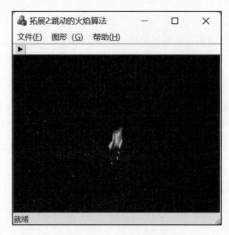

图 2-13　火焰效果

案例 3 DDA 画线算法

知识点

- 第一个八分象限的 DDA 算法。
- 直线的主位移方向。
- 增量算法。

一、案例需求

1. 案例描述

在窗口客户区内自定义二维坐标系。基于第一个八分象限的 DDA 算法,绘制起点为 $P_0(0,0)$、终点为 $P_1(300,100)$ 的一段直线。

2. 功能说明

(1) 自定义二维屏幕坐标系,原点位于客户区中心,x 轴水平向右为正,y 轴垂直向上为正。直线的起点和终点基于自定义坐标系定义。

(2) 绘制一段黑色直线,包括起点,不包括终点。

3. 案例效果图

绘制一段第一个八分象限内的直线,效果如图 3-1 所示。

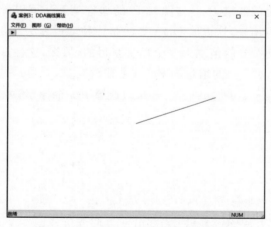

图 3-1 第一个八分象限内直线的效果图

二、案例分析

1. 设计目的

学习用离散点表示理想直线的思想。光栅扫描显示器是画点设备,因此不能直接从一点到另一点绘制一段直线。直线扫描转换的结果是一组在几何上距离理想直线最近的离散像素点集。

2. 直线的主位移方向

扫描转换算法中,常根据直线在 x 轴和 y 轴上的投影长度确定主位移方向。在主位移方向上执行的是 ± 1 操作,另一个方向上可以 ± 1 或 0。如果 $dx > dy$,则取 x 方向为主位移方向,如图 3-2(a)所示;如果 $dx = dy$,取 x 方向为主位移方向或取 y 方向为主位移方向皆可,如图 3-2(b)所示;如果 $dx < dy$,则取 y 方向为主位移方向,如图 3-2(c)所示。

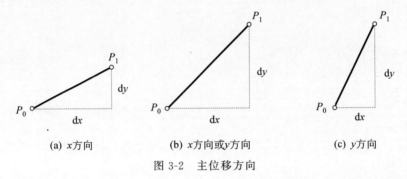

(a) x 方向　　　　(b) x 方向或 y 方向　　　　(c) y 方向

图 3-2　主位移方向

3. DDA 算法

数值微分法(digital differential analyzer,DDA)是用数值方法求解微分方程的一种算法,根据直线的微分方程设计算法。

当直线的斜率满足 $0 \leqslant k \leqslant 1$ 时,有 $\Delta x \geqslant \Delta y$,所以 x 方向为主位移方向。取 $\Delta x = 1$,有 $\Delta y = k$。DDA 算法可简单表述为

$$\begin{cases} x_{i+1} = x_i + 1 \\ y_{i+1} = y_i + k \end{cases} \tag{3-1}$$

式(3-1)表示直线上的像素 P_{i+1} 与像素 P_i 的递推关系。可以看出,x_{i+1} 和 y_{i+1} 的值可以根据 x_i 和 y_i 的值推算出来,这说明 DDA 算法是一种增量算法。在一个迭代算法中,如果每一步的 x、y 值是用前一步的值加上一个增量获得的,那么,这种算法就称为增量算法。

x 方向的增量为 1,y 方向的增量为 k。x 是整型变量,y 和 k 是浮点型变量。DDA 算法使用宏命令 $\text{ROUND}(y_{i+1}) = \text{int}(y_{i+1} + 0.5)$ 选择下一个像素,可表述为

$$y_{i+1} = \begin{cases} y_i + 1, & k \geqslant 0.5 \\ y_i, & k < 0.5 \end{cases} \tag{3-2}$$

三、算法设计

(1) 读入直线的端点坐标 $P_0(x_0, y_0)$ 和 $P_1(x_1, y_1)$。

(2) 计算直线沿 x 方向的位移量 dx 和沿 y 方向的位移量 dy。

(3) 计算直线的斜率 k。

(4) 沿 x 方向绘制点 (x, y),x 加 1,y 加 k。

(5) 如果 k 大于或等于 0.5,(x, y) 更新为 $(x+1, y+1)$;否则,(x, y) 更新为 $(x+1, y)$。

(6) 当直线没有绘制完,重复步骤(4)。

四、案例实现

1. 使用二维整数点类

MFC 提供了 CPoint 点类（派生自 tagPOINT 结构体），成员变量 x 和 y 取为整型。CPoint 类主要用于对屏幕上所绘制的像素点坐标取整。

2. 圆整函数

为了保证计算精度，点坐标的计算值是 double 型，而绘制到屏幕上是整型坐标，有两种取整方式，均用带参数的宏定义。

1) #define ROUND(d) int(d + 0.5)

这种圆整方式仅适用于对第一象限内浮点数 d 的圆整，取离 d 最近的整数点。定义形式简单，容易理解。

2) #define ROUND(d) int(floor((d) +0.5))

C++ 语言有两个取整函数 floor() 和 ceil()，原型如下：

double floor(double x);

返回值是小于或等于 x 的最大浮点数，数学符号为"$\lfloor \rfloor$"。

double ceil(double x);

返回值是大于或等于 x 的最小浮点数，数学符号为"$\lceil \rceil$"。

例如，floor(2.8)的返回值为 2.000000，floor(−2.8)的返回值为 −3.000000，ceil(2.8)的返回值为 3.000000，ceil(−2.8)的返回值为 −2.00000。

floor()函数是向负无穷大方向取整，ceil()函数是向正无穷大方向取整。

ROUND（2.8）函数的返回值是 3.00000；ROUND（−2.8）函数的返回值是 −3.00000。

3. 设计 OnDraw( )函数

在 OnDraw()函数中自定义二维坐标系，将屏幕划分为 4 个象限，x 坐标和 y 坐标出现了负值。鼠标点在设备坐标系中获得，只有正值，需要对二者进行转换。

```
void CTestView::OnDraw(CDC * pDC)
{
    CTestDoc * pDoc=GetDocument();
    ASSERT_VALID(pDoc);
    if (!pDoc)
        return;
    // TODO: 在此处为本机数据添加绘制代码
    CRect rect;                                             //定义客户区矩形
    GetClientRect(&rect);                                   //获得客户区矩形的信息
    pDC->SetMapMode(MM_ANISOTROPIC);                        //自定义二维坐标系
    pDC->SetWindowExt(rect.Width(), rect.Height());         //设置窗口范围
    pDC->SetViewportExt(rect.Width(), -rect.Height());      //设置视区范围
    pDC->SetViewportOrg(rect.Width()/2, rect.Height()/2);   //设置二维坐标系原点
    rect.OffsetRect(-rect.Width()/2, -rect.Height()/2);     //rect 矩形与客户区重合
    CPoint P0(0, 0), P1(300, 100);                          //确定直线的起点和终点
    DDALine(pDC, P0, P1);                                   //调用 DDA 算法
}
```

程序说明：在自定义坐标系内绘制起点位于原点，终点位于第一个八分象限内的直线。

4. DDA 算法

```
void CTestView::DDALine(CDC * pDC, CPoint P0, CPoint P1)
{
    int dx=P1.x-P0.x;                        //直线水平方向位移
    int dy=P1.y-P0.y;                        //直线垂直方向位移
    double k=double(dy)/dx;                  //直线斜率
    int x;
    double y=P0.y;
    COLORREF crColor=RGB(0, 0, 0);
    for (x=P0.x; x<P1.x; x++)
    {
        pDC->SetPixelV(x, ROUND(y), crColor); //绘制离散像素点
        y+=k;
    }
}
```

程序说明：SetPixelV()函数不需要返回值，绘图速度要快于 SetPixel()函数。

五、案例小结

（1）DDA 算法计算一个像素点时，需要做除法运算，因此计算时采用了浮点数。
（2）DDA 算法需要对计算结果进行圆整处理，不适合硬件实现。

六、案例拓展

给定直线的起点坐标为 $P_0(x_0,y_0)$、终点坐标为 $P_1(x_1,y_1)$，容易计算出直线的斜率 k。当 $|k|\leqslant 1$ 时，DDA 算法的递推公式为 $\begin{cases} x_{i+1}=x_i\pm 1 \\ y_{i+1}=y_i\pm k \end{cases}$；当 $|k|\geqslant 1$ 时，DDA 算法的递推公式为 $\begin{cases} x_{i+1}=x_i\pm \dfrac{1}{k} \\ y_{i+1}=y_i\pm 1 \end{cases}$。假定直线的间隔角度是 5°，试编程绘制图 3-3 所示的图形。

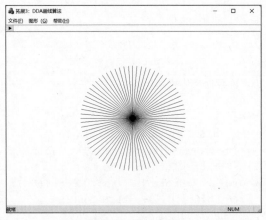

图 3-3　放射直线

案例 4　Bresenham 画线算法

知识点

- 任意斜率直线的整数 Bresenham 算法。
- 定义包含颜色的二维整数点类。
- 定义直线类。
- 鼠标按键消息映射方法。

一、案例需求

1. 案例描述

在窗口客户区自定义二维坐标系。在直线起点位置按下鼠标左键至直线终点位置松开,绘制连接起点和终点的一条 1 像素宽的蓝色直线。试基于通用整数 Bresenham 算法设计直线类来实现。

2. 功能说明

(1) 自定义二维屏幕坐标系,原点位于客户区中心,x 轴水平向右为正,y 轴垂直向上为正。直线的起点和终点基于自定义坐标系定义。

(2) 设计 CLine 直线类,其成员变量为直线的起点坐标 P_0 和终点坐标 P_1,成员函数为 MoveTo() 和 LineTo()。

3. 案例效果图

绘制任意斜率的 1 像素宽的蓝色直线,效果如图 4-1 所示。

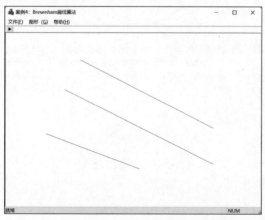

图 4-1　用 Bresenham 算法绘制直线效果图

二、案例分析

1. 设计目的

使用通用整数 Bresenham 算法绘制一段直线,直线的起点和终点使用鼠标交互确定。

2. 交互技术

MFC 提供的 CDC 类的成员函数 MoveTo() 和 LineTo() 用于绘制任意斜率的直线。MoveTo() 函数移动当前点到参数 (x,y) 所指定的点,不画线;LineTo() 函数从当前点画一段直线到参数 (x,y) 所指定的点,但不包括 (x,y) 点。直线的起点和终点位置,使用"鼠标左键按下"和"鼠标左键弹起"消息确定。本案例设计 CLine 类,同样提供了成员函数 MoveTo() 和 LineTo()。

3. 单色直线

直线的带颜色端点用 CPoint2 类定义,可以取不同的颜色。本案例绘制的是单色直线,也可以理解为直线的颜色取自直线起点。

三、算法设计

通用整数 Bresenham 算法根据直线斜率 k 和直线所在的象限设计。图 4-2 中,x 和 y 是加 1 还是减 1,取决于直线所在的象限。例如,对于第一个八分象限($0 \leqslant k \leqslant 1$),$x$ 方向为主位移方向。整数 Bresenham 算法的原理为 x 每次加 1,y 根据误差项决定是加 1 或者加 0;对于第二个八分象限($k>1$),y 方向为主位移方向。整数 Bresenham 算法的原理为 y 每次加 1,x 是否加 1 需要使用误差项来判断。

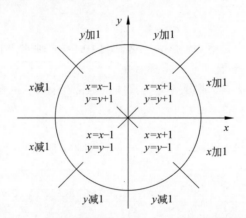

图 4-2 通用直线整数 Bresenham 算法判别条件

四、案例实现

1. 设计二维整数点类

设计二维点类 CPoint2,成员变量 x 和 y 取为整型。成员变量 c 类型为 COLORREF,表示点的颜色。

```
class CPoint2
{
public:
    CPoint2(void);
    virtual ~CPoint2(void);
    CPoint2(int x, int y);                  //构造函数重载,无颜色
    CPoint2(int x, int y, COLORREF c);      //构造函数重载,带颜色
```

```cpp
public:
    int x;
    int y;
    COLORREF c;
};
```

程序说明：CPoint2 点类定义了整型 x 和 y 坐标并定义了点的颜色，这里的颜色使用 RGB 宏定义，类型为 Win32 提供的 COLORREF。

2. 设计 CLine 直线类

基于通用的整数 Bresenham 算法，设计直线类绘制任意斜率的直线，其成员函数为 MoveTo()和 LineTo()。

```cpp
#include "Point2.h"
class CLine
{
public:
    CLine(void);
    virtual ~CLine(void);
    void MoveTo(CDC * pDC, CPoint2 P0);                        //移动到指定位置
    void MoveTo(CDC * pDC, int x0, int y0, COLORREF c0);       //重载函数
    void LineTo(CDC * pDC, CPoint2 P1);                        //绘制直线,不含终点
    void LineTo(CDC * pDC, int x1, int y1, COLORREF c1);       //重载函数
private:
    CPoint2 P0;                                                //起点
    CPoint2 P1;                                                //终点
};
CLine::CLine(void)
{
}
CLine::~CLine(void)
{
}
void CLine::MoveTo(CDC * pDC, CPoint2 P0)
{
    this->P0=P0;
}
void CLine::MoveTo(CDC * pDC, int x0, int y0, COLORREF c0)    //重载函数
{
    MoveTo(pDC, CPoint2(x0, y0, c0));
}
void CLine::LineTo(CDC * pDC, CPoint2 P1)                      //绘制直线函数
{
    int dx=abs(P1.x-P0.x);
    int dy=abs(P1.y-P0.y);
    BOOL bInterChange=FALSE;
    int e, signX, signY, temp;
    signX=(P1.x>P0.x)?1:((P1.x<P0.x)?-1:0);
    signY=(P1.y>P0.y)?1:((P1.y<P0.y)?-1:0);
    if (dy>dx)
    {
```

```
            temp=dx;
            dx=dy;
            dy=temp;
            bInterChange=TRUE;
        }
        e=-dx;
        CPoint2 p=P0;                                          //从起点开始绘制直线
        for (int i=1; i<=dx; i++)
        {
            pDC->SetPixelV(p.x, p.y, RGB(0,0,0));
            if (bInterChange)
                p.y+=signY;
            else
                p.x+=signX;
            e+=2*dy;
            if (e>=0)
            {
                if (bInterChange)
                    p.x+=signX;
                else
                    p.y+=signY;
                 e-=2*dx;
            }
        }
        P0=P1;
}
void CLine::LineTo(CDC * pDC, int x1, int y1, , COLORREF c1)     //重载绘制直线函数
{
    LineTo(pDC, CPoint2(x1, y1, c1));
}
```

程序说明：分别为 MoveTo( ) 函数和 LineTo( ) 函数定义了重载函数。LineTo( ) 函数中，基于整数 Bresenham 算法绘制了直线。程序中全部采用整型运算。

3．设计鼠标消息映射

本案例要求在窗口客户区内按下鼠标左键后，拖动鼠标到另一位置，释放鼠标左键绘制直线，所以需要映射 WM_LBUTTONDOWN 消息和 WM_LBUTTONUP 消息。当鼠标左键按下时，设置鼠标光标位置点为直线的起点坐标，鼠标左键弹起时，设置鼠标光标位置点为直线的终点坐标。

1）添加 CTestView 类的数据成员

向 CTestView 类添加两个 CP2 类型的数据成员 p_0 和 p_1，分别代表直线的起点坐标和终点坐标。

2）添加 WM_LBUTTONDOWN 消息响应函数

选中"项目|类向导"菜单项，打开"类向导"对话框，选中"消息"选项卡，选中 WM_LBUTTONDOWN 消息，单击"添加处理程序"按钮，在"现有处理程序"列表框中添加 OnLButtonDown 消息响应函数，如图 4-3 所示。用同样的方法可以添加 WM_LBUTTONUP 消息的消息响应函数。

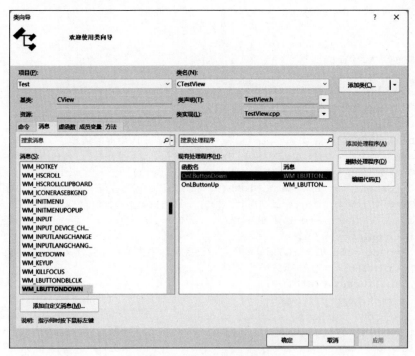

图 4-3 添加消息响应函数

```
void CTestView::OnLButtonDown(UINT nFlags, CPoint point)
{
    // TODO: 在此添加消息处理程序代码和/或调用默认值
    p0.x=point.x;
    p0.y=point.y;
    p0.c=c0;
    CView::OnLButtonDown(nFlags, point);
}
```

程序说明：设置直线起点的坐标及颜色。

```
void CTestView::OnLButtonUp(UINT nFlags, CPoint point)
{
    // TODO: 在此添加消息处理程序代码和/或调用默认值
    p1.x=point.x;
    p1.y=point.y;
    p1.c=c1;
    Invalidate(FALSE);
    CView::OnLButtonUp(nFlags, point);
}
```

程序说明：设置直线终点的坐标及颜色。改变直线的端点后，应该通过调用 Invalidate() 函数来刷新窗口客户区，才能显示新绘制的直线。

4. 设计 OnDraw( )函数

在 OnDraw()函数中自定义二维坐标系，将屏幕划分为 4 个象限，x 坐标和 y 坐标出现了负值。鼠标点在设备坐标系中获得，只有正值，需要对二者进行转换。

```
void CTestView::OnDraw(CDC * pDC)
{
    CTestDoc * pDoc=GetDocument();
    ASSERT_VALID(pDoc);
    if (!pDoc)
        return;
    // TODO: 在此处为本机数据添加绘制代码
    CRect rect;                                          //定义客户区矩形
    GetClientRect(&rect);                                //获得客户区矩形的信息
    pDC->SetMapMode(MM_ANISOTROPIC);    //自定义二维坐标系
    pDC->SetWindowExt(rect.Width(), rect.Height());              //设置窗口范围
    pDC->SetViewportExt(rect.Width(), -rect.Height());           //设置视区范围
    pDC->SetViewportOrg(rect.Width()/2, rect.Height()/2);  //设置二维坐标系原点
    rect.OffsetRect(-rect.Width()/2, -rect.Height()/2);    //rect矩形与客户区重合
    CLine * pLine=new CLine;
    p0.x=p0.x-rect.Width()/2;            //设备坐标系中的点向自定义坐标系转换
    p0.y=rect.Height()/2-p0.y;
    p1.x=p1.x-rect.Width()/2;
    p1.y=rect.Height()/2-p1.y;
    pLine->MoveTo(pDC, p0.x, p0.y, p0.c);                       //确定直线的起点
    pLine->LineTo(pDC, p1.x, p1.y, p1.c);                       //绘制直线到终点
    delete pLine;
}
```

程序说明：在鼠标左键的映射函数中使用的是设备坐标系，坐标系原点位于屏幕左上角，x 轴水平向右，y 轴垂直向下。由于本案例绘图时使用了自定义二维坐标系，因此需要将鼠标点转换到自定义坐标系中，如图 4-4 所示。

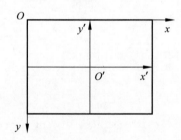

图 4-4　设备坐标与自定义坐标的转换

设 w 为窗口客户区的半宽，h 为窗口客户区的半高，(x,y) 为设备坐标系中的点，(x',y') 为自定义坐标系中的点，则转换公式为

$$x' = x - w/2$$
$$y' = h/2 - y$$

五、案例小结

（1）仿照 CDC 类的 MoveTo() 函数和 LineTo() 函数，重新定义了 CLine 类。MSDN 指出 CDC 类的 LineTo() 函数画一段直线到终点坐标位置，但不包括终点坐标。CLine 类的 LineTo() 函数遵循了该原则。

（2）本案例映射了 WM_LBUTTONDOWN 消息来确定直线的起点坐标，映射了 WM_LBUTTONUP 消息来确定直线的终点坐标。

（3）CPoint2 类封装了点的整型坐标 x、y 和点的颜色，用于在屏幕上操作像素点。点的颜色使用 COLORREF 类型定义，实际上是 unsigned long 类型，可以使用 RGB 宏来初始化。在后续的案例中，将用 CRGB 类代替 COLORREF 类型表示颜色。

六、案例拓展

基于 Bresenham 算法修改 CLine 类，添加起点和终点的颜色信息，使用鼠标在窗口客户区绘制如图 4-5 所示的从红色起点到蓝色终点的光滑着色直线。

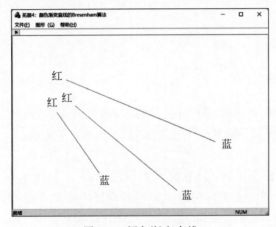

图 4-5　颜色渐变直线

案例 5 中点画线算法

知识点

- 直线中点算法。
- 定义颜色类。
- 定义直线类。
- 隐函数表示。

一、案例需求

1. 案例描述

假定直线的起点为红色,终点为蓝色。以窗口客户区中心为圆心,在自定义坐标系内沿圆周绘制间隔 30°的直线图。试基于中点算法设计直线类来实现。

2. 功能说明

(1) 自定义二维屏幕坐标系:原点位于客户区中心,x 轴水平向右为正,y 轴垂直向上为正。直线的起点坐标和终点坐标相对于窗口客户区中心定义。

(2) 设计 CRGB 类,其成员变量为 double 型的红绿蓝分量 red、green 和 blue,将 red、green 和 blue 分量分别规范到[0,1]区间。

(3) 设计 CLine 直线类,其成员变量为直线的起点坐标 P_0 和终点坐标 P_1,成员函数为 MoveTo()和 LineTo()函数。直线起点的颜色为红色,终点的颜色为蓝色。

3. 案例效果图

任意斜率由中点红色向两端蓝色渐变的直线绘制效果如图 5-1 所示。

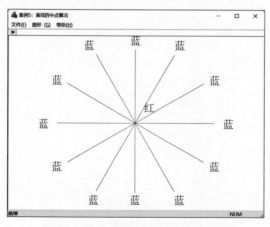

图 5-1 用中点算法绘制直线效果图

二、案例分析

中点算法是隐函数算法,隐函数容易判断点与图形的位置关系:点位于图形之内、之外、之上。

1. 整数中点算法

中点算法使用候选相邻像素的中点坐标判断哪个像素离直线更近,如图 5-2 所示。例如,如果中点位于直线的下方,则像素点 P_u 距离直线近;否则,像素点 P_d 距离直线近。

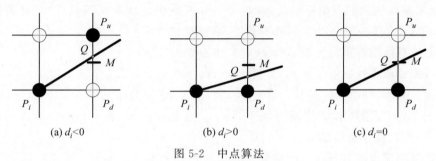

图 5-2 中点算法

本案例给出的是整数中点算法。直线的端点用整型类 CPoint2 定义。直线的颜色用 CRGB 类定义。

2. 线性插值公式

为了绘制颜色渐变直线,本案例对直线端点的颜色进行线性插值。

已经知道,线性插值公式的参数表达式为

$$P = (1-t)P_0 + tP_1, \qquad 0 \leqslant t \leqslant 1 \tag{5-1}$$

写成分量表示

$$x = (1-t)x_0 + tx_1 \tag{5-2}$$

$$y = (1-t)y_0 + ty_1 \tag{5-3}$$

$$c = (1-t)c_0 + tc_1 \tag{5-4}$$

由式(5-2)有

$$t = \frac{x - x_0}{x_1 - x_0} \tag{5-5}$$

代入式(5-4),得到沿 x 方向的颜色线性插值公式:

$$c = \frac{x_1 - x}{x_1 - x_0}c_0 + \frac{x - x_0}{x_1 - x_0}c_1 \tag{5-6}$$

由式(5-3)有

$$t = \frac{y - y_0}{y_1 - y_0} \tag{5-7}$$

代入式(5-4),得到沿 y 方向的颜色线性插值公式:

$$c = \frac{y_1 - y}{y_1 - y_0}c_0 + \frac{y - y_0}{y_1 - y_0}c_1 \tag{5-8}$$

令 m 代表 x 或 y 方向,m_{start} 代表 x_0 或 y_0,m_{end} 代表 x_1 或 y_1,c_{start} 代表 c_0,c_{end} 代表 c_1。这样,沿 x 方向或者沿 y 方向的线性插值公式可以统一表示为

$$c = \frac{m_{\text{end}} - m}{m_{\text{end}} - m_{\text{start}}} c_{\text{start}} + \frac{m - m_{\text{start}}}{m_{\text{end}} - m_{\text{start}}} c_{\text{end}} \tag{5-9}$$

这是颜色的线性插值公式。计算机图形学中,线性插值公式应用广泛,可以对法向量、纹理坐标、深度指标等进行线性插值。

三、算法设计

对于 $0 \leqslant k \leqslant 1$ 的颜色渐变直线,中点算法表述如下。

(1) 使用鼠标选择起点坐标 $p_0(x_0, y_0, c_0)$ 和终点坐标 $p_1(x_1, y_1, c_1)$。要求起点的 x 坐标小于或等于终点的 x 坐标,如果不满足,则交换二者。

(2) 定义直线段当前点坐标 $p(x, y, c)$、中点误差项 e。

(3) 当前点取直线起点 $p = p_0$,计算 $e_0 = \Delta x - 2\Delta y$。

(4) 绘制点 p,判断 e 的符号。若 $e < 0$,则 (x, y) 更新为 $(x+1, y+1)$, e 更新为 $e_{i+1} = e_i + 2\Delta x - 2\Delta y$;否则 (x, y) 更新为 $(x+1, y)$, e 更新为 $e_{i+1} = e_i - 2\Delta y$。 p 点的颜色取为 p_0 与 p_1 点颜色的线性插值结果。

(5) 如果当前点 x 小于 x_1,则重复步骤(4),否则结束。

四、案例实现

1. 设计 CRGB 类

为了规范颜色的处理,定义了 CRGB 颜色类,颜色分量有 red、green 和 blue,重载了"+""-""*""/""+=""-=""*=""/="运算符。"+"运算符用于计算两种颜色分量的和,"-"运算符用于计算两种颜色分量的差,"*"运算符用于计算数和颜色分量的左乘和右乘,"/"运算符用于计算颜色分量和数的商,复合运算符"+=""-=""*=""/="与此类似。成员函数 Normalize() 将颜色分量规范到[0,1]闭区间内。

```
class CRGB                                              //颜色类
{
public:
    CRGB(void);
    CRGB(double red, double green, double blue);
    virtual ~CRGB(void);
    friend CRGB operator+(const CRGB &c1, const CRGB &c2);    //运算符重载
    friend CRGB operator-(const CRGB &c1, const CRGB &c2);
    friend CRGB operator*(const CRGB &c1, const CRGB &c2);
    friend CRGB operator*(const CRGB &c1, double scalar);
    friend CRGB operator*(double scalar,const CRGB &c);
    friend CRGB operator/(const CRGB &c1, double scalar);
    friend CRGB operator+=(CRGB &c1, CRGB &c2);
    friend CRGB operator-=(CRGB &c1, CRGB &c2);
    friend CRGB operator * =(CRGB &c1, CRGB &c2);
    friend CRGB operator/=(CRGB &c1, double scalar);
    void Normalize(void);                               //颜色分量规范化到[0,1]区间

public:
    double red;                                         //红色分量
```

```cpp
    double green;                                    //绿色分量
    double blue;                                     //蓝色分量
};
CRGB::CRGB(void)
{
    red=1.0;
    green=1.0;
    blue=1.0;
}
CRGB::CRGB(double red, double green, double blue)    //重载构造函数
{
    this->red=red;
    this->green=green;
    this->blue=blue;
}
CRGB::~CRGB(void)
{
}
CRGB operator+(const CRGB &c1, const CRGB &c2)       //"+"运算符重载
{
    CRGB color;
    color.red=c1.red+c2.red;
    color.green=c1.green+c2.green;
    color.blue=c1.blue+c2.blue;
    return color;
}
CRGB operator-(const CRGB &c1, const CRGB &c2)       //"-"运算符重载
{
    CRGB color;
    color.red=c1.red-c2.red;
    color.green=c1.green-c2.green;
    color.blue=c1.blue-c2.blue;
    return color;
}
CRGB operator*(const CRGB &c1, const CRGB &c2)       //"*"运算符重载
{
    CRGB color;
    color.red=c1.red*c2.red;
    color.green=c1.green*c2.green;
    color.blue=c1.blue*c2.blue;
    return color;
}
CRGB operator*(const CRGB &c1,double scalar)         //"*"运算符重载
{
    CRGB color;
    color.red=scalar*c1.red;
    color.green=scalar*c1.green;
    color.blue=scalar*c1.blue;
    return color;
}
CRGB operator*(double scalar, const CRGB &c1)        //"*"运算符重载
```

```cpp
{
    CRGB color;
    color.red=scalar*c1.red;
    color.green=scalar*c1.green;
    color.blue=scalar*c1.blue;
    return color;
}
CRGB operator /(const CRGB &c1, double scalar)           //"/"运算符重载
{
    CRGB color;
    color.red=c1.red/scalar;
    color.green=c1.green/scalar;
    color.blue=c1.blue/scalar;
    return color;
}
CRGB operator+= (CRGB &c1,CRGB &c2)                      //"+="运算符重载
{
    c1.red+=c2.red;
    c1.green+=c2.green;
    c1.blue+=c2.blue;
    return c1;
}
CRGB operator-= (CRGB &c1,CRGB &c2)                      //"-="运算符重载
{
    c1.red-=c2.red;
    c1.green-=c2.green;
    c1.blue-=c2.blue;
    return c1;
}
CRGB operator *= (CRGB &c1,CRGB &c2)                     //" * ="运算符重载
{
    c1.red *=c2.red;
    c1.green *=c2.green;
    c1.blue *=c2.blue;
    return c1;
}
CRGB operator /= (CRGB &c1,double scalar)                //"/="运算符重载
{
    c1.red/=scalar;
    c1.green/=scalar;
    c1.blue/=scalar;
    return c1;
}
void CRGB::Normalize(void)                               //颜色规范化处理
{
    red= (red<0.0)? 0.0 : ((red>1.0)? 1.0 : red);
    green= (green<0.0)? 0.0 : ((green>1.0)? 1.0 : green);
    blue= (blue<0.0)? 0.0 : ((blue>1.0)? 1.0 : blue);
}
```

2. 设计二维点类

定义二维点类 CP2,将颜色信息绑定到二维点上。CP2 类中成员变量 x 和 y 为浮点型,在输出时需要取整。

```
#include "RGB.h"
class CP2
{
public:
    CP2 (void);
    virtual ~CPoint2(void);
    CP2 (double x, double y);
    CP2 (double x, double y, CRGB c);
public:
    double x;
    double y;
    CRGB c;
};
CP2::CP2 (void)
{
    x=0.0;
    y=0.0;
}
CP2::CP2 (double x, double y)
{
    this->x=x;
    this->y=y;
    this->c=CRGB(0.0, 0.0, 0.0);
}
CP2::CP2 (double x, double y, CRGB c)
{
    this->x=x;
    this->y=y;
    this->c=c;
}
CPoint2::~CP2(void)
{
}
```

3. 设计 CLine 直线类

定义直线类绘制任意斜率的直线,其主要成员函数为 MoveTo()和 LineTo()。

```
#include "P2.h"                              //带颜色的浮点数二维点类
#include "Point2.h"                          //带颜色的整数二维点类
class CLine
{
public:
    CLine(void);
    virtual ~CLine(void);
    void MoveTo(CDC * pDC, CP2 p0);          //移动到指定位置
    void MoveTo(CDC * pDC, double x0, double y0, CRGB c0);
    void LineTo(CDC * pDC, CP2 p1);          //绘制直线,不含终点
```

```cpp
    void LineTo(CDC * pDC, double x1, double y1, CRGB c1);
    CRGB LinearInterp(double m, double mStart, double mEnd, CRGB cStart, CRGB cEnd);
private:
    CPoint2 P0;                                      //起点
    CPoint2 P1;                                      //终点
};CLine::CLine(void)
{
}
CLine::~CLine(void)
{
}
void CLine::MoveTo(CDC * pDC, CP2 p0)            //绘制直线起点函数
{
    P0.x=ROUND(p0.x);
    P0.y=ROUND(p0.y);
    P0.c=p0.c;
}
void CLine::MoveTo(CDC * pDC, double x0, double y0, CRGB c0)    //重载函数
{
    MoveTo(pDC, CP2(x0, y0, c0));
}
void CLine::LineTo(CDC * pDC, CP2 p1)
{
    P1.x=ROUND(p1.x), P1.y=ROUND(p1.y), P1.c=p1.c;
    int dx=abs(P1.x-P0.x);
    int dy=abs(P1.y-P0.y);
    BOOL bInterchange=FALSE;
    int signX, signY;
    signX=(P1.x>P0.x)?1 : ((P1.x<P0.x)?-1 : 0);
    signY=(P1.y>P0.y)?1 : ((P1.y<P0.y)?-1 : 0);
    if (dy>dx)
    {
        int temp=dy;
        dy=dx;
        dx=temp;
        bInterchange=TRUE;
    }
    int e=dx-2*dy;
    CPoint2 p=P0;                                    //从起点开始绘制直线
    for (int i=1; i<=dx; i++)
    {
        pDC->SetPixelV(p.x, p.y, CRGBtoRGB(p.c));
        if (bInterchange)
        {
            p.y+=signY;
            p.c=LinearInterp(p.y, P0.y, P1.y, P0.c, P1.c);
        }
        else
        {
            p.x+=signX;
            p.c=LinearInterp(p.x, P0.x, P1.x, P0.c, P1.c);
```

```
            }
            if (e<0)
            {
                if (bInterchange)
                    p.x+=signX;
                else
                    p.y+=signY;
                e+=2*dx-2 * dy;
            }
            else
                e-=2 * dy;
        }
        P0=P1;
}
void CLine::LineTo(CDC * pDC, double x1, double y1, CRGB c1)     //重载函数
{
    LineTo(pDC, CP2(x1, y1, c1));
}
CRGB CLine::LinearInterp(double m, double mStart, double mEnd, CRGB cStart, CRGB
    cEnd) {
    CRGB color;
    color=(mEnd-m)/(mEnd-mStart)*cStart+(m-mStart)/(mEnd-mStart)*cEnd;
    return color;
}
```

程序分析：分别为 MoveTo() 函数和 LineTo() 函数定义了重载函数。LineTo() 函数中的 LinearInterp() 函数用于对直线两端点的颜色进行线性插值。程序中，点的计算全部采用浮点数运算。本段代码中的颜色转换的宏定义如下：

```
#define CRGBtoRGB(c) RGB(c.red*255, c.green*255, c.blue*255)
```

4. 设计 CTestView 的 OnDraw 函数

```
void CTestView::OnDraw(CDC*pDC)
{
    CTestDoc*pDoc=GetDocument();
    ASSERT_VALID(pDoc);
    if (!pDoc)
        return;
    // TODO: 在此处为本机数据添加绘制代码
    CRect rect;
    GetClientRect(&rect);
    pDC->SetMapMode(MM_ANISOTROPIC);                         //自定义二维坐标系
    pDC->SetWindowExt(rect.Width(), rect.Height());
    pDC->SetViewportExt(rect.Width(), -rect.Height());
    pDC->SetViewportOrg(rect.Width()/2, rect.Height()/2);
    rect.OffsetRect(-rect.Width()/2, -rect.Height()/2);
    CP2 p0(0, 0, CRGB(1, 0, 0));                             //直线起点
    CP2 p1(0, 0, CRGB(0, 0, 1));                             //直线终点
    double R=300;                                            //圆的半径
    CLine * pLine=new CLine;
```

```
for (int alpha=0; alpha<360; alpha+=30)
{
    p1.x=R*cos(alpha*PI/180);
    p1.y=R*sin(alpha*PI/180);
    pLine->MoveTo(pDC, p0);
    pLine->LineTo(pDC, p1);
}
delete pLine;
}
```

程序说明：将圆周按 30°的等分角计算等分点。以自定义二维坐标系原点为起点（红色端点），以圆周等分点为终点（蓝色端点），绘制颜色渐变直线段。

五、案例小结

（1）定义了浮点型的二维点类 CP2 和 CRGB 颜色类。
（2）隐函数容易判断点与图元的相对位置，中点算法是一种隐函数判断算法。
（3）中点算法使用网格中点判断上下像素或左右像素中哪个像素离理想直线更近。
（4）本案例使用的是整型直线端点，算法中使用的是完全整数中点算法，避开了计算直线段的斜率。

六、案例拓展

在窗口客户区内按下鼠标左键绘制 3 个点。设定第 1 个顶点颜色为红色、第 2 个顶点颜色为绿色，第 3 个顶点颜色为蓝色。使用鼠标绘制边界光滑着色的三角形，鼠标移动到第一个顶点时闭合三角形，如图 5-3 所示。这里三角形的顶点在设备坐标系内定义。

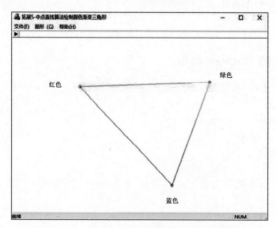

图 5-3　交互式绘制颜色渐变三角形

案例 6　中点画圆算法

知识点

- 圆类的定义。
- 八分法画圆算法。
- 中点画圆算法。

一、案例需求

1. 案例描述

在窗口客户区内绘制一个黑色大圆。小圆半径取为大圆半径的一半,中心点位于大圆半径的中点处,沿大圆周向间隔一定角度绘制蓝色小圆。

2. 功能说明

(1) 自定义二维屏幕坐标系,原点位于客户区中心,x 轴水平向右为正,y 轴垂直向上为正。

(2) 小圆中心点位于大圆半径上并动态改变,小圆过大圆圆心并与大圆相切。

3. 案例效果图

用圆的中点算法绘制间隔 30°的蓝色小圆,效果如图 6-1 所示。

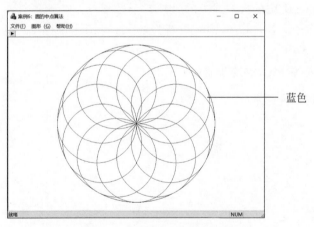

图 6-1　间隔 30°绘制蓝色小圆

二、案例分析

(1) 根据圆的对称性,只要绘制出第一象限内的 1 个八分圆弧,如图 6-2 阴影部分所示,根据对称性就可以生成其他 7 个八分圆,这称为八分法画圆算法。

(2) 定义第一个八分圆弧,中点算法要从 $x=0$ 绘制到 $x=y$,顺时针方向确定最佳逼近于圆弧的像素点集。中点算法原理可表述为：x 方向上每次加 1，y 方向上减不减 1 取决于中点误差项的值，如图 6-3 所示。

初始值：$e_0=1-R$。

当 $e<0$，$e=e+2x+3$，否则，$e=e+2(x-y)+5$。

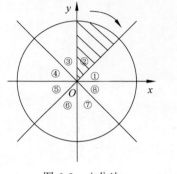
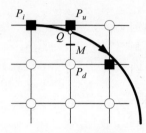

图 6-2　八分法　　　　　　　　图 6-3　算法原理

三、算法设计

(1) 读入圆的半径 R。
(2) 初始化中点误差 $e=1-R$。
(3) 定义圆的当前点坐标 $x=0$，$y=R$。
(4) 沿主位移 x 方向，执行 $x=x+1$ 的操作。
(5) 设置像素点颜色为黑色。
(6) 绘制点 (x,y) 及其在八分圆中的另外 7 个像素点。
(7) 判断 e 的符号。若 $e<0$，则 e 更新为 $e+2x+3$；否则 (x,y) 更新为 $(x+1,y-1)$，e 更新为 $e+2(x-y)+5$。
(8) 当 x 小于或等于 y，重复步骤 (4)，否则结束。

四、案例设计

1. 定义圆类

```
#include"P2.h"
class CCircle                                //圆类
{
public:
    CCircle(void);
    CCircle(double R, CRGB c, CP2 Pt);
    virtual ~CCircle(void);
    void Draw(CDC * pDC);                    //绘制图形
private:
    void CirclePoint(CDC * pDC, CP2 p);      //八分法画圆子函数
    void MidPointCircle(CDC * pDC);          //圆中点算法
private:
    int R;                                   //圆的半径
```

```
    CP2 Pt;                                      //圆心坐标
    CRGB c;                                      //圆的边界线颜色
};
CCircle::CCircle(void)
{
}
CCircle::CCircle(int R, CRGB c, CP2 Pt)
{
    this->R=R;
    this->c=c;
    this->Pt=Pt;
}
CCircle::~CCircle(void)
{
}
void CCircle::Draw(CDC * pDC)
{
    MidPointCircle(pDC);                         //中点画圆函数
}
void CCircle::MidPointCircle(CDC * pDC)          //中点画圆算法
{
    int e=1-R;
    int x=0, y=R;
    for (x=0; x<=y; x++)
    {
        CirclePoint(pDC, CP2(x, y, c));          //调用八分法画圆算法
        if (e<0)
            e+=2*x+3;
        else
        {
            e+=2*(x-y)+5;
            y--;
        }
    }
}
void CCircle::CirclePoint(CDC * pDC, CP2 p)      //八分法画圆子函数
{
    COLORREF  c=RGB(p.c.red*255, p.c.green*255, p.c.blue*255);
    pDC->SetPixelV(ROUND( p.x+Pt.x), ROUND( p.y+Pt.y), CRGBtoRGB(p.c));   //x,y
    pDC->SetPixelV(ROUND( p.y+Pt.x), ROUND( p.x+Pt.y), CRGBtoRGB(p.c));   //y,x
    pDC->SetPixelV(ROUND( p.y+Pt.x), ROUND(-p.x+Pt.y), CRGBtoRGB(p.c));   //y,-x
    pDC->SetPixelV(ROUND( p.x+Pt.x), ROUND(-p.y+Pt.y), CRGBtoRGB(p.c));   //x,-y
    pDC->SetPixelV(ROUND(-p.x+Pt.x), ROUND(-p.y+Pt.y), CRGBtoRGB(p.c));   //-x,-y
    pDC->SetPixelV(ROUND(-p.y+Pt.x), ROUND(-p.x+Pt.y), CRGBtoRGB(p.c));   //-y,-x
    pDC->SetPixelV(ROUND(-p.y+Pt.x), ROUND( p.x+Pt.y), CRGBtoRGB(p.c));   //-y,x
    pDC->SetPixelV(ROUND(-p.x+Pt.x), ROUND( p.y+Pt.y), CRGBtoRGB(p.c));   //-x,y
}
```

程序说明：R 是圆的半径，CirclePoint( )函数是八分法画圆子函数。Pt 是圆心坐标。c

是圆的边界色。MidPointCircle( )是用中点算法编写的中点画圆函数。

2. OnDraw()函数

在 CTestView 类中,调用圆类 CCircle 绘制大圆和小圆。

```
void CTestView::OnDraw(CDC * pDC)
{
    CTestDoc * pDoc=GetDocument();
    ASSERT_VALID(pDoc);
    if (!pDoc)
        return;
    // TODO: 在此处为本机数据添加绘制代码
    CRect rect;
    GetClientRect(&rect);
    pDC->SetMapMode(MM_ANISOTROPIC);                      //自定义二维坐标系
    pDC->SetWindowExt(rect.Width(), rect.Height());
    pDC->SetViewportExt(rect.Width(), -rect.Height());
    pDC->SetViewportOrg(rect.Width()/2, rect.Height()/2);
    rect.OffsetRect(-rect.Width()/2, -rect.Height()/2);
    //绘制大圆
    double R=300;                                          //大圆的半径
    CCircle circle(ROUND(R), CRGB(0, 0, 0), CP2(0, 0));   //构造大圆
    circle.Draw(pDC);                                      //调用中点算法绘制大圆
    //绘制小圆
    double r=R/2;                                          //小圆的半径
    for (int alpha=0; alpha<360; alpha+=30)
    {
        double x=r*cos(alpha*PI/180);                      //计算小圆中心点坐标的 x 值
        double y=r*sin(alpha*PI/180);                      //计算小圆中心点坐标的 y 值
        CCircle circle(ROUND(r), CRGB(0, 0, 1), CP2(x, y)); //构造小圆
        circle.Draw(pDC);                                   //调用中点算法绘制小圆
    }
}
```

程序说明:在自定义坐标系内,先绘制蓝色大圆,然后间隔 30°绘制小圆。

五、案例小结

(1) 定义了圆类 CCircle,实现整数中点画圆整数算法。

(2) 使用八分法画圆算法绘制圆。每绘制第一个八分圆弧内的 1 个像素,就对称地绘制圆的其余 7 个像素。

(3) 整数中点画圆算法本质上与 Bresenham 绘制圆弧算法一致,但更容易理解。

六、案例拓展

基于圆类定义,使用双缓冲技术制作圆与窗口客户区边界碰撞的动画,效果如图 6-4 所示。

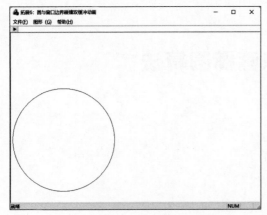 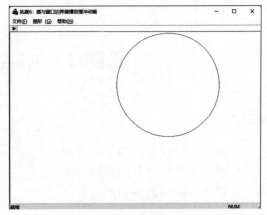

(a) 圆运动位置1　　　　　　　　　　　(b) 圆运动位置2

图 6-4　圆与窗口客户区边界碰撞动画

案例 7　中点画椭圆算法

知识点

- 四分法绘制椭圆的中点算法。
- 椭圆弧上临界点的判断方法。
- 区域 II 椭圆误差项的初始值计算方法。

一、案例需求

1. 案例描述

在窗口客户区内绘制一个黑色圆,取长半轴为圆的半径,短半轴为圆半径的一半,分别绘制水平和垂直的蓝色椭圆。

2. 功能说明

(1) 自定义二维屏幕坐标系,原点位于客户区中心,x 轴水平向右为正,y 轴垂直向上为正。

(2) 使用四分椭圆中点算法绘制椭圆。

3. 案例效果图

用椭圆中点算法绘制的水平与垂直椭圆效果如图 7-1 所示。

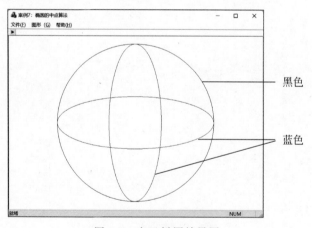

图 7-1　交叉椭圆效果图

二、案例分析

(1) 本案例使用中点算法绘制两个垂直正交的蓝色椭圆。

(2) 椭圆与圆的对称性不同,存在一个临界点。以斜率 $k=-1$ 为临界点将其分为两个区域,如图 7-2 所示。在区域 I 内,x 方向为主位移方向;在临界点处,有 $\mathrm{d}x=\mathrm{d}y$;在区域 II

内,y 方向为主位移方向。显然,在临界点处,主位移方向发生改变。

(3) 区域 I,x 方向上每次加 1,y 方向上减 1 不减 1 取决于中点误差项的值;在区域 II,y 方向上每次减 1,x 方向上加不加 1 取决于中点误差项的值。

(4) 本案例先基于中点算法设计四分法绘制椭圆弧,然后再根据对称性绘制整个椭圆。

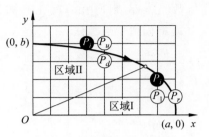

图 7-2 椭圆弧的临界点

三、算法设计

中心在坐标系原点的 1/4 椭圆中点算法如下。

(1) 定义椭圆的长半轴 a 和短半轴 b。

(2) 定义椭圆当前点坐标 x,y,定义中点误差项 d_1 与 d_2,定义像素点颜色 clr。

(3) 计算 $d_1=b^2+a^2(-b+0.25)$,$x=0$,$y=b$,clr=RGB(0,0,255)。

(4) 绘制点 (x,y) 及其在四分椭圆中的另外 3 个对称点。

(5) 判断 d_1 的符号。若 $d_1<0$,则 (x,y) 更新为 $(x+1,y)$,d_1 更新为 $d_1+b^2(2x+3)$;否则 (x,y) 更新为 $(x+1,y-1)$,d_1 更新为 $d_1+b^2(2x+3)+a^2(-2y+2)$。

(6) 当 $b^2(x_i+1)<a^2(y_i-0.5)$ 时,重复步骤(4) 与(5),否则转到步骤(7)。

(7) 计算下半部分 d_2 的初值:$d_2=b^2(x+0.5)^2+a^2(y-1)^2-a^2b^2$。

(8) 绘制点 (x,y) 及其在四分椭圆中的另外 3 个对称点。

(9) 判断 d_2 的符号。若 $d_2<0$,则 (x,y) 更新为 $(x+1,y-1)$,d_2 更新为 $d_2+b^2(2x+2)+a^2(-2y+3)$;否则 (x,y) 更新为 $(x,y-1)$,d_2 更新为 $d_2+a^2(2y+3)$。

(10) 如果 $y\geqslant 0$ 时,重复步骤(8)和(9),否则结束。

四、案例设计

1. 定义椭圆类

```
class CEllipse
{
public:
    CEllipse(void);
    CEllipse(double a, double b, CRGB c, CP2 Pt);
    virtual ~CEllipse(void);
    void Draw(CDC * pDC);                    //绘图
private:
    void MidPointEllipse(CDC * pDC);         //椭圆中点算法
    void EllipsePoint(CDC * pDC, CP2 p);     //四分法画椭圆子函数
private:
    double a, b;                             //长短半轴
    CP2 Pt;                                  //中心点
    CRGB c;                                  //椭圆的边界线颜色
};
```

程序说明:a 是椭圆的长半轴,b 是椭圆的短半轴,EllipsePoint() 函数是四分法画椭圆

子函数。Pt 是椭圆中心点。c 是椭圆的边界颜色。

2. 椭圆弧中点算法

```
void CEllipse::MidPointEllipse(CDC*pDC)              //椭圆弧中点算法
{
    double x, y, d1, d2;
    x=0;
    y=b;
    d1=b*b+a*a*(-b+0.25);
    EllipsePoint(pDC, CP2(x, y, c));
    while(b*b*(x+1)<a*a*(y-0.5))                     //绘制椭圆 AC 弧段
    {
        if (d1<0)
        {
            d1+=b*b*(2*x+3);
        }
        else
        {
            d1+=b*b*(2*x+3)+a*a*(-2*y+2);
            y--;
        }
        x++;
        EllipsePoint(pDC, CP2(x, y, c));
    }
    d2=b*b*(x+0.5)*(x+0.5)+a*a*(y-1)*(y-1)-a*a*b*b;
    while(y>0)                                       //绘制椭圆 CB 弧段
    {
        if (d2<0)
        {
            d2+=b*b*(2*x+2)+a*a*(-2*y+3);
            x++;
        }
        else
        {
            d2+=a*a*(-2*y+3);
        }
        y--;
        EllipsePoint(pDC, CP2(x, y, c));
    }
}
```

程序说明：椭圆弧分为 AC 弧段和 CB 弧段两段。

3. 四分法画椭圆函数

```
void CEllipse::EllipsePoint(CDC*pDC, CP2 p)          //四分法画椭圆子函数
{
    pDC->SetPixelV(ROUND( p.x+Pt.x), ROUND( p.y+Pt.y), CRGBtoRGB(p.c));
    pDC->SetPixelV(ROUND(-p.x+Pt.x), ROUND( p.y+Pt.y), CRGBtoRGB(p.c));
    pDC->SetPixelV(ROUND( p.x+Pt.x), ROUND(-p.y+Pt.y), CRGBtoRGB(p.c));
    pDC->SetPixelV(ROUND(-p.x+Pt.x), ROUND(-p.y+Pt.y), CRGBtoRGB(p.c));
}
```

程序说明：同时绘制椭圆弧 4 个对称像素点。

4. OnDraw()函数

```
void CTestView::OnDraw(CDC*pDC)
{
    CTestDoc*pDoc=GetDocument();
    ASSERT_VALID(pDoc);
    if (!pDoc)
        return;
    // TODO: 在此处为本机数据添加绘制代码
    CRect rect;
    GetClientRect(&rect);
    pDC->SetMapMode(MM_ANISOTROPIC);                          //自定义二维坐标系
    pDC->SetWindowExt(rect.Width(), rect.Height());
    pDC->SetViewportExt(rect.Width(), -rect.Height());
    pDC->SetViewportOrg(rect.Width()/2, rect.Height()/2);
    rect.OffsetRect(-rect.Width()/2, -rect.Height()/2);
    //绘制大圆
    double a=300, b=300;                                      //长短半轴
    CEllipse ellipse(a, b, CRGB(0, 0, 0), CP2(0, 0));         //构造大圆
    ellipse.Draw(pDC);                                        //调用中点算法绘制大圆
    //绘制水平小椭圆
    double b1=100;
    CEllipse ellipseH(a, b1, CRGB(0, 0, 1), CP2(0, 0));       //构造水平小椭圆
    ellipseH.Draw(pDC);                                       //调用中点算法绘制水平小椭圆
    //绘制垂直小椭圆
    CEllipse ellipseV(b1, a, CRGB(0, 0, 1), CP2(0, 0));       //构造垂直小椭圆
    ellipseV.Draw(pDC);                                       //调用中点算法绘制垂直小椭圆
}
```

程序说明：本段代码构造了一个大圆和两个正交的小椭圆。

五、案例小结

（1）定义了椭圆类 CEllipse。

（2）四分法画圆法，每绘制第一个四分圆弧内的一个像素，就对称地绘制整圆的其余 3 个像素。

（3）圆是长半轴与短半轴相等的椭圆。

六、案例拓展

MFC 中的成员函数 Ellipse()是使用外接矩形定义的，而外接矩形是平行于坐标轴的，因此 Ellipse()函数绘制的椭圆是不能旋转的。

图 7-3 中，点 (x,y) 位于四分椭圆弧上。坐标系 xOy 顺时针方向旋转 α 角后，该点在 $x'Oy'$ 坐标系中的坐标为

$$x' = x\cos\alpha - y\sin\alpha$$
$$y' = y\cos\alpha + x\sin\alpha$$

椭圆在 xOy 坐标系内静止不动。顺时针方向旋转 xOy 坐标系，等价于逆时针方向旋

转椭圆。试修改 CEllipse 类的定义，基于双缓冲技术制作逆时针方向旋转的椭圆动画，效果如图 7-4 所示。

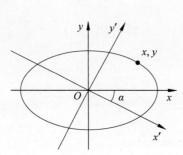

图 7-3 椭圆点旋转前后的坐标

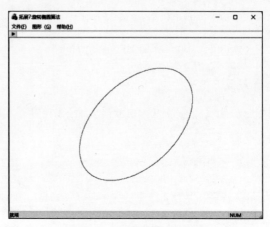

图 7-4 椭圆旋转效果图

案例 8　Wu 反走样算法

知识点

- Wu 反走样算法原理。
- 定义反走样直线类。
- 像素的亮度等级。

一、案例需求

1. 案例描述

以窗口客户区中心为起点,以圆周上间隔 30°的等分点为终点,基于 Wu 反走样算法绘制放射直线图形。

2. 功能说明

(1) 自定义二维屏幕坐标系,原点位于客户区中心,x 轴水平向右为正,y 轴垂直向上为正。

(2) 设计 CALine 反走样直线类,其成员变量为直线的起点坐标 P_0 和终点坐标 P_1,成员函数为 MoveTo() 和 LineTo()。

(3) CALine 类的 LineTo() 函数使用 Bresenham 整数算法绘制。

(4) 设置屏幕背景色为白色,绘制黑色反走样直线。

3. 案例效果图

任意斜率的反走样直线绘制效果如图 8-1 所示。走样直线与反走样直线对比效果如图 8-2 所示。

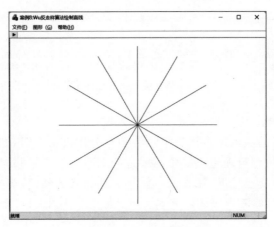

图 8-1　反走样直线

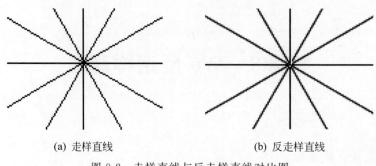

(a) 走样直线　　　　　　　　　　(b) 反走样直线

图 8-2　走样直线与反走样直线对比图

二、案例设计

1. 走样直线原因

假定直线段 AB 与上下两列像素中心连线的交点为 Q_1、Q_2、Q_3，如图 8-3 所示。按照直线的扫描转换算法原理，像素 P_4 离交点 Q_1 较近，像素 P_1 离交点 Q_1 较远，于是选择 P_4 点；像素 P_2 离交点 Q_2 较近，像素 P_5 交点 Q_2 较远，于是选择 P_2 点；像素 P_3 离交点 Q_3 较近，像素 P_6 离交点 Q_3 较远，于是选择 P_3 点。直线 AB 扫描转换的结果为像素 P_4、P_2 和 P_3 为黑色，而像素 P_1、P_5 和 P_6 为白色。由于像素 P_4 位于第一行，像素 P_2 和像素 P_3 位于第二行，理想直线扫描转换后出现了锯齿走样。

P_1 与 Q_1 的距离为 0.8 像素远，亮度为 80%　　P_2 与 Q_2 的距离为 0.45 像素远，亮度为 45%　　P_3 与 Q_3 的距离为 0.1 像素远，亮度为 10%

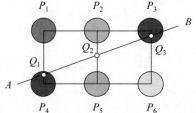

P_4 与 Q_1 的距离为 0.2 像素远，亮度为 20%　　P_5 与 Q_2 的距离为 0.55 像素远，亮度为 55%　　P_6 与 Q_3 的距离为 0.9 像素远，亮度为 90%

图 8-3　Wu 反走样算法示意图

2. 反走样算法原理

设直线离散后像素的颜色用直线颜色强度的百分比表示。图 8-3 所示的理想直线与每一列的交点，光栅化后可用与理想直线距离最近的上下两个像素共同显示，但分别设置为不同的亮度。若像素距离交点越近，像素颜色就越接近直线的颜色，其亮度就越小，像素越暗；若像素距离交点越远，像素颜色就越接近背景色，其亮度就越大，像素越亮，但上下像素的亮度之和应等于 1。

对于每一列，可以将下方像素 P_d 与交点 Q 之间的距离 e 作为加权参数，对上下像素的亮度等级进行调节。由于上下像素的间距为 1 个单位，容易知道，上方的像素 P_u 与交点的距离为 $1-e$。例如，像素 P_1 距离理想直线（Q_1）0.8 像素远，该像素的亮度等级为 80%；像

素 P_4 距离理想直线(Q_1)0.2 像素远,该像素的亮度等级为 20%。同理,像素 P_2 距离理想直线(Q_2)0.45 像素远,该像素的亮度等级为 45%;像素 P_5 距离理想直线(Q_2)0.55 像素远,该像素的亮度等级为 55%;像素 P_3 距离理想直线(Q_3)0.1 像素远,该像素的亮度等级为 10%;像素 P_6 距离理想直线(Q_3)0.9 像素远,该像素的亮度等级为 90%。

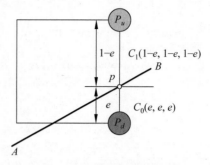

图 8-4 Wu 反走样算法示意图

位于第二个八分象限的直线段 AB,如图 8-4 所示。直线与垂直网格的交点为 p,p 点到下方像素点 P_d 的距离为 e,到上方像素点 P_u 的距离为 $1-e$。同时显示 P_d 和 P_u 两个像素点来表示 p,P_d 的颜色为 $C_0(e,e,e)$,P_u 的颜色为 $C_1(1-e,1-e,1-e)$。

三、算法设计

(1) 读入直线的端点坐标 $P_0(x_0,y_0)$ 和 $P_1(x_1,y_1)$。
(2) 计算直线沿 x 方向的位移量 dx 和沿 y 方向的位移量 dy。
(3) 初始化误差项 $e=0$。
(4) 沿主位移 x 方向绘制点 (x,y),x 执行步长加 1 的操作。
(5) 绘制像素点 (x,y),颜色为 e;同时绘制像素点 $(x,y+1)$,颜色为 $1-e$。
(6) 执行 $e=e+dy/dx$。
(7) 若 $e \geqslant 1$,则 (x,y) 更新为 $(x,y+1)$,同时 $e=e-1$。
(8) 当直线没有绘制完,重复步骤 (5)。

四、案例实现

1. 定义 CALine 反走样直线类

```
#include"Point2.h"
class CALine
{
public:
    CALine(void);
    virtual ~CALine(void);
    void MoveTo(CDC*pDC, CPoint2 P0);           //移动到指定位置
    void MoveTo(CDC*pDC, int x0, int y0);       //重载函数
    void LineTo(CDC*pDC, CPoint2 P1);           //绘制直线,不含终点
    void LineTo(CDC*pDC, int x1, int y1);       //重载函数
private:
    CPoint2 P0;                                 //起点
    CPoint2 P1;                                 //终点
};
CALine::CALine(void)
{}
CALine::~CALine(void)
{}
void CALine::MoveTo(CDC*pDC, CPoint2 p0)        //绘制直线起点函数
```

```cpp
{
    P0=p0;
}
void CALine::MoveTo(CDC*pDC, int x0, int y0)            //重载函数
{
    MoveTo(pDC, CPoint2(x0, y0));
}
void CALine::LineTo(CDC*pDC, CPoint2 P1)                //绘制直线终点函数
{
    int dx=abs(P1.x-P0.x);
    int dy=abs(P1.y-P0.y);
    BOOL bInterChange=FALSE;
    int signX, signY, temp;
    signX=(P1.x>P0.x)?1 : ((P1.x<P0.x)?-1 : 0);
    signY=(P1.y>P0.y)?1 : ((P1.y<P0.y)?-1 : 0);
    if (dy>dx)
    {
        temp=dx;
        dx=dy;
        dy=temp;
        bInterChange=TRUE;
    }
    double e=0;
    CPoint2 p=P0;                                       //从起点开始绘制直线
    for (int i=1; i<=dx; i++)
    {
        CRGB c0(e, e, e);
        CRGB c1(1-e, 1-e, 1-e);
        if (bInterChange)                               //y为主位移方向
        {
            pDC->SetPixelV(ROUND(p.x+signX), ROUND(p.y), CRGBtoRGB(c1));
            pDC->SetPixelV(ROUND(p.x), ROUND(p.y), CRGBtoRGB(c0));
        }
        else                                            //x为主位移方向
        {
            pDC->SetPixelV(ROUND(p.x), ROUND(p.y+signY), CRGBtoRGB(c1));
            pDC->SetPixelV(ROUND(p.x), ROUND(p.y), CRGBtoRGB(c0));
        }
        if (bInterChange)
            p.y+=signY;
        else
            p.x+=signX;
        e+=(double(dy)/dx);
        if (e>=1)
        {
            if (bInterChange)
                p.x+=signX;
            else
                p.y+=signY;
            e--;
        }
```

```
    }
        P0=P1;
}
void CALine::LineTo(CDC*pDC, int x1, int y1)        //重载函数
{
    LineTo(pDC, CPoint2(x1, y1));
}
```

程序说明：本案例基于整数 Bresenham 算法设计，顶点坐标采用了整型的 CPoint2 类型定义，e 设计为浮点数，用于计算颜色。Wu 反走样算法是从直线颜色（前景色）光滑过渡到屏幕背景色，才能出现模糊边界。因此，在进行直线的反走样时，需要考虑背景色的影响。

2. 定义 CTestView 类的 OnDraw() 函数

```
void CTestView::OnDraw(CDC*pDC)
{
    CTestDoc*pDoc=GetDocument();
    ASSERT_VALID(pDoc);
    if (!pDoc)
        return;
    // TODO: 在此处为本机数据添加绘制代码
    CRect rect;
    GetClientRect(&rect);
    pDC->SetMapMode(MM_ANISOTROPIC);                //自定义二维坐标系
    pDC->SetWindowExt(rect.Width(), rect.Height());
    pDC->SetViewportExt(rect.Width(), -rect.Height());
    pDC->SetViewportOrg(rect.Width()/2, rect.Height()/2);
    rect.OffsetRect(-rect.Width()/2, -rect.Height()/2);
    double R=300;                                    //圆的半径
    CP2 p0(0, 0), p1;                                //直线起点、终点
    CALine*pALine=new CALine;
    for (int alpha=0; alpha<360; alpha+=30)
    {
        p1.x=R*cos(alpha*PI/180);
        p1.y=R*sin(alpha*PI/180);
        pALine->MoveTo(pDC, ROUND(p0.x), ROUND(p0.y));  //绘制反走样直线
        pALine->LineTo(pDC, ROUND(p1.x), ROUND(p1.y));
    }
    delete pALine;
}
```

程序分析：本案例首先定义了 CALine 类对象指针 pALine，然后调用 MoveTo() 和 LineTo() 成员函数绘制反走样直线。

五、案例小结

（1）反走样效果。本案例绘制的反走样直线与 Word 中使用绘图工具绘制的直线效果类似。Wu 算法是用两个相邻像素共同表示理想直线上的一个点，依据每个像素到理想直线的距离而调节其亮度，使所绘制的直线达到视觉上消除锯齿的效果。实际使用中，两个像素宽度的直线反走样的效果较好，视觉效果上直线的宽度会有所减小，看起来好像 1 像素宽

度的直线。

（2）背景色的影响。本段代码是白色背景下绘制的黑色反走样直线。如果将屏幕背景色改变为黑色，本段代码将失去反走样效果。

（3）本案例仅在计算误差项的时候使用了浮点数算法。

六、案例拓展

从窗口客户区中心出发向边界等角度绘制36段反走样直线，颜色从红色光滑过渡到蓝色。单击工具栏上的"动画"按钮，客户区背景色变为白色；弹起工具栏上的"动画"按钮，客户区背景色变为黑色。试编程实现与背景色相关的反走样直线旋转动画，效果如图8-5所示。

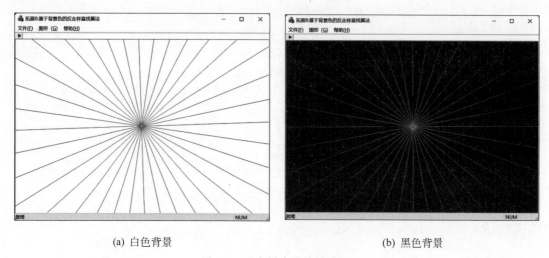

(a) 白色背景　　　　　　　　　　(b) 黑色背景

图8-5　反走样直线旋转动画

提示：上下像素点颜色为

```
c₀=(bkClr-p.c)*e+p.c;
c₁=(bkClr-p.c)*(1-e)+p.c;
```

其中，bkClr为背景色；c_0为下方像素点的颜色，c_1为上方像素点的颜色；p.c是交点的颜色。

案例 9　标准填充算法

知识点
- 平顶三角形与平底三角形。
- 颜色的双线性插值算法。
- 选择排序算法。

一、案例需求

1. 案例描述

在窗口客户区内给定三角形的 3 个顶点的二维坐标。设置三角形的第 1 个顶点的颜色为红色,第 2 个顶点的颜色为绿色,第 3 个顶点的颜色为蓝色。试基于光滑着色模式,使用标准算法填充三角形。

2. 功能说明

(1) 在窗口客户区内绘制灰色小正方形,代表三角形的 3 个顶点。

(2) 将光标置于任意一个小正方形上,光标变为十字形。按住鼠标左键改变三角形顶点的位置,三角形重新定位后进行光滑着色。

3. 案例效果图

红绿蓝光滑着色,使用标准算法填充三角形,效果如图 9-1 所示。

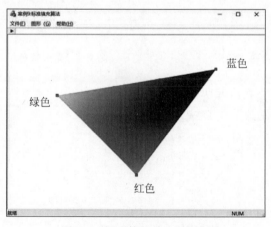

图 9-1　标准算法填充效果图

二、案例分析

1. 标准填充算法

标准填充算法将普通三角形看作由两个特殊三角形(平顶三角形与平底三角形)组合而成。普通三角形通过添加辅助线,可以看作平顶与平底三角形的组合,如图 9-2 所示。对于平顶三角形或平底三角形而言,两个侧边的 y 向变化率相同,随着扫描线自下而上地移动,容易填充扫描线与三角形相交跨度内的所有像素。

2. 颜色双线性插值算法

以图 9-3 所示三角形为例,予以说明。假定三角形 ABC 的 3 个顶点坐标为 $A(x_a,y_a)$、$B(x_b,y_b)$、$C(x_c,y_c)$。A 点的颜色为 c_a,B 点的颜色为 c_b,C 点的颜色为 c_c。在自定义坐标系中,y 轴向上为正,扫描线沿着 y 向从小往大移动。

y_i 扫描线上,D 点的颜色可以通过 A 点颜色与 C 点颜色的线性插值得到

$$c_d = (1-t)c_a + tc_c, \quad t \in [0,1] \tag{9-1}$$

同样,在扫描线 y_i 上,E 点的颜色可以通过 A 点颜色与 B 点颜色的线性插值得到

$$c_e = (1-t)c_a + tc_b, \quad t \in [0,1] \tag{9-2}$$

在扫描线 y_i 上,任意一点 F 的颜色通过 D 点颜色与 E 点颜色插值得到

$$c_f = (1-t)c_d + tc_e, \quad t \in [0,1] \tag{9-3}$$

随着扫描线 y_i 从 $y_{\min}$ 向 $y_{\max}$ 移动,F 点从左向右遍历三角形内部,其颜色为三角形 3 个顶点颜色的双线性插值结果。之所以称为双线性插值,指的是沿着 x 和 y 两个方向线性插值。

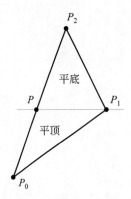
图 9-2 普通三角形

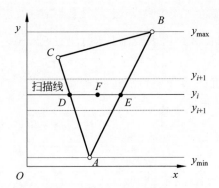
图 9-3 光滑着色模式

下面将双线性插值公式改写为二维坐标表达式。

(1) 直线 AC 边上任意一点 D 表示为

$$\begin{cases} x_d = (1-t)x_a + tx_c \\ y_d = (1-t)y_a + ty_c \end{cases}, \quad t \in [0,1] \tag{9-4}$$

容易计算出

$$t = \frac{x_d - x_a}{x_c - x_a} \quad \text{或} \quad t = \frac{y_d - y_a}{y_c - y_a} \tag{9-5}$$

沿三角形的 AC 边进行线性插值,是沿 y 方向插值。将式(9-5)代入式(9-1),有

$$c_d = \frac{y_c - y_d}{y_c - y_a}c_a + \frac{y_d - y_a}{y_c - y_a}c_c \tag{9-6}$$

(2) 直线 AB 边上任意一点 E 表示为

$$\begin{cases} x_e = (1-t)x_a + tx_b \\ y_e = (1-t)y_a + ty_b \end{cases}, \quad t \in [0,1] \tag{9-7}$$

容易计算出

$$t = \frac{x_e - x_a}{x_b - x_a} \quad \text{或} \quad t = \frac{y_e - y_a}{y_b - y_a} \tag{9-8}$$

沿三角形的 AB 边进行线性插值,是沿 y 方向插值。将式(9-8)代入式(9-2),有

$$c_e = \frac{y_b - y_e}{y_b - y_a} c_a + \frac{y_e - y_a}{y_b - y_a} c_b \tag{9-9}$$

(3) 扫描线 DE 内任意一点 F 表示为

$$\begin{cases} x_f = (1-t)x_d + tx_e \\ y_f = (1-t)y_d + ty_e \end{cases}, \quad t \in [0,1] \tag{9-10}$$

容易计算出

$$t = \frac{x_f - x_d}{x_e - x_d} \quad \text{或} \quad t = \frac{y_f - y_d}{y_e - y_d} \tag{9-11}$$

沿扫描线 DE 进行线性插值,是沿 x 方向插值。将式(9-11)代入式(9-3),有

$$c_f = \frac{x_e - x_f}{x_e - x_d} c_d + \frac{x_f - x_d}{x_e - x_d} c_e \tag{9-12}$$

计算多边形内任意一点颜色的双线性插值公式。

令 m 代表沿 x 方向或者 y 方向的当前插值,m_0 代表直线段起点值,m_1 代表直线段终点值,c_0 代表直线段起点颜色,c_1 代表直线段起点颜色。式(9-6)、式(9-9)、式(9-12)可统一表示为

$$c = \frac{m_1 - m}{m_1 - m_0} c_0 + \frac{m - m_0}{m_1 - m_0} c_1 \tag{9-13}$$

3. 图形的交互操作

在 WM_MOUSEMOVE 消息的响应函数中,循环访问光标的位置坐标。当其位于任意一个顶点坐标的 ±5 范围时,移动该顶点,即该顶点的新位置为光标所在的位置。

4. 三角形顶点选择排序算法

对 pt_0、pt_1、pt_2 使用选择算法排序。第一次排序,pt_0 的 y 坐标与 pt_1 的 y 坐标进行比较,找出最小的点将其放在 pt_0 位置;第二次排序,pt_0 的 y 坐标与 pt_2 的 y 坐标进行比较,将最小的点放在 pt_0 位置;第三次排序,pt_1 的 y 坐标与 pt_2 的 y 坐标进行比较,将最小的点放在 pt_1 位置,剩下的点为 y 坐标最大的点 pt_2。

三、算法设计

(1) 给定三角形 P_0 点的颜色为红色,P_1 点的颜色为绿色,P_2 点的颜色为蓝色。

(2) 根据三角形顶点坐标计算扫描线的最大值 y_{max} 和最小值 y_{min}。

(3) 使用选择排序算法对三角形的 3 个顶点进行排序,使 P_0 为 y 坐标最小的点,P_2 点为 y 坐标最大的点,P_1 点的 y 坐标位于 P_0 点和 P_2 点之间。

(4) 计算 P_0 点与 P_1P_2 边的交点 P,将三角形拆分为平顶三角形与平底三角形。

(5) 分别调用平底三角形填充函数或平顶三角形填充函数填充三角形,三角形边与扫描线交点的 x 坐标是通过从低端起点累加斜率的倒数计算的。

(6) 对平底三角形或平顶三角形的三个顶点的颜色进行线性插值,获得扫描线跨度两

端的颜色。

（7）依次访问平底三角形或平顶三角形内的每条扫描线，对跨度左右的标志点的颜色进行线性插值，填充三角形左右跨度之间的像素点。

四、案例设计

1. 定义三角形填充类

```
#include "P2.h"                          //带颜色的浮点数二维点类
#include "Point2.h"                      //带颜色的整数二维点类
class CTriangle                          //三角形填充类
{
public:
    CTriangle(void);
    CTriangle(CP2 P0, CP2 P1, CP2 P2);   //构造三角形
    virtual ~CTriangle(void);
    void Fill(CDC*pDC);                  //填充三角形
private:
    void SortVertex(void);               //顶点排序
    void FillTopFlatTriangle(CDC*pDC, CPoint2 PLeft, CPoint2 PRight);    //平顶三角形
    void FillBottomFlatTriangle(CDC*pDC, CPoint2 PLeft, CPoint2 PRight); //平底三角形
    CRGB Interpolate(double m, double m0, double m1, CRGB c0, CRGB c1);  //颜色线性插值
private:
    CPoint2 pt0, pt1, pt2;               //三角形的整数顶点
};
CTriangle::CTriangle(void)
{
}
CTriangle::CTriangle(CP2 P0, CP2 P1, CP2 P2)
{
    pt0.x=ROUND(P0.x);
    pt0.y=ROUND(P0.y);
    pt0.c=P0.c;
    pt1.x=ROUND(P1.x);
    pt1.y=ROUND(P1.y);
    pt1.c=P1.c;
    pt2.x=ROUND(P2.x);
    pt2.y=ROUND(P2.y);
    pt2.c=P2.c;
    SortVertex();
}
CTriangle::~CTriangle(void)
{
}
void CTriangle::Fill(CDC*pDC)            //三角形填充算法
{
    if (pt1.y ==pt2.y)                   //判断是否为平顶三角形
    {
        if (pt1.x<pt2.x)
            FillTopFlatTriangle(pDC, pt1, pt2);
```

```cpp
            else
                FillTopFlatTriangle(pDC, pt2, pt2);
    }
    else if (pt0.y ==pt1.y)                //判断是否为平底三角形
    {
        if (pt0.x<pt1.x)
            FillBottomFlatTriangle(pDC, pt0, pt1);
        else
            FillBottomFlatTriangle(pDC, pt1, pt0);
    }
    Else              //将普通三角形上下分割为平底和平顶的特殊三角形
    {
        double k=double(pt2.y-pt0.y)/(pt2.x-pt0.x);           //主边斜率
        double x=double(pt1.y-pt0.y)/k+pt0.x;                 //主边交点的 x 坐标
        CRGB c=Interpolate(pt1.y, pt0.y, pt2.y, pt0.c, pt2.c); //主边交点颜色
        CPoint2 Intersection(ROUND(x), pt1.y, c);
        CPoint2 PLeft, PRight;
        if (x<pt1.x)
        {
            PLeft=Intersection;
            PRight=pt1;
        }
        else
        {
            PLeft=pt1;
            PRight=Intersection;
        }
        FillTopFlatTriangle(pDC, PLeft, PRight);              //填充平顶三角形
        FillBottomFlatTriangle(pDC, PLeft, PRight);           //填充平底三角形
    }
}
void CTriangle::FillTopFlatTriangle(CDC*pDC, CPoint2 PLeft, CPoint2 PRight)
{
    CPoint2 Pmin=pt0;                                         //最小 y 坐标
    double m0=double(Pmin.x-PLeft.x)/(Pmin.y-PLeft.y);        //左边斜率倒数
    double m1=double(Pmin.x-PRight.x)/(Pmin.y-PRight.y);      //右边斜率倒数
    double x0, x1;                                            //跨度起点和终点的 x 坐标
    x0=x1=Pmin.x;
    for (int y=Pmin.y; y<PLeft.y; y++)
    {
        CRGB c0=Interpolate(y, Pmin.y, PLeft.y, Pmin.c, PLeft.c);
        CRGB c1=Interpolate(y, Pmin.y, PRight.y, Pmin.c, PRight.c);
        for (int x=ROUND(x0); x<ROUND(x1); x++)
        {
            CRGB c=Interpolate(x, x0, x1, c0, c1);
            pDC->SetPixelV(x, y, CRGBtoRGB(c));
        }
        x0+=m0;                                               //左边 x 增量
        x1+=m1;                                               //右边 x 增量
    }
}
```

```cpp
void CTriangle::FillBottomFlatTriangle(CDC*pDC, CPoint2 PLeft, CPoint2 PRight)
{
    CPoint2 Pmax=pt2;                                           //最大 y 坐标
    double m0=double(Pmax.x-PLeft.x)/(Pmax.y-PLeft.y);          //左边斜率倒数
    double m1=double(Pmax.x-PRight.x)/(Pmax.y-PRight.y);        //右边斜率倒数
    double x0, x1;                                              //跨度起点和终点的 x 坐标
    x0=PLeft.x, x1=PRight.x;
    for (int y=PLeft.y; y<Pmax.y; y++)
    {
        CRGB c0=Interpolate(y, PLeft.y, Pmax.y, PLeft.c, Pmax.c);
        CRGB c1=Interpolate(y, PRight.y, Pmax.y, PRight.c, Pmax.c);
        for (int x=ROUND(x0); x<ROUND(x1); x++)
        {
            CRGB c=Interpolate(x, x0, x1, c0, c1);
            pDC->SetPixelV(x, y, CRGBtoRGB(c));
        }
        x0+=m0;                                                 //左边 x 增量
        x1+=m1;                                                 //右边 x 增量
    }
}
void CTriangle::SortVertex(void)                                //顶点 y 坐标排序
{
    //要求排序后,P0.y<P1.y<P2.y
    CPoint2 pTemp;                                              //临时顶点
    if (pt0.y>pt1.y)
    {
        pTemp=pt0;
        pt0=pt1;
        pt1=pTemp;
    }
    if (pt0.y>pt2.y)
    {
        pTemp=pt0;
        pt0=pt2;
        pt2=pTemp;
    }
    if (pt1.y>pt2.y)
    {
        pTemp=pt1;
        pt1=pt2;
        pt2=pTemp;
    }
}
CRGB CTriangle::Interpolate(double m, double m0, double m1, CRGB c0, CRGB c1)
{
    CRGB color;
    color=(m1-m)/(m1-m0)*c0+(m-m0)/(m1-m0)*c1;
    return color;
}
```

程序说明：函数 SortVertex()对三角形的 3 个顶点,按 y 坐标的大小进行排序。函数

FillTopFlatTriangle()填充平顶三角形。函数 FillBottomFlatTriangle()填充平底三角形。函数 Interpolate()对颜色进行线性插值。

2. CTestView 类的构造函数

```
CTestView::CTestView() noexcept
{
    // TODO: 在此处添加构造代码
    C[0]=CRGB(1, 0, 0);                                     //红色
    C[1]=CRGB(0, 1, 0);                                     //绿色
    C[2]=CRGB(0, 0, 1);                                     //蓝色
    P[0]=CP2(0, -200);                                      //下点
    P[1]=CP2(-300, 100);                                    //左点
    P[2]=CP2(300, 200);                                     //上点
    bLBDown=FALSE;
    nCount=0;
}
```

程序说明：三角形 3 个顶点的颜色设置为红、绿、蓝。

3. 绘制函数

```
void CTestView::DrawObject(CDC*pDC)
{
    P[0].c=C[0], P[1].c=C[1], P[2].c=C[2];
    CTriangle triangle(P[0], P[1], P[2]);                   //三角形对象
    triangle.Fill(pDC);
    pDC->SelectStockObject(GRAY_BRUSH);
    for (int i=0; i<3; i++)
        pDC->Rectangle(ROUND(P[i].x-5), ROUND(P[i].y-5),
            ROUND(P[i].x+5), ROUND(P[i].y+5));
}
```

程序说明：首先绘制光滑着色三角形，然后再为三角形的 3 个顶点绘制灰色正方形。

4. 鼠标移动消息映射函数

移动光标时，判读其是否位于 3 个顶点的±5 范围。若在，则选取该顶点并使光标变为十字形。

```
void CTestView::OnMouseMove(UINT nFlags, CPoint point)
{
    // TODO: 在此添加消息处理程序代码或调用默认值
    CP2 pt=Convert(point);                                  //光标当前点
    for (int i=0; i<3; i++)                                 //引力域
        if (pt.x<P[i].x+5 && pt.x>P[i].x-5 && pt.y<P[i].y+5 && pt.y>P[i].y-5)
        {
            SetCursor(LoadCursor(NULL, IDC_HAND));
            nCount=i;
        }
    if (bLBDown)
        P[nCount]=pt;
    Invalidate(FALSE);
    CView::OnMouseMove(nFlags, point);
```

}

程序说明：引力域为半径为 5 的正方形，当光标进入引力域，会变为手形。

五、案例小结

（1）对于特殊的平顶三角形和平底三角形，3 个顶点位于两条扫描线上，填充算法简单。

（2）对位于最高点与最低点之间的顶点和最高点与最低点所在直线求交，即可将普通三角形划分为两个特殊三角形的组合。

六、案例拓展

试用标准填充算法，填充平顶或者平底三角形。三角形的左点为绿色，右点为蓝色，下点、上点为红色，如图 9-4 所示。

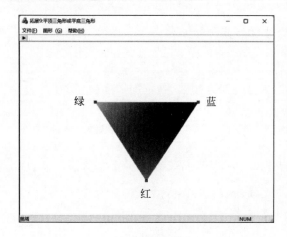 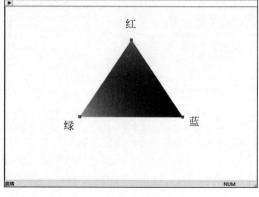

(a) 平顶三角形　　　　　　　　　　(b) 平底三角形

图 9-4　填充特殊三角形

案例 10 Bresenham 填充算法

知识点

- 边标志算法。
- 左三角形与右三角形。

一、案例需求

1. 案例描述

在窗口客户区内给定三角形的 3 个顶点的二维坐标。设置三角形的第 1 个顶点的颜色为红色,第 2 个顶点的颜色为绿色,第 3 个顶点的颜色为蓝色。试基于光滑着色模式,使用 Bresenham 算法绘制光滑着色三角形。

2. 功能说明

(1) 在窗口客户区内绘制灰色小正方形,代表三角形的 3 个顶点。

(2) 将光标移到任意一个小正方形上,光标变为十字形。按住鼠标左键改变三角形顶点的位置,三角形重新定位后进行光滑着色。

3. 案例效果图

红绿蓝光滑着色,使用 Bresenham 算法填充三角形,效果如图 10-1 所示。

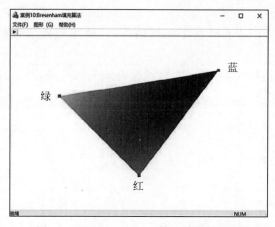

图 10-1 用 Bresenham 算法填充效果图

二、案例分析

1. 边标志算法

边标志算法分两步实现。第 1 步,勾勒轮廓线。对多边形的每条边进行扫描转换,即给多边形边界所经过的像素打上标志,在每条扫描线上建立各跨度的边界像素点对。第 2 步,填充多边形。沿着扫描线由小往大的顺序,按照从左到右的顺序,填充标志像素之间的全部像素。本案例中,使用整数 Bresenham 算法对三角形的边进行离散化,如图 10-2 所示。

2. 填充算法

三角形是凸多边形,与扫描线相交有左、右两个交点。左、右两交点之间的部分称为跨度,左交点称为 SpanLeft,右交点称为 SpanRight。假定三角形的顶点为 P_0、P_1、P_2。三角形的顶点按照 y 坐标排序,y 坐标最大的顶点取为 P_2 点,y 坐标最小的顶点取为 P_0 点,y 坐标居中的点取为 P_1 点。命名 P_0P_2 边为主边。根据 P_1 点位于主边的左侧或右侧,命名三角形为左三角形或右三角形。

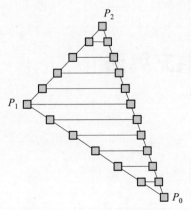

图 10-2 三角形边的离散化

三、算法设计

(1) 给定三角形的 3 个顶点的坐标及颜色。

(2) 根据三角形的顶点坐标计算扫描线的最大值 y_{max} 和最小值 y_{min}。

(3) 使用排序算法对三角形的 3 个顶点进行排序,使 P_0 点为 y 坐标最小的点,P_2 点为 y 坐标最大的点,P_1 点的 y 坐标位于 P_0 点和 P_1 点之间。

(4) 根据三角形的法向量的 z 分量的正负,判断 P_1 点与主边 P_0P_2 的位置关系,从而确定三角形是左三角形或者右三角形。

(5) 调用 Bresenham 算法将三角形的三条边离散为标志点,存放在左右边界数组中。

(6) 沿三角形边的方向进行颜色的线性插值,计算左边界数组和右边界数组的标志点颜色。

(7) 依次访问每条扫描线,对跨度左右的标志点的颜色进行线性插值,填充三角形跨度内的像素点。

四、案例设计

1. 定义三角形填充类

```
#include "P2.h"                          //带颜色的浮点数二维点类
#include "Point2.h"                      //带颜色的整数二维点类
class CTriangle
{
public:
    CTriangle(void);
    CTriangle(CP2 P0, CP2 P1, CP2 P2);   //用浮点数顶点构造三角形
    virtual ~CTriangle(void);
    void Fill(CDC*pDC);                  //填充三角形
private:
    void SortVertex(void);               //对三角形顶点排序
    void Bresenham(CPoint2 PStart, CPoint2 PEnd, BOOL bFeature);    //打边标志
```

```cpp
        CRGB Interpolate(double m, double m0, double m1, CRGB c0, CRGB c1);   //颜色线性插值
private:
    CPoint2 pt0, pt1, pt2;                          //三角形的整数顶点
    CPoint2*SpanLeft;                               //跨度的起点标志数组
    CPoint2*SpanRight;                              //跨度的终点标志数组
    int nIndex;                                     //扫描线索引
};
```

2. 填充三角形函数

```cpp
void CTriangle::Fill(CDC*pDC)                       //填充算法
{
    int nTotalScanLine=pt2.y-pt0.y+1;
    SpanLeft=new CPoint2[nTotalScanLine];
    SpanRight=new CPoint2[nTotalScanLine];
    int nDeltaz=(pt2.x-pt0.x)*(pt1.y-pt0.y)-(pt2.y-pt0.y)*(pt1.x-pt0.x);
                                                    //法向量的 z 坐标
    if (nDeltaz>0)                                  //左三角形
    {
        nIndex=0;
        Bresenham(pt0, pt1, LEFT);
        Bresenham(pt1, pt2, LEFT);
        nIndex=0;
        Bresenham(pt0, pt2, RIGHT);
    }
    else                                            //右三角形
    {
        nIndex=0;
        Bresenham(pt0, pt2, LEFT);
        nIndex=0;
        Bresenham(pt0, pt1, RIGHT);
        Bresenham(pt1, pt2, RIGHT);
    }
    for (int y=pt0.y ; y<pt2.y; y++)                //下闭上开
    {
        int n=y-pt0.y;
        for (int x=SpanLeft[n].x; x<SpanRight[n].x; x++)   //左闭右开
        {
            CRGB c=Interpolate(x, SpanLeft[n].x, SpanRight[n].x, SpanLeft[n].c,
                SpanRight[n].c);
            pDC->SetPixelV(x, y, CRGBtoRGB(c));
        }
    }
    if (SpanLeft)
    {
        delete[] SpanLeft;
        SpanLeft=NULL;
    }
    if (SpanRight)
    {
        delete[] SpanRight;
```

```
            SpanRight=NULL;
        }
    }
```

程序说明：Fill()函数用于确定三角形的 P_0P_2 为主边，其中 P_2 点的 y 坐标为 3 个顶点中的最大值，P_0 点的 y 坐标为 3 个顶点中的最小值。而 P_1 点可能位于 P_0P_2 边的左侧或者右侧。可以根据三角形的法向量 N 的 z 向分量的正负，确定 P_1 点与主边 P_0P_2 的位置关系。右手螺旋法则中，四指从 P_0 指向 P_2，弯曲到 P_1 点。若 P_1 点位于主边左侧，则称为左三角形，此时 z 向分量大于 0；若 P_1 点位于主边右侧，则称为右三角形，此时 z 向分量小于 0。SpanLeft 数组存放跨度左边的离散点标志。对于左三角形，左边由两条边 P_0P_1 和 P_1P_2 组成；对于右三角形，左边有一条边 P_0P_2。SpanRight 数组存放跨度右边的离散点标志。对于左三角形，右边有一条边 P_0P_2；对于右三角形，右边由两条边 P_0P_1 和 P_1P_2 组成。代码中，LEFT 的宏定义值为 1，RIGHT 的宏定义为 0。

3. 打边标志函数

```
void CTriangle::Bresenham(CPoint2 PStart, CPoint2 PEnd, BOOL bFeature)
{
    int dx=abs(PEnd.x-PStart.x);
    int dy=abs(PEnd.y-PStart.y);
    BOOL bInterChange=FALSE;        //bInterChange 为假,主位移方向为 x 方向
    int s1, s2;                     //步长增量
    if (PStart.x<PEnd.x)
        s1=1;
    else if (PStart.x==PEnd.x)      //比较 x 坐标
        s1=0;
    else
        s1=-1;
    if (PStart.y<PEnd.y)            //比较 y 坐标
        s2=1;
    else if (PStart.y==PEnd.y)
        s2=0;
    else
        s2=-1;
    if (dy>dx)                      //bInterChange 为真,主位移方向为 y 方向
    {
        int temp=dx;
        dx=dy;
        dy=temp;
        bInterChange=TRUE;
    }
    int e=-dx;
    int x=PStart.x, y=PStart.y;
    for (int i=0; i<dx; i++)
    {
        if (bInterChange)
        {
            y+=s2;
```

```
            CRGB c=Interpolate(y, PStart.y, PEnd.y, PStart.c, PEnd.c);
            if (bFeature)          //y方向记录标志点
                SpanLeft[nIndex++]=CPoint2(x, y, c);
            else
                SpanRight[nIndex++]=CPoint2(x, y, c);
        }
        else
        {
            x+=s1;
        }
        e+=2*dy;
        if (e>=0)
        {
            if (bInterChange)
                x+=s1;
            else
            {
                y+=s2;
                CRGB c=Interpolate(x, PStart.x, PEnd.x, PStart.c, PEnd.c);
                if (bFeature)          //y方向记录标志点
                    SpanLeft[nIndex++]=CPoint2(x, y, c);
                else
                    SpanRight[nIndex++]=CPoint2(x, y, c);
            }
            e-=2*dx;
        }
    }
}
```

程序说明：Bresenham()将三角形的边离散化为标志点。参数 bFeature 用宏定义 LEFT 和 RIGHT 区分左边界和右边界。对于图 10-3(a)所示的左三角形，SpanLeft 数组存放 P_0P_1 和 P_1P_2 边的标志，SpanRight 数组存放 P_0P_2 边的标志；对于图 10-3(b)所示的右三角形，SpanLeft 数组存放 P_0P_2 边的标志，SpanRight 数组存放 P_0P_1 和 P_1P_2 边的标志。

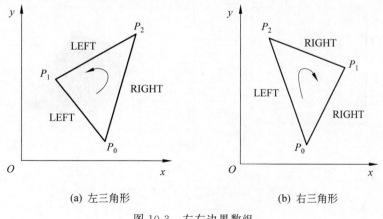

(a) 左三角形　　　　　　　　(b) 右三角形

图 10-3　左右边界数组

五、案例小结

（1）三角形由 3 个顶点组成，确定由最高点与最低点定义的主边后，中间点位于主边左侧或右侧就定义了左三角形或者右三角形，从而确定了三角形的左右边界数组。

（2）整数 Bresenham 算法是一个整数填充算法。使用 Bresenham 整数算法对三角形的边进行离散化，考虑了 x 和 y 方向的边的连续性，如图 10-4(a)所示。

（3）当填充多边形时，只要扫描线方向连续就够了，如图 10-4(b)所示。对于每条扫描线，仅需要产生相应于边与扫描线相交的一个像素序列。当这个像素序列解释为一条直线时，可能会有缝隙，因此多边形填充算法也称为 y 连续性算法。

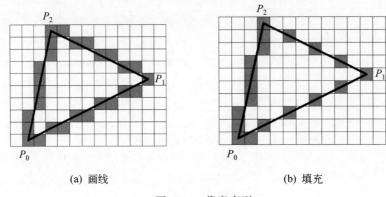

图 10-4　像素序列

六、案例拓展

采用 y 方向为主位移方向的 DDA 算法，代替本案例的 Bresenham 算法离散边。y 方向执行 $y_{i+1} = y_i + 1$ 操作，x 方向执行 $x_{i+1} = x_i + m$ 操作，这里 m 表示边的斜率的倒数。

在本案例的基础上，增加一个黄色顶点，编程绘制由右下和左上两个三角形组成的光滑着色四边形，效果如图 10-5 所示。

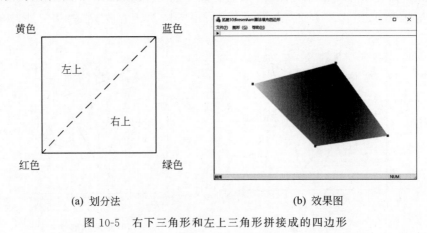

图 10-5　右下三角形和左上三角形拼接成的四边形

案例 11　重心坐标填充算法

知识点

- 三角形的重心坐标。
- 判断一点位于三角形之内。

一、案例需求

1. 案例描述

在窗口客户区给定三角形的 3 个顶点的二维坐标。设置三角形的第 1 个顶点的颜色为红色，第 2 个顶点的颜色为绿色，第 3 个顶点的颜色为蓝色。试基于光滑着色模式，使用重心坐标算法填充三角形。

2. 功能说明

（1）在窗口客户区绘制灰色小正方形，代表三角形的 3 个顶点。

（2）将光标移动到任意一个小正方形上，光标变为十字形。按住鼠标左键改变三角形顶点的位置，三角形重新定位后进行光滑着色。

3. 案例效果图

红、绿、蓝 3 个顶点光滑着色，使用重心坐标算法填充三角形，效果如图 11-1 所示。

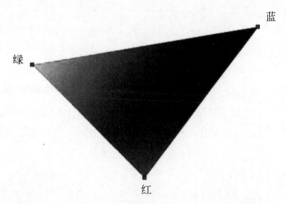

图 11-1　用重心坐标算法填充效果图（彩插图 1）

二、案例分析

1. 重心坐标

设三角形的顶点为 $P_0(x_0, y_0)$、$P_1(x_1, y_1)$ 和 $P_2(x_2, y_2)$，如果 P 点是三角形内的任意一点，则可以写为

$$P = \alpha P_0 + \beta P_1 + \gamma P_2 \qquad (11\text{-}1)$$

式中，$\alpha+\beta+\gamma=1$。

令三角形 $P_0P_1P_2$ 的面积为 A，子三角形 PP_1P_2 的面积为 A_0，子三角形 PP_2P_0 的面积为 A_1，子三角形 PP_0P_1 的面积为 A_2，则 $\alpha=\dfrac{A_0}{A}$，$\beta=\dfrac{A_1}{A}$，$\gamma=\dfrac{A_2}{A}$，如图 11-2 所示。

三角形 $P_0P_1P_2$ 的面积用行列式表示为

$$A=\dfrac{1}{2}\begin{vmatrix} x_0 & x_1 & x_2 \\ y_0 & y_1 & y_2 \\ 1 & 1 & 1 \end{vmatrix} \tag{11-2}$$

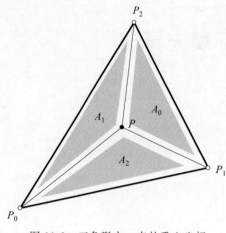

图 11-2　三角形内一点的重心坐标

子三角形 PP_1P_2 的面积为

$$A_0=\dfrac{1}{2}\begin{vmatrix} x & x_1 & x_2 \\ y & y_1 & y_2 \\ 1 & 1 & 1 \end{vmatrix} \tag{11-3}$$

子三角形 PP_2P_0 的面积为

$$A_1=\dfrac{1}{2}\begin{vmatrix} x_0 & x & x_2 \\ y_0 & y & y_2 \\ 1 & 1 & 1 \end{vmatrix} \tag{11-4}$$

$$\alpha=\dfrac{\begin{vmatrix} x & x_1 & x_2 \\ y & y_1 & y_2 \\ 1 & 1 & 1 \end{vmatrix}}{\begin{vmatrix} x_0 & x_1 & x_2 \\ y_0 & y_1 & y_2 \\ 1 & 1 & 1 \end{vmatrix}},\quad \beta=\dfrac{\begin{vmatrix} x_0 & x & x_2 \\ y_0 & y & y_2 \\ 1 & 1 & 1 \end{vmatrix}}{\begin{vmatrix} x_0 & x_1 & x_2 \\ y_0 & y_1 & y_2 \\ 1 & 1 & 1 \end{vmatrix}},\quad \gamma=\dfrac{\begin{vmatrix} x_0 & x_1 & x \\ y_0 & y_1 & y \\ 1 & 1 & 1 \end{vmatrix}}{\begin{vmatrix} x_0 & x_1 & x_2 \\ y_0 & y_1 & y_2 \\ 1 & 1 & 1 \end{vmatrix}} \tag{11-5}$$

重心坐标在图形学中最重要的应用是线性插值。根据 3 个顶点的属性插值出任意点的属性，无论是位置、颜色、法向量、深度等，计算结果都等同于扫描线算法的双线性插值。

令 c 代表三角形内任意点的颜色，c_0、c_1、c_2 代表三角形顶点的颜色，则有

$$c=\alpha c_0+\beta c_1+\gamma c_2 \tag{11-6}$$

2. 判断一点位于三角形之内

制作三角形的包围盒，如果三角形内一点满足 $\alpha\geqslant0$，$\beta\geqslant0$，$\gamma\geqslant0$，则 P 点位于三角形内部或者边界上。

三、算法设计

(1) 给定三角形的 3 个顶点的坐标及颜色。

(2) 根据三角形顶点坐标计算三角形的包围盒 $x_{\min}$、$x_{\max}$、$y_{\min}$、$y_{\max}$。

(3) 从 $y_{\min}$ 到 $y_{\max}$、从 $x_{\min}$ 到 $x_{\max}$ 访问每个像素点，计算当前点的重心坐标。

(4) 如果满足 $\alpha\geqslant0$，$\beta\geqslant0$，$\gamma\geqslant0$，则该点位于三角形内或者边界上。

(5) 使用重心坐标插值计算当前点的颜色，并绘制当前点。

四、案例设计

1. 定义三角形填充类

```cpp
#include"P2.h"

class CTriangle
{
public:
    CTriangle(void);
    CTriangle(CP2 P0, CP2 P1, CP2 P2);        //用浮点数顶点构造三角形
    virtual ~CTriangle(void);
    void Fill(CDC*pDC);                        //填充三角形
private:
    CP2 P0, P1, P2;                            //三角形的顶点
};
```

2. 填充三角形函数

```cpp
void CTriangle::Fill(CDC*pDC)
{
    int xMin=ROUND(min(min(P0.x, P1.x), P2.x));   //包围盒
    int yMin=ROUND(min(min(P0.y, P1.y), P2.y));
    int xMax=ROUND(max(max(P0.x, P1.x), P2.x));
    int yMax=ROUND(max(max(P0.y, P1.y), P2.y));
    for (int y=yMin; y<=yMax; y++)
    {
        for (int x=xMin; x<=xMax; x++)
        {
            double Area=P0.x*P1.y+P1.x*P2.y+P2.x*P0.y-P2.x*P1.y-P1.x*P0.y-P0.x*P2.y;
            double Area0=x*P1.y+P1.x*P2.y+P2.x*y-P2.x*P1.y-P1.x*y-x*P2.y;
            double Area1=P0.x*y+x*P2.y+P2.x*P0.y-P2.x*y-x*P0.y-P0.x*P2.y;
            double Area2=P0.x*P1.y+P1.x*y+x*P0.y-x*P1.y-P1.x*P0.y-P0.x*y;
            double alpha=Area0/Area, beta=Area1/Area,gamma=Area2/Area;   //重心坐标
            if (alpha>=0&&beta>=0&&gamma>=0)
            {
                CRGB crColor=alpha*P0.c+beta*P1.c+gamma*P2.c;   //计算颜色
                pDC->SetPixelV(x, y, CRGBtoRGB(crColor));
            }
        }
    }
}
```

程序说明：Fill()函数使用重心坐标算法填充三角形。计算三角形面积时，由于重心坐标是面积的比值，所以没有乘1/2。

五、案例小结

（1）重心坐标算法遍历访问三角形包围盒内的每个像素，不属于扫描线算法范畴。

（2）重心坐标算法直接使用浮点数算法，插值形式简单，易于理解。在后续案例中，如

果不特别声明,使用的三角形填充算法是重心坐标算法。

六、案例拓展

假定正六边形的顶点颜色分别为红色、黄色、绿色、青色、蓝色、品红色,假定中心点的颜色为白色,用重心坐标填充算法绘制光滑着色正六边形,效果如图 11-3 所示。

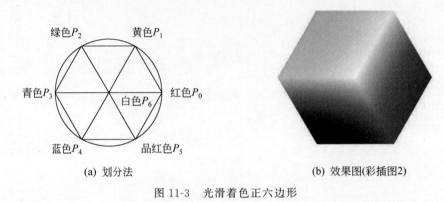

(a) 划分法　　　　　　　　(b) 效果图(彩插图2)

图 11-3　光滑着色正六边形

案例 12 有效边表填充算法

知识点
- 有效边表、边表和桶表。
- 动态链表的排序算法。

一、案例需求

1. 案例描述

图 12-1 所示的示例多边形有 7 条边。7 个顶点的二维坐标分别为 $P_0(50,100)$、$P_1(-150,300)$、$P_2(-250,50)$、$P_3(-150,-250)$、$P_4(0,-50)$、$P_5(100,-250)$、$P_6(300,150)$。试基于平面着色模式,使用有效边表算法填充示例多边形,填充色取红色。

2. 功能说明

(1) 在自定义二维坐标系下,使用双缓冲技术将示例多边形填充为红色。
(2) 使用动态链表编写填充算法。

3. 案例效果图

示例多边形有效边表填充效果如图 12-2 所示。

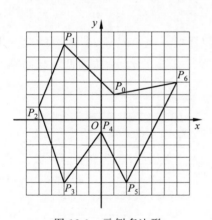
图 12-1 示例多边形

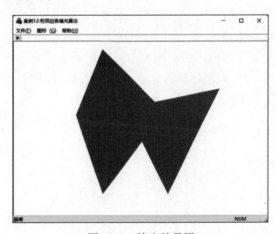
图 12-2 填充效果图

二、案例分析

1. 有效边

多边形与当前扫描线相交的边称为有效边。假定图 12-3 所示有效边的起点坐标为 (x_0, y_0),则有效边与扫描线 y_0+1 的交点的 x 坐标为

$$x = x_0 + \frac{\Delta x}{\Delta y} = x_0 + \frac{1}{k} \tag{12-1}$$

令 $m = \dfrac{1}{k}$，则

$$x = x_0 + m \qquad (12-2)$$

2. 有效边表

把有效边按照与扫描线交点 x 坐标递增的顺序存放在一个链表中，称为有效边表。有效边表的结点如图 12-4 所示。

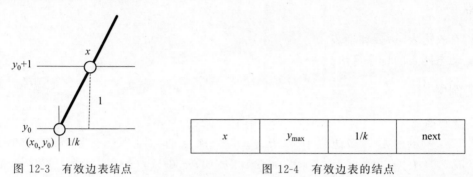

图 12-3 有效边表结点

图 12-4 有效边表的结点

图 12-4 中，x 为当前扫描线与有效边的交点的横坐标；y_{max} 为边所在的扫描线最大值，用于判断该边何时扫描完毕，可以抛弃成为无效边。

3. 桶表

桶表是按照扫描线顺序管理边出现情况的一个数据结构。首先，构造一个纵向扫描线链表，链表的长度为多边形所覆盖的最大扫描线数，链表的每个结点称为桶，对应多边形覆盖的每条扫描线。

4. 边表

将每条边的信息链入与该边最小 y 坐标 y_{min} 对应的桶处。也就是说，若某边的较低端点为 y_{min}，则该边就存放在相应的扫描线桶中。按照端点 y 坐标的大小，边的低端与高端的定义如图 12-5 所示。

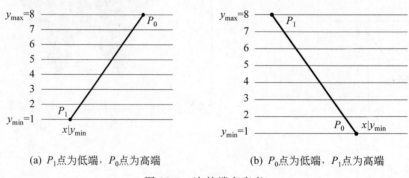

(a) P_1 点为低端，P_0 点为高端

(b) P_0 点为低端，P_1 点为高端

图 12-5 边的端点定义

对于每一条扫描线，如果新增多条边，则按 $x|y_{min}$ 坐标递增的顺序存放在一个链表中，若 $x|y_{min}$ 相等，则按照 $1/k$ 由小到大排序，这样就形成边表，如图 12-6 所示。

图 12-6 中，x 为新增边低端点的 $x|y_{min}$ 值，用于判断边表在桶中的排序；y_{max} 是该边高端的最大扫描线值，用于判断该边何时成为无效边。$1/k$ 是 x 坐标的增量。对比图 12-6 与

图 12-6 边表结点

图 12-4，可以看出边表是有效边表的特例，即该边低端处的有效边表。

有效边表与边表可以使用同一个类 CAET 表示。定义 CBT 类表示桶表。有效边表算法充分发挥了边的连贯性，如果第 i 条扫描线与边相交，那么第 $i+1$ 条扫描线也常常与边相交。计算扫描线与边的交点的 x 坐标时，可直接用上一交点的 x 坐标加上 m。

三、算法设计

（1）根据示例多边形顶点坐标值，计算扫描线的最小值 $y_{\min}$ 和最大值 $y_{\max}$。

（2）用多边形覆盖的扫描线动态建立桶结点。

（3）循环访问多边形的所有顶点，根据边的终点 y 值比起点 y 值高或边的终点 y 值比起点 y 值低两种情况（边的终点 y 值和起点 y 值相等的情况属于扫描线，不予考虑），计算每条边的 $y_{\min}$。在桶中寻找与该 $y_{\min}$ 对应的桶结点，计算该边表的 $x|y_{\min}$、$y_{\max}$、m（代表 $1/k$），并依次链接该边表结点到桶结点。

（4）对每个桶结点链接的边表，根据 $x|y_{\min}$ 值的大小进行排序，若 $x|y_{\min}$ 相等，则按照 m 由小到大排序。

（5）循环访问每个桶结点，将桶内每个结点的边表合并为有效边表，并循环访问有效边表。

（6）从有效边表中取出扫描线上相邻两条边的结点（交点）对进行配对。填充时设置一个逻辑变量 bInside（初始值为假），每访问一个结点，把 bInside 值取反一次，若 bInside 为真，则从当前结点的 x 值开始到下一结点的 x 值结束的区间，用顶点颜色填充。

（7）循环下一桶结点，按照 $x_{i+1}=x_i+m$ 修改有效边表，同时合并桶结点内的新边表，形成新的有效边表。

（8）如果桶结点的扫描线值大于或等于有效边表中某个结点的 $y_{\max}$ 值，则该边成为无效边。

（9）当桶结点不为空，则转步骤（6），否则删除桶表和边表的头结点，算法结束。

四、案例设计

1. 定义有效边表类 CAET

```
#include"Point2.h"
class CAET                    //有效边表类
{
public:
    CAET(void);
    virtual ~CAET(void);
public:
    double x;                 //当前扫描线与有效边交点的 x 坐标
    int yMax;                 //边的最大 y 值
    double m;                 //斜率的倒数
```

```
    CPoint2 pStart;            //边的起点
    CPoint2 pEnd;              //边的终点
    CAET*pNext;
};
```

程序说明：CAET 类中用 m 代表有效边表结点中的 $1/k$。绑定了 CPoint2 类型的边顶点，起点为 pStart，终点为 pEnd。CPoint2 类型是自定义数据类型，数据成员有整型 x、y 坐标和 CRGB 类型的颜色。

2. 定义有效边表类 CBT

```
#include "AET.h"
class CBT                      //桶表类
{
public:
    CBT(void);
    virtual ~CBT(void);
public:
    int ScanLine;              //扫描线
    CAET*pET;                  //桶上的边表指针
    CBT*pNext;
};
```

程序说明：桶表定义了扫描线（即桶）以及边在桶上的出现位置。

3. 定义填充类 CFill

```
#include"AET.h"
#include"BT.h"
class CFill
{
public:
    CFill(void);
    virtual ~CFill(void);
    void SetPoint(CPoint2*p, int n);        //初始化多边形顶点
    void CreateBucketTable(void);           //创建桶表
    void CreateEdgeTable(void);             //边表
    void FillPolygon(CDC*pDC);              //填充多边形
private:
    void AddEdgeTable (CAET*pNewEdge);      //合并边表
    void SortEdgeTable(void);               //边表排序
    void ClearMemory(void);                 //清理内存
    void DeleteEdgeTableChain(CAET*pAET);   //删除边表
protected:
    int nPointNumber;                       //顶点个数
    CPoint2*P;                              //顶点坐标动态数组
    CAET*pHeadE,*pCurrentE,*pEdge;          //有效边表结点指针
    CBT*pHeadB,*pCurrentB;                  //桶表结点指针
};
```

程序说明：CFill 类使用有效边表算法填充多边形。由于是平面着色，所以顶点颜色全部相同；如果使用不同的顶点颜色，可以双线性插值得到内部像素点颜色。由于 CFill 类内

使用动态数组,容易造成内存泄漏,所以定义了清理内存函数。CFill 类可以填充任意的凸多边形与凹多边形。

4. 创建边表函数

```
void CFill::CreateBucketTable(void)        //创建桶表
{
    int yMin, yMax;                        //yMin表示最小扫描线,yMax表示最大扫描线
    yMin=yMax=P[0].y;
    for (int i=0;i<nPointNumber; i++)      //查找多边形所覆盖的最小扫描线和最大扫描线
    {
        if (P[i].y<yMin)
            yMin=P[i].y;                   //扫描线的最小值
        if (P[i].y>yMax)
            yMax=P[i].y;                   //扫描线的最大值
    }
    for (int y=yMin;y<=yMax;y++)
    {
        if (yMin==y)                       //如果是扫描线的最小值
        {
            pHeadB=new CBT;                //建立桶的头结点
            pCurrentB=pHeadB;              //pCurrentB 为 CBT 当前结点指针
            pCurrentB->ScanLine=yMin;
            pCurrentB->pET=NULL;           //没有链接边表
            pCurrentB->pNext=NULL;
        }
        else                               //其他扫描线
        {
            pCurrentB->pNext=new CBT;      //建立桶的其他结点
            pCurrentB=pCurrentB->pNext;
            pCurrentB->ScanLine=y;
            pCurrentB->pET=NULL;
            pCurrentB->pNext=NULL;
        }
    }
}
```

程序说明:根据多边形所覆盖的扫描线条数建立桶结点。

5. 创建边表函数

```
void CFill::CreateEdgeTable(void)          //创建边表
{
    for (int i=0;i<nPointNumber;i++)
    {
        pCurrentB=pHeadB;
        int j=(i+1)%nPointNumber;          //边的另一个顶点,P[i]和 P[j]点对构成边
        if (P[i].y<P[j].y)                 //边的终点比起点高
        {
            pEdge=new CAET;
            pEdge->x=P[i].x;               //计算边表的值
            pEdge->yMax=P[j].y;
            pEdge->m=(double)(P[j].x-P[i].x)/(P[j].y-P[i].y);       //代表1/k
```

```
                pEdge->pStart=P[i];                      //绑定顶点和颜色
                pEdge->pEnd=P[j];
                pEdge->pNext=NULL;
                while (pCurrentB->ScanLine!=P[i].y)  //在桶内寻找当前边的 y_min
                    pCurrentB=pCurrentB->pNext;      //移到 y_min 所在的桶结点
            }
            if (P[j].y<P[i].y)                       //边的终点比起点低
            {
                pEdge=new CAET;
                pEdge->x=P[j].x;
                pEdge->yMax=P[i].y;
                pEdge->m=(double)(P[i].x-P[j].x)/(P[i].y-P[j].y);
                pEdge->pStart=P[i];
                pEdge->pEnd=P[j];
                pEdge->pNext=NULL;
                while(pCurrentB->ScanLine!=P[j].y)
                    pCurrentB=pCurrentB->pNext;
            }
            if (P[i].y!=P[j].y)
            {
                pCurrentE=pCurrentB->pET;
                if (NULL==pCurrentE)
                {
                    pCurrentE=pEdge;
                    pCurrentB->pET=pCurrentE;
                }
                else
                {
                    while (NULL!=pCurrentE->pNext)
                        pCurrentE=pCurrentE->pNext;
                    pCurrentE->pNext=pEdge;
                }
            }
        }
    }
}
```

程序说明：对于每一条边，根据 y 坐标大小区分边的终点和起点的高低情况。将边的低端的 x 值、边的斜率等绑定到相应的桶结点上，构造完整的边表。

6. 填充多边形函数

```
void CFill::FillPolygon(CDC*pDC)                     //填充多边形
{
    CAET*pT1=NULL,*pT2=NULL;
    pHeadE=NULL;
    for (pCurrentB=pHeadB;pCurrentB!=NULL;pCurrentB=pCurrentB->pNext)
    {
        for (pCurrentE=pCurrentB->pET;pCurrentE!=NULL;pCurrentE=pCurrentE->pNext)
        {
            pEdge=new CAET;
            pEdge->x=pCurrentE->x;
            pEdge->yMax=pCurrentE->yMax;
```

```
        pEdge->m=pCurrentE->m;
        pEdge->pStart=pCurrentE->pStart;
        pEdge->pEnd=pCurrentE->pEnd;
        pEdge->pNext=NULL;
        AddEdgeTable(pEdge);
}
SortEdgeTable();                              //边排序
pT1=pHeadE;
if (NULL==pT1)
    return;
while (pCurrentB->ScanLine>=pT1->yMax)
{
    CAET*pAETTemp=pT1;
    pT1=pT1->pNext;
    delete pAETTemp;
    pHeadE=pT1;
    if (NULL==pHeadE)
        return;
}
if (NULL!=pT1->pNext)
{
    pT2=pT1;
    pT1=pT2->pNext;
}
while (NULL!=pT1)
{
    if (pCurrentB->ScanLine>=pT1->yMax)       //下闭上开
    {
        CAET*pAETTemp=pT1;
        pT2->pNext=pT1->pNext;
        pT1=pT2->pNext;
        delete pAETTemp;
    }
    else
    {
        pT2=pT1;
        pT1=pT2->pNext;
    }
}
BOOL bInside=FALSE;                           //内外测试标志,初始值为假,表示位于区间外部
int xLeft, xRight;                            //区间的起点和终点坐标
for (pT1=pHeadE;pT1!=NULL;pT1=pT1->pNext)
{
    if (FALSE==bInside)
    {
        xLeft=ROUND(pT1->x);        //区间的起点
        bInside=TRUE;
    }
    else
    {
        xRight=ROUND(pT1->x);       //区间的终点
```

```
            for (int x=xLeft; x<xRight; x++)      //左闭右开
            {
                pDC->SetPixel(x, pCurrentB->ScanLine, CRGBtoRGB(P[0].c));
            }
            bInside=FALSE;
        }
    }
    for (pT1=pHeadE;pT1!=NULL;pT1=pT1->pNext)  //边的连续性
        pT1->x=pT1->x+pT1->m;
    }
}
```

程序说明：访问桶覆盖的每条扫描线，访问扫描线与多边形交点区间。由于当前扫描线与多边形可能有多个交点，所以用 bInside 判断是否位于交点区间内。填充多边形时，采用的是"左闭右开"和"下闭上开"边界处理规则。

7. CTestView 的构造函数

```
CTestView::CTestView() noexcept
{
    // TODO: 在此处添加构造代码
    P[0]=CP2(50, 100);
    P[1]=CP2(-150, 300);
    P[2]=CP2(-250, 50);
    P[3]=CP2(-150, -250);
    P[4]=CP2(0, -50);
    P[5]=CP2(100, -250);
    P[6]=CP2(300, 150);
}
```

程序说明：读入示例多边形的 7 个顶点坐标。

8. DrawObject()函数

```
void CTestView::DrawObject(CDC*pDC)
{
    CPoint2 Pt[6];                              //整数型点表
    for (int i=0; i<7; i++)                     //转储顶点坐标为整数坐标
    {
        Pt[i].x=ROUND(P[i].x);
        Pt[i].y=ROUND(P[i].y);
        Pt[i].c=CRGB(1, 0, 0);
    }
    CFill*pFill=new CFill;                      //动态分配内存
    pFill->SetPoint(Pt, 7);                     //初始化 Fill 对象
    pFill->CreateBucketTable();                 //建立桶表
    pFill->CreateEdgeTable();                   //建立边表
    pFill->FillPolygon(pDC);                    //填充多边形
    delete pFill;                               //撤销内存
}
```

程序说明：将浮点型顶点转储为整型顶点后，调用 CFill 类的建立桶表函数、建立边表函数、填充函数来填充多边形。

五、案例小结

(1) 本案例自定义 CAET、CBT 和 CFill 类来填充示例多边形。读入的多边形顶点数组 P 是浮点型数组,转储为整数数组 P_1 后进行处理。本案例使用的是平面着色模式。

(2) 有效边表算法可用于直接填充光滑着色的三角形或四边形。绘制光滑物体时,常用光滑着色模式填充四边形网格或三角形网格,这需要添加颜色线性插值函数来实现。使用有效边表算法,四边形网格可以直接填充,而不用拆分为两个三角形。

(3) 有效边表算法是凹多边形填充算法。计算机图形学中的凹多边形一般拆分为两个凸图形后才进行填充。使用有效边表算法可以直接填充凹多边形。

六、案例拓展

假设正六边形的顶点颜色分别为红色、黄色、绿色、青色、蓝色、品红色,试用有效边表算法绘制光滑着色正六边形(不划分为 6 个三角形),效果如图 12-7 所示。

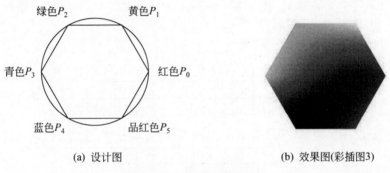

(a) 设计图　　　　　　　　(b) 效果图(彩插图3)

图 12-7　填充正六边形

案例 13　边填充算法

知识点
- 边填充算法。
- 像素颜色取补。

一、案例需求

1. 案例描述

将图 13-1 所示的示例多边形的顶点放大为 $P_0(50,100)$、$P_1(-150,300)$、$P_2(-250,50)$、$P_3(-150,-250)$、$P_4(0,-50)$、$P_5(100,-250)$、$P_6(300,150)$，为示例多边形添加包围盒，使用边填充算法填充示例多边形。

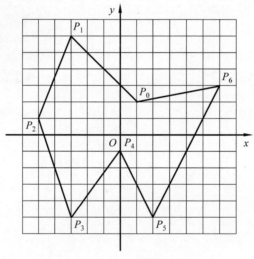

图 13-1　示例多边形

2. 功能说明

（1）自定义二维屏幕坐标系，原点位于客户区中心，x 轴水平向右为正，y 轴垂直向上为正。

（2）屏幕背景色为白色，填充色为红色。

（3）在窗口客户区绘制示例多边形的线框图及包围盒。

（4）使用边填充算法填充示例多边形。

（5）基于单缓冲技术，动态演示填充过程。

3. 案例效果图

为示例多边形添加包围盒，边填充算法绘制效果如图 13-2 所示。

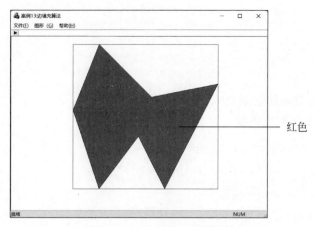

图 13-2 边填充算法绘制效果

二、案例分析

(1) 边填充算法逐条访问多边形的边,处理边的顺序任意指定。

(2) 边填充算法先计算每条边与扫描线的交点,然后将交点右侧包围盒内的所有像素颜色全部取为补色。

(3) 为了提高绘制效率,通常在多边形包围盒内进行绘制。

三、算法设计

(1) 计算多边形的最大或最小 x 坐标、最大或最小 y 坐标。

(2) 绘制多边形及其包围盒。

(3) 定义前景色为 foreClr,背景色为 backClr。

(4) 对于每一条边,y 从 $y_{\min}$ 开始,执行下面的循环。

(5) x 从扫描线与边的左交点开始到包围盒右边界,先获得 (x,y) 位置的像素颜色,如果是填充色,则置为背景色;如果是背景色,则置为填充色。

(6) 执行 $x=x+1/k$,计算下一条扫描线与边交点的 x 坐标。

(7) 如果 $y=y_{\max}$,则结束循环,否则 $y++$,转步骤(5)。

四、案例设计

1. 读入示例多边形的顶点坐标

```
CTestView::CTestView() noexcept
{
    // TODO: 在此处添加构造代码
    bPlay=FALSE;
    P[0].x=50;   P[0].y=100;  P[0].c=CRGB(1.0, 0.0, 0.0);
    P[1].x=-150; P[1].y=300;  P[1].c=CRGB(1.0, 0.0, 0.0);
    P[2].x=-250; P[2].y=50;   P[2].c=CRGB(1.0, 0.0, 0.0);
    P[3].x=-150; P[3].y=-250; P[3].c=CRGB(1.0, 0.0, 0.0);
    P[4].x=0;    P[4].y=-50;  P[4].c=CRGB(1.0, 0.0, 0.0);
```

```
    P[5].x=100;   P[5].y=-250;  P[5].c=CRGB(1.0, 0.0, 0.0);
    P[6].x=300;   P[6].y=150;   P[6].c=CRGB(1.0, 0.0, 0.0);
    backClr=RGB(255, 255, 255);        //背景色
    foreClr=RGB(255, 0, 0);            //前景色
}
```

程序说明：顶点坐标为整型坐标，类型为 CPoint2。

2. 绘制多边形及包围盒函数

```
void CTestView::DrawObject(CDC*pDC)
{
    xMin=xMax=P[0].x;
    yMin=yMax=P[0].y;
    for (int i=0; i<7; i++)            //计算多边形包围盒
    {
        if (P[i].x>xMax)
            xMax=P[i].x;
        if (P[i].x<xMin)
            xMin=P[i].x;
        if (P[i].y>yMax)
            yMax=P[i].y;
        if (P[i].y<yMin)
            yMin=P[i].y;
    }
    CPoint2 pTemp;
    for (int i=0; i<7; i++)            //绘制多边形
    {
        if (0==i)
        {
            pDC->MoveTo(P[i].x, P[i].y);
            pTemp=P[i];
        }
        else
            pDC->LineTo(P[i].x, P[i].y);
    }
    pDC->LineTo(pTemp.x, pTemp.y);//闭合多边形
    //绘制包围盒
    pDC->MoveTo(xMin, yMin);
    pDC->LineTo(xMax, yMin);
    pDC->LineTo(xMax, yMax);
    pDC->LineTo(xMin, yMax);
    pDC->LineTo(xMin, yMin);
}
```

程序说明：xMin 为多边形的最小 x 坐标，xMax 为多边形的最大 x 坐标，yMin 为多边形的最小 y 坐标，yMax 为多边形的最大 y 坐标。

3. 填充多边形函数

```
void CTestView::EdgeFill(CDC*pDC)
{
    int ymin, ymax;                    //边的最小 y 值与最大 y 值
```

```
            double x_ymin, m;                        //x_ymin 为边低端的 x 坐标,m 为斜率的倒数
            for (int i=0; i<7; i++)                  //循环多边形所有边
            {
                int j=(i+1)%7;
                m=double(P[i].x-P[j].x)/(P[i].y-P[j].y);    //计算 1/k
                if (P[i].y<P[j].y)                   //得到每条边 y 的最大值与最小值
                {
                    ymin=P[i].y;
                    ymax=P[j].y;
                    x_ymin=P[i].x;                   //得到 x|ymin
                }
                else
                {
                    ymin=P[j].y;
                    ymax=P[i].y;
                    x_ymin=P[j].x;
                }
                for (int y=ymin; y<ymax; y++)        //沿每一条边循环扫描线
                {
                    for (int x=ROUND(x_ymin); x<xMax; x++)  //处理交点右侧像素
                    {
                        if (foreClr==pDC->GetPixel(x, y))   //如果是填充色
                            pDC->SetPixelV(x, y, backClr);  //置为背景色
                        else
                            pDC->SetPixelV(x, y, foreClr);  //置为填充色
                    }
                    x_ymin+=m;                       //计算下一条扫描线的 x 起点坐标
                }
                DrawObject(pDC);
            }
        }
```

程序说明：EdgeFill()函数首先计算每条边的 y_{min} 与 y_{max}，取 y_{min} 处的 x 值为起始 x 值。在从 y_{min} 到 y_{max} 的循环中，取 x 到包围盒最大 x 坐标 xMax 之间的像素点颜色。GetPixel()读取扫描线上后续像素的颜色。如果该颜色是填充色 foreClr，则置为背景色 backClr，否则置为填充色。

五、案例小结

（1）边填充算法只能使用平面着色模式填充多边形，不能使用光滑着色模式填充多边形。

（2）如果使用双缓冲绘图，可以直接绘制出填充好的图形。

（3）本案例中的多边形顶点使用的是整型点，用 CPoint2 定义。相比 MFC 的 CPoint 类型，只是增加了颜色的定义，x 坐标和 y 坐标保持整型。

六、案例拓展

为了提高填充效率，在图形中添加一条栅栏，栅栏位置通常取多边形顶点之一，如图 13-3(a)所示。栅栏的起点坐标为(P[4].x,P[3].y)、终点坐标为(P[4].x,P[1].y)。用栅

栏填充算法处理每条边与扫描线的交点时，只将交点与栅栏之间的像素取补。试编程实现，效果如图 13-3(b)所示。

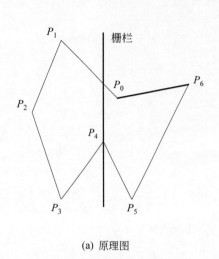

(a) 原理图　　　　　　　　　　　　　　　(b) 效果图

图 13-3　栅栏填充算法

案例 14　边界表示的种子填充算法

知识点
- 边界表示的四连通种子填充算法。
- 判断种子像素位于区域内的方法。
- 四邻接点的访问方法。
- 链栈操作函数。

一、案例需求

1. 案例描述

示例多边形是用边界表示的四连通区域。示例多边形顶点为 $P_0(50,100)$、$P_1(-150,300)$、$P_2(-250,50)$、$P_3(-150,-250)$、$P_4(0,-50)$、$P_5(100,-250)$、$P_6(300,150)$，如图 14-1 所示，试使用四连通种子算法进行填充。

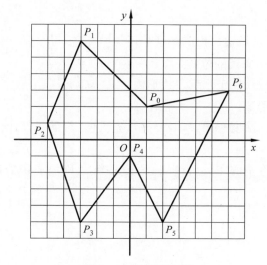

图 14-1　示例多边形

2. 功能说明

(1) 基于自定义的二维屏幕坐标系定义示例多边形。
(2) 判断种子像素是否位于示例多边形边界内。
(3) 在示例多边形内给定种子像素，使用区域四连通种子算法填充示例多边形。

3. 案例效果图

使用边界填充算法填充示例多边形区域，效果如图 14-2 所示。

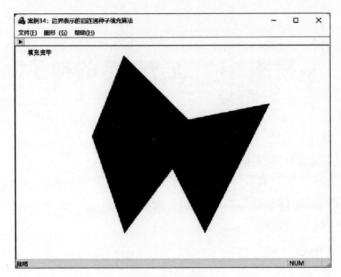

(a) 选取种子像素点　　　　　　　(b) 填充效果

图 14-2　四连通种子算法填充效果

二、案例分析

1. 边界填充算法

从种子像素出发,将区域边界内的像素扩展为填充色。

2. 使用光标指定种子像素的位置

需要判断种子像素是否位于示例多边形内。

3. 定义链栈来存储像素

由于系统默认的递归深度有限,所以要想填充大图形,需要设计链栈来存储入栈像素。

4. 边界填充算法分类

如果算法搜索出栈像素的左、上、右、下 4 个邻接点,则填充函数定义为 BoundaryFill4;如果算法搜索出栈像素的左、左上、上、右上、右、右下、下和左下 8 个邻接点,则填充函数定义为 BoundaryFill8。

三、算法设计

(1) 绘制四连通多边形区域的边界。

(2) 设置默认边界色为黑色,默认种子色为蓝色。

(3) 选择种子的像素的坐标位置(x_0, y_0),执行 $x = x_0 \pm 1$ 与 $y = y_0 \pm 1$ 操作,判断 x 或 y 是否到达客户区边界。如果 x 或 y 到达客户区边界,则给出"种子不在图形之内"的警告信息,重新选择种子像素的位置。

(4) 将位于多边形区域内的种子像素入栈。

(5) 如果栈不为空,则将栈顶的像素点出栈,用种子色绘制出栈像素。

(6) 按左、上、右、下顺序搜索出栈像素的四个邻接点像素。如果相邻像素的颜色不是边界色并且不是种子色,则将其入栈,否则丢弃。

(7)重复步骤(5),直到栈为空。

四、案例设计

1. 建立栈结点类 CStack

```
class CStack
{
public:
    CStack(void);
    virtual ~CStack(void);
    void Push(CPoint point);
    CPoint Pop(void);
public:
    CStack*pTop;           //结点指针
    CPoint Pixel;          //数据域
    CStack*pNext;          //指针域
};
```

程序说明:栈结点用于动态存储多边形区域内的像素,栈结点包括数据域与指针域。

2. 入栈函数

```
void CStack::Push(CPoint point)
{
    pTop=new CStack;
    pTop->Pixel=point;
    pTop->pNext=this->pNext;
    this->pNext=pTop;
}
```

程序说明:pTop 是一个活动的栈顶指针,其数据域存放入栈像素或出栈像素。下面以两个像素的入栈和出栈讲解,首先假定将两个像素入栈。如果先将像素 point1 入栈,pTop 建立第 1 个结点,数据域存放 point1,指针域为空,如图 14-3 所示。这里,pHead 是链栈的头结点指针,这里用 this 代表,其数据域为空。

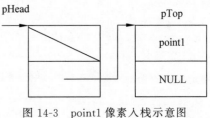

图 14-3 point1 像素入栈示意图

接着将像素 point2 入栈,pTop 建立第 2 个结点,数据域存放 point2,指针域存放第一个结点的地址,如图 14-4 所示。

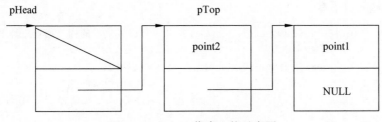

图 14-4 point2 像素入栈示意图

3. 出栈函数

```
CPoint CStack::Pop(void)
{
    CPoint point;
    if (this->pNext!=NULL)
    {
        pTop=this->pNext;
        this->pNext=pTop->pNext;
        point=pTop->Pixel;
        delete pTop;
    }
    return point;
}
```

程序说明：假定将两个像素出栈。根据后进先出原则，第一个出栈的像素为 point2。将 pTop 指针指向 point2 所在的结点，如图 14-5 所示。将 point1 所在的结点链接到头结点，表示 point2 所在的结点已经出栈，将结点的数据赋给 point 参数。第二个出栈的像素为 point1。将 pTop 指针指向 point1 所在的结点，将 point1 所在的结点赋给 point 参数，如图 14-6 所示。由于头结点的指针域为 NULL，满足预设条件，所以不再进行出栈操作。

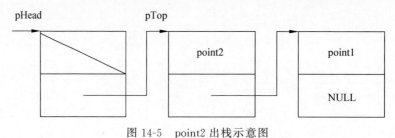

图 14-5　point2 出栈示意图

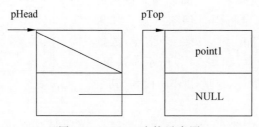

图 14-6　point1 出栈示意图

4. FillPolygon()函数

```
void CTestView::BoundaryFill4(CDC*pDC)        //边界表示的四连通填充算法
{
    COLORREF BoundaryClr=RGB(0, 0, 0);        //边界色
    COLORREF Color;                           //当前像素的颜色
    int x, y;                                 //x,y用于判断种子与图形的位置关系
    x=Seed.x-1;
    while (BoundaryClr!=pDC->GetPixel(x, Seed.y)&&SeedClr!=pDC->GetPixel(x,
        Seed.y))                              //左方判断
```

```
{
    x--;
    if (x<=nClientLeft)                    //到达客户区左端
    {
        MessageBox(_T("种子不在图形之内"), _T("警告"));
        return;
    }
}
y=Seed.y+1;
while (BoundaryClr!=pDC->GetPixel(Seed.x, y)&&SeedClr!=pDC->GetPixel(Seed.
    x, y))                                 //上方判断
{
    y++;
    if (y>=nClientTop)                     //到达客户区上端
    {
        MessageBox(_T("种子不在图形之内"), _T("警告"));
        return;
    }
}
x=Seed.x+1;
while (BoundaryClr!=pDC->GetPixel(x, Seed.y)&&SeedClr!=pDC->GetPixel(x,
    Seed.y))                               //右方判断
{
    x++;
    if (x>=nClientRight)                   //到达客户区右端
    {
        MessageBox(_T("种子不在图形之内"), _T("警告"));
        return;
    }
}
y=Seed.y-1;
while (BoundaryClr!=pDC->GetPixel(Seed.x, y)&&SeedClr!=pDC->GetPixel(Seed.
    x, y))                                 //下方判断
{
    y--;
    if (y<=nClientBottom)                  //到达客户区下端
    {
        MessageBox(_T("种子不在图形之内"), _T("警告"));
        return;
    }
}
pHead=new CStack;                          //建立栈头结点
pHead->pNext=NULL;                         //栈头结点的指针域总为空
CPoint Left, Top, Right, Bottom;           //种子的4个邻接点
pHead->Push(Seed);                         //种子像素入栈
while (NULL!=pHead->pNext)                 //如果栈不为空
{
    CPoint PopPoint=pHead->Pop();
    if (SeedClr==pDC->GetPixel(PopPoint))
        continue;                          //加速
    pDC->SetPixelV(PopPoint, SeedClr);
```

```
            Left.x=PopPoint.x-1, Left.y=PopPoint.y;          //搜索出栈结点的左方像素
            Color=pDC->GetPixel(Left);
            if (BoundaryClr!=Color&&SeedClr!=Color)          //不是边界色并且未置成填充色
                pHead->Push(Left);                           //左方像素入栈
            Top.x=PopPoint.x, Top.y=PopPoint.y+1;            //搜索出栈结点的上方像素
            Color=pDC->GetPixel(Top);
            if (BoundaryClr!=Color&&SeedClr!=Color)
                pHead->Push(Top);                            //上方像素入栈
            Right.x=PopPoint.x+1, Right.y=PopPoint.y;        //搜索出栈结点的右方像素
            Color=pDC->GetPixel(Right);
            if (BoundaryClr!=Color&&SeedClr!=Color)
                pHead->Push(Right);                          //右方像素入栈
            Bottom.x=PopPoint.x, Bottom.y=PopPoint.y-1;      //搜索出栈结点的下方像素
            Color=pDC->GetPixel(Bottom);
            if (BoundaryClr!=Color&&SeedClr!=Color)
                pHead->Push(Bottom);                         //下方像素入栈
        }
        pDC->TextOutW(-450, 320, _T("填充完毕"));
        delete pHead;
        pHead=NULL;
    }
```

程序说明：BoundaryFill4()函数用于填充示例多边形，SeedClr 为种子色，BoundaryClr 为边界色。种子色的默认值为蓝色，边界色的默认值为黑色。首先判断种子像素位置是否位于示例多边形区域之内。从光标绘制的种子像素点(x_0, y_0)出发向左、上、右、下 4 个方向执行±1 操作，如果能够到达客户区边界，则种子像素位于多边形之外，否则位于多边形之内。随着填充范围的增大，区域内大量的像素成为种子色，使用 continue 语句可以提高填充速度。对于位于多边形区域之内的种子像素，以种子色绘制种子像素并将其 4 个邻接点像素（Left、Top、Right、Bottom）入栈，然后使用种子色依次绘制出栈像素。区域填充完后栈为空，给出"填充完毕"的提示信息。

五、案例小结

（1）设计了 CStack 类执行堆栈操作，成员函数定义入栈函数与出栈函数。
（2）区域的边界表示法要求填充色与边界色不同。
（3）如果修改系统栈深度，也可以用递归函数实现。

```
void CTestView::BoundaryFill4(CDC*pDC, int x, int y, COLORREF SeedClr, COLORREF
    BoundaryClr)
{
    COLORREF Color=pDC->GetPixel(x, y);              //Color 为当前像素点的颜色
    if (SeedClr!=Color&&BoundaryClr!=Color)          //如果不是种子色并且也不是边界色
    {
        pDC->SetPixelV(x, y, SeedClr);               //当前像素点设置为种子色
        BoundaryFill4 (pDC, x-1, y, SeedClr, BoundaryClr);      //访问左方像素
        BoundaryFill4 (pDC, x, y+1, SeedClr, BoundaryClr);      //访问上方像素
        BoundaryFill4 (pDC, x+1, y, SeedClr, BoundaryClr);      //访问右方像素
        BoundaryFill4 (pDC, x, y-1, SeedClr, BoundaryClr);      //访问下方像素
    }
```

}

六、案例拓展

设定图 14-7(a)所示的八连通区域边界颜色为黑色。两个正方形区域的连接处构成八连通域,如图 14-7(b)所示。在区域左下方的正方形内放置一颗蓝色种子,使用八连通算法填充整个区域,如图 14-7(c)所示。

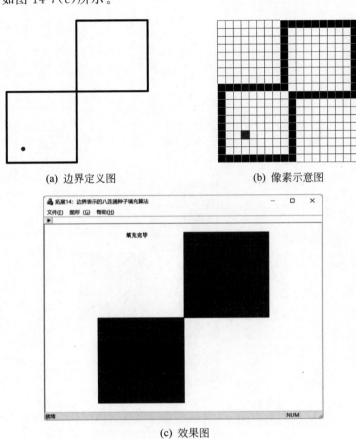

(a) 边界定义图   (b) 像素示意图

(c) 效果图

图 14-7 八连通域区域

案例 15 内点表示的泛填充算法

知识点

- 泛填充算法。
- 八邻接点的访问方法。

一、案例需求

1. 案例描述

图 15-1 所示区域由 4 个灰色的正方形连接组成。正方形是用内点表示的八连通域。试使用种子算法改变整个区域的颜色。

图 15-1 内点表示的八连通域

2. 功能说明

(1) 基于自定义二维屏幕坐标系绘制无边界的 4 个正方形区域。4 个区域全部填充为灰色,颜色为 RGB(128,128,128)。

(2) 判断种子像素是否位于区域内。

(3) 使用泛填充算法将区域颜色全部改为蓝色。

3. 案例效果图

区域泛填充算法效果如图 15-2 所示。

二、案例分析

1. 泛填充算法入栈条件

与边界填充算法类似,只是入栈条件不同。边界填充算法的入栈条件是"如果出栈像素的邻接点的颜色不是边界颜色并且未置成种子颜色,则将其入栈"。泛填充算法的入栈条件

 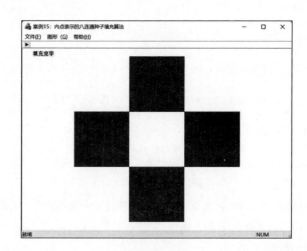

(a) 选取种子像素点　　　　　　(b) 填充效果

图 15-2　区域泛填充算法效果图

是"如果出栈像素的邻接点的颜色是原有颜色,则将其入栈"。

2. 泛填充算法分类

如果算法搜索出栈像素的左、上、右、下 4 个邻接点像素,则定义为 FloodFill4;如果算法搜索出栈像素的左、左上、上、右上、右、右下、下和左下 8 个邻接点像素,则定义为 FloodFill8。

三、算法设计

(1) 绘制 4 个正方形组成的八连通域区域。区域旧颜色为 RGB(128,128,128)。
(2) 设置新颜色(种子颜色)为蓝色。
(3) 将种子像素入栈。
(4) 如果栈不为空,则将栈顶像素出栈,用新颜色绘制出栈像素。
(5) 按左、左上、上、右上、右、右下、下、左下顺序搜索出栈像素的 8 个邻接点像素。如果相邻像素的颜色是旧颜色,则将其入栈,否则丢弃。
(6) 重复步骤(4),直到栈为空。

四、案例设计

1. 绘制八连通域

```
void CTestView::DrawRegion(CDC*pDC)
{
    CPoint P0, P1;              //正方形的左下角点与右上角点
    int nHEdge=100;             //正方形的半边长
    //绘制左正方形
    P0.x=-3*nHEdge, P0.y=-nHEdge;
    P1.x=-nHEdge, P1.y=nHEdge;
    pDC->FillSolidRect(CRect(P0, P1), OldClr);
    //绘制右正方形
    P0.x=3*nHEdge, P0.y=-nHEdge;
```

```
    P1.x=nHEdge, P1.y=nHEdge;
    pDC->FillSolidRect(CRect(P0, P1), OldClr);
    //绘制上正方形
    P0.x=-nHEdge, P0.y=nHEdge;
    P1.x=nHEdge, P1.y=3*nHEdge;
    pDC->FillSolidRect(CRect(P0, P1), OldClr);
    //绘制下正方形
    P0.x=-nHEdge, P0.y=-3*nHEdge;
    P1.x=nHEdge, P1.y=-nHEdge;
    pDC->FillSolidRect(CRect(P0, P1), OldClr);
}
```

程序说明：本函数绘制 4 个正方形组成的八连通域，构成区域的正方形不绘制边界，使用 FillSolidRect()函数绘制。

2. FloodFill8()函数

```
void CTestView::FloodFill8(CDC*pDC)             //内点表示的八连通算法
{
    //判断种子与图形的位置关系
    ...
    pHead=new CStack;                           //建立栈头结点
    pHead->pNext=NULL;                          //栈头结点的指针域总为空
    CPoint Left, Top, Right, Bottom, TopLeft, TopRight, BottomRight, BottomLeft;
                                                //种子及其 8 个邻接点
    pHead->Push(Seed);                          //种子像素入栈
    while (NULL!=pHead->pNext)                  //如果栈不为空
    {
        CPoint PopPoint=pHead->Pop();
        if (NewClr==pDC->GetPixel(PopPoint))
            continue;                           //加速
        pDC->SetPixelV(PopPoint, NewClr);
        Left.x=PopPoint.x-1, Left.y=PopPoint.y;
        if (OldClr==pDC->GetPixel(Left))
            pHead->Push(Left);                  //左方像素入栈
        TopLeft.x=PopPoint.x-1, TopLeft.y=PopPoint.y+1;
        if (OldClr==pDC->GetPixel(TopLeft))
            pHead->Push(TopLeft);               //左上方像素入栈
        Top.x=PopPoint.x, Top.y=PopPoint.y+1;
        if (OldClr==pDC->GetPixel(Top))
            pHead->Push(Top);                   //上方像素入栈
        TopRight.x=PopPoint.x+1, TopRight.y=PopPoint.y+1;
        if (OldClr==pDC->GetPixel(TopRight))
            pHead->Push(TopRight);              //右上方像素入栈
        Right.x=PopPoint.x+1, Right.y=PopPoint.y;
        if (OldClr==pDC->GetPixel(Right))
            pHead->Push(Right);                 //右方像素入栈
        BottomRight.x=PopPoint.x+1, BottomRight.y=PopPoint.y-1;
        if (OldClr==pDC->GetPixel(BottomRight))
            pHead->Push(BottomRight);           //右下方像素入栈
        Bottom=PopPoint.x, Bottom.y=PopPoint.y-1;
        if (OldClr==pDC->GetPixel(Bottom))
```

```
            pHead->Push(Bottom);                    //下方像素入栈
            BottomLeft.x=PopPoint.x-1, BottomLeft.y=PopPoint.y-1;
            if (OldClr==pDC->GetPixel(BottomLeft))
            pHead->Push(BottomLeft);                //左下方像素入栈
    }
    pDC->TextOutW(-450, 320, _T("填充完毕"));
    delete pHead;
    pHead=NULL;
}
```

程序说明：NewClr 为种子色，OldClr 为原色。种子色为蓝色，原色为灰色。Left、LeftTop、Top、RightTop、Right、RightBottom、Bottom、LeftBottom 为种子的 8 个邻接点。随着填充范围的增大，区域内大量的像素成为种子色，使用 continue 语句提高填充速度。区域填充完后栈为空，给出"填充完毕"的提示信息。

五、案例小结

（1）内点表示的八连通种子算法的种子像素，可以位于区域 4 个正方形中的任意一个，填充过程不同，但都可以达到一致的填充效果。如果使用内点表示的四连通种子填充算法，则需要分别填充每个正方形。

（2）本案例未给出判断种子像素是否位于区域内的代码。如果需要学习，可参考案例 14。

六、案例拓展

图 15-3 的窗花图案是四连通域。试使用四邻接点泛填充种子算法，将窗花图案填充为红色，如图 15-4 所示。

图 15-3　四连通域　　　　　　　图 15-4　红色窗花图案

案例 16 扫描线种子填充算法

知识点

- 边界表示的扫描线种子填充算法。
- 计算区间的最右端像素。
- 填充相邻扫描线。

一、案例需求

1. 案例描述

制作空心汉字"书香"并居中显示到客户区,如图 16-1 所示,使用边界表示的扫描线种子算法将汉字填充为红色。

2. 功能说明

(1) 自定义二维屏幕坐标系,原点位于客户区中心,x 轴水平向右为正,y 轴垂直向上为正。

(2) 在屏幕客户区显示"书香"空心汉字,设置填充色为红色。

(3) 判断种子像素是否位于空心汉字内。

(4) 使用边界表示的扫描线种子填充算法填充"书香"空心汉字。

3. 案例效果图

用扫描线种子填充算法填充空心汉字效果如图 16-2 所示。

图 16-1 空心汉字

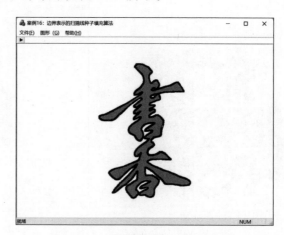

图 16-2 "书香"空心汉字填充效果

二、案例分析

由于四连通种子填充算法与八连通种子填充算法效率不高,为了减少递归次数,因此提出了扫描线种子填充算法。

1. 算法原理

扫描线种子填充算法沿扫描线对出栈像素的左、右像素进行填充,直至遇到边界像素为止,即每出栈1像素,就对区域内包含该像素的整个连续区间进行填充。

2. 记录区间的边界像素

记录区间边界,将区间最左端像素记为 xLeft,最右端像素记为 xRight。若存在非边界且未填充的像素,则把未填充区间的最右端像素取作种子像素入栈。

三、算法设计

(1) 在窗口客户区中央显示"书香"空心汉字。

(2) 设置种子颜色为红色。

(3) 将空心汉字内的种子像素入栈。

(4) 如果栈不为空,则将栈顶像素出栈,以 y 作为当前扫描线。

(5) 填充并确定种子像素所在区间,从种子像素出发,沿当前扫描线向左、右两个方向填充,直到边界,将扫描线上区间最左端像素记为 xLeft,最右端像素记为 xRight。

(6) 在区间[xLeft,xRight]中检查与当前扫描线 y 相邻的上下两条扫描线上的像素,若存在非边界像素或未填充像素,则把未填充区间的最右端像素取作种子像素入栈,返回步骤(4)。

四、案例设计

1. 显示空心汉字位图

```
void CTestView::OnDraw(CDC*pDC)
{
    CTestDoc*pDoc=GetDocument();
    ASSERT_VALID(pDoc);
    if (!pDoc)
        return;

    // TODO: 在此处为本机数据添加绘制代码
    CRect rect;
    GetClientRect(&rect);
    pDC->SetMapMode(MM_ANISOTROPIC);            //自定义二维坐标系
    pDC->SetWindowExt(rect.Width(), rect.Height());
    pDC->SetViewportExt(rect.Width(), -rect.Height());
    pDC->SetViewportOrg(rect.Width()/2, rect.Height()/2);
    rect.OffsetRect(-rect.Width()/2, -rect.Height()/2);
    //客户区的边界
    nClientRight=rect.Width()/2;
    nClientTop=rect.Height()/2;
    nClientLeft=-rect.Width()/2;
    nClientBottom=-rect.Height()/2;
    CDC memDC;
    memDC.CreateCompatibleDC(pDC);
    CBitmap NewBitmap, *pOldBitmap;
```

```
NewBitmap.LoadBitmap(IDB_BITMAP1);            //从资源中导入空心汉字
pOldBitmap=memDC.SelectObject(&NewBitmap);
BITMAP bmp;
NewBitmap.GetBitmap(&bmp);
memDC.SetMapMode(MM_ANISOTROPIC);             //内存 DC 自定义坐标系
memDC.SetWindowExt(bmp.bmWidth, bmp.bmHeight);
memDC.SetViewportExt(bmp.bmWidth, -bmp.bmHeight);
memDC.SetViewportOrg(bmp.bmWidth/2, bmp.bmHeight/2);
int nX=rect.left+(rect.Width()-bmp.bmWidth)/2;  //位图的插入点
int nY=rect.top+(rect.Height()-bmp.bmHeight)/2;
pDC->BitBlt(nX, nY, rect.Width(), rect.Height(), &memDC, -bmp.bmWidth/2,
    -bmp.bmHeight/2, SRCCOPY);                //将内存 DC 中的位图复制到设备 DC
if (bPlay)
    ScanLineFill(pDC);                        //扫描线填充算法
memDC.SelectObject(pOldBitmap);               //从内存 DC 释放位图
NewBitmap.DeleteObject();
memDC.DeleteDC();
}
```

程序说明：将空心汉字位图导入资源中，标识为 IDB_BITMAP1。使用块传输函数 BitBlt()在窗口客户区内显示空心汉字位图。(nX,nY)点为位图的插入基准点，是位图的左下角点，如图 16-3 所示。

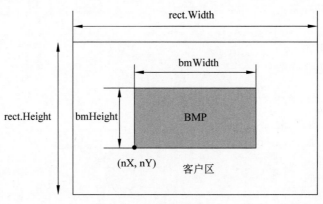

图 16-3 计算位图插入点

2. ScanLineFill()填充函数

```
void CTestView::ScanLineFill(CDC*pDC)         //扫描线种子填充算法
{
    COLORREF BoundaryClr=RGB(0, 0, 0);        //边界色
    //判断种子与图形的位置关系
    ...
    pHead=new CStack;                         //建立栈头结点
    pHead->pNext=NULL;                        //栈头结点的指针域总为空
    pHead->Push(Seed);                        //种子像素入栈
    int xLeft, xRight;                        //区间最左端与最右端像素
    CPoint PopPoint, CurrentPoint;            //出栈像素与当前像素
    while (NULL!=pHead->pNext)                //如果栈不为空
    {
```

```cpp
PopPoint=pHead->Pop();
CurrentPoint=PopPoint;
// 填充到出栈像素最右端且不是边界的位置
while (BoundaryClr!=pDC->GetPixel(CurrentPoint))
{
    pDC->SetPixelV(CurrentPoint, SeedClr);
    CurrentPoint.x++;
}
xRight=CurrentPoint.x-1;                //保存最右端像素的 x 坐标
// 填充到出栈像素最左端且不是边界的位置
CurrentPoint.x=PopPoint.x-1;            //当前像素置为出栈像素的左侧像素
while (BoundaryClr!=pDC->GetPixel(CurrentPoint))
{
    pDC->SetPixelV(CurrentPoint, SeedClr);
    CurrentPoint.x--;
}
xLeft=CurrentPoint.x+1;                 //保存最左端且不是边界的 x 坐标
//处理上面一条扫描线
CurrentPoint.x=xLeft, CurrentPoint.y=PopPoint.y+1;
BOOL bSpanFill;
while (CurrentPoint.x<=xRight)
{
    bSpanFill=FALSE;
    while (BoundaryClr!=pDC->GetPixel(CurrentPoint)&&SeedClr!=pDC->
        GetPixel(CurrentPoint))    //不是边界色且尚未填充
    {
        bSpanFill=TRUE;
        CurrentPoint.x++;
    }
    if (bSpanFill)
    {
        //最右端像素入栈
        pHead->Push(CPoint(CurrentPoint.x-1, CurrentPoint.y));
        bSpanFill=FALSE;
    }
    //跨越阻挡的边界或已填充的像素
    while (BoundaryClr==pDC->GetPixel(CurrentPoint)||SeedClr==pDC->
        GetPixel(CurrentPoint))
        CurrentPoint.x++;
}
//处理下面一条扫描线
CurrentPoint.x=xLeft;
CurrentPoint.y=PopPoint.y-1;
while (CurrentPoint.x<=xRight)
{
    bSpanFill=FALSE;
    while (BoundaryClr!=pDC->GetPixel(CurrentPoint)&&SeedClr!=pDC->
        GetPixel(CurrentPoint))
    {
        bSpanFill=TRUE;
        CurrentPoint.x++;
```

```
            }
            if (bSpanFill)
            {
                pHead->Push(CPoint(CurrentPoint.x-1, CurrentPoint.y));
                bSpanFill=FALSE;
            }
            while (BoundaryClr==pDC->GetPixel(CurrentPoint)||SeedClr==pDC->
                GetPixel(CurrentPoint))
                CurrentPoint.x++;
        }
    }
    delete pHead;
    pHead=NULL;
}
```

程序说明：SeedClr 为种子色，BoundaryClr 为边界色。种子色为红色，边界色为黑色。从出栈的种子像素出发向右、向左填充完当前扫描线后，依次处理上下相邻的扫描线。

五、案例小结

（1）扫描线种子填充算法对于每一区间只保留其最右端像素作为种子像素入栈，极大地减小了栈空间，有效地提高了填充速度。

（2）显示动态填充过程。在 ScanLineFill() 函数中，使用双缓冲显示空心汉字，程序片段为

```
int nX=rect.left+(rect.Width()-bmpInfo.bmWidth)/2;    //计算位图在客户区的中心点
int nY=rect.top+(rect.Height()-bmpInfo.bmHeight)/2;
pDC->BitBlt(nX, nY, rect.Width(), rect.Height(), &memDC, -bmpInfo.bmWidth/2,
    -bmpInfo.bmHeight/2, SRCCOPY);                    //将内存中的位图复制到显存
if (bPlay)
    ScanLineFill (pDC);                               //在显存内填充空心汉字
```

这段代码将空心汉字显示到窗口客户区内。ScanLineFill() 使用扫描线种子填充算法填充空心汉字。ScanLineFill() 的形参为显存 pDC，所以填充过程可见。

（3）不显示动态填充过程。

```
int nX=rect.left+(rect.Width()-bmpInfo.bmWidth)/2;    //计算位图在客户区的中心点
int nY=rect.top+(rect.Height()-bmpInfo.bmHeight)/2;
if (bPlay)
    ScanLineFill (&memDC);                            //在内存内填充空心汉字
pDC->BitBlt(nX, nY, rect.Width(), rect.Height(), &memDC, -bmpInfo.bmWidth/2,
    -bmpInfo.bmHeight/2, SRCCOPY);                    //将内存中的位图复制到显存
```

ScanLineFill() 的形参为内存 memDC，填充过程不可见，一次性给出填充结果。

六、案例拓展

在窗口客户区内导入一幅牛形状的图像（灰度值为 0.9）。使用光标在牛的轮廓线内部放置一个红色种子进行填充。试使用基于内点表示的区域扫描线填充算法实现，填充效果如图 16-4 所示。

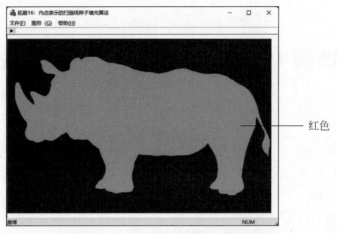

图 16-4　扫描线内点填充算法效果图

案例 17　二维图形几何变换算法

知识点

- 窗格类的定义。
- 平移、比例、旋转、反射、错切变换矩阵。
- 二维复合变换。
- 二维变换类 CTransform2。

一、案例需求

1. 案例描述

在窗口客户区中心绘制图 17-1 所示经典窗格图案的线框图，试使用二维变换类 CTransform2，实现窗格绕中心的旋转动画。

图 17-1　窗格样式

2. 功能说明

（1）自定义二维屏幕坐标系，原点位于客户区中心，x 轴水平向右为正，y 轴垂直向上为正。

（2）定义经典窗格类，窗格的中心与客户区中心重合。

（3）基于二维变换制作窗格的旋转动画。

（4）使用工具栏上的"动画"图标按钮播放窗格的旋转动画。

3. 案例效果图

窗格的动画效果如图 17-2 所示。

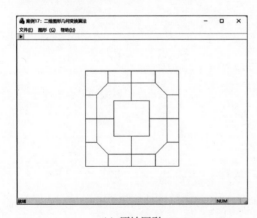
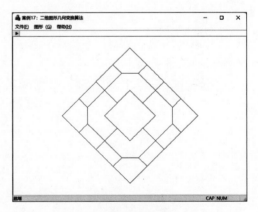

(a) 原始图形　　　　　　　　　　　(b) 旋转后的图形

图 17-2　窗格二维几何变换效果图

二、案例分析

1. 设计窗格图案

我国古建筑上有许多经典的窗格图案,循环嵌套,典雅而美丽,如图 17-3 所示。本案例所设计的窗格由 32 个顶点构成。图 17-4 给出窗格的顶点坐标,为了方便计算窗格顶点坐标,背景格的大小取为 1×1。

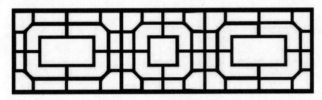

图 17-3 经典窗格图案

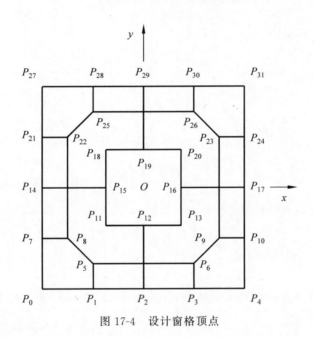

图 17-4 设计窗格顶点

2. 窗格的二维变换

二维变换包括平移、比例、旋转、反射和错切 5 种变换。设计 CTransform2 类实现这 5 种变换。这里,使用比例变换放大窗格,使用旋转变换转动窗格。

设变换前图形顶点集合的规范化齐次坐标矩阵为 $P = \begin{bmatrix} x_0 & y_0 & 1 \\ x_1 & y_1 & 1 \\ \vdots & \vdots & \vdots \\ x_{n-1} & y_{n-1} & 1 \end{bmatrix}$,变换后图形顶点集合的规范化齐次坐标矩阵为 $P' = \begin{bmatrix} x'_0 & y'_0 & 1 \\ x'_1 & y'_1 & 1 \\ \vdots & \vdots & \vdots \\ x'_{n-1} & y'_{n-1} & 1 \end{bmatrix}$,二维变换矩阵为 $T = $

$\begin{bmatrix} a & c & p \\ b & d & q \\ l & m & s \end{bmatrix}$,则二维变换公式为 $\boldsymbol{P}' = \boldsymbol{PT}$,可以写成

$$\begin{bmatrix} x'_0 & y'_0 & 1 \\ x'_1 & y'_1 & 1 \\ \vdots & \vdots & \vdots \\ x'_{n-1} & y'_{n-1} & 1 \end{bmatrix} = \begin{bmatrix} x_0 & y_0 & 1 \\ x_1 & y_1 & 1 \\ \vdots & \vdots & \vdots \\ x_{n-1} & y_{n-1} & 1 \end{bmatrix} \begin{bmatrix} a & c & p \\ b & d & q \\ l & m & s \end{bmatrix}$$

借助双缓冲技术,可以连续绘制变换后的图形,而不需要擦除原图形。

3. 变换矩阵

(1) 二维平移变换矩阵:

$$\boldsymbol{T} = \begin{bmatrix} 1 & 0 & 0 \\ 0 & 1 & 0 \\ T_x & T_y & 1 \end{bmatrix}$$

(2) 二维比例变换矩阵:

$$\boldsymbol{T} = \begin{bmatrix} S_x & 0 & 0 \\ 0 & S_y & 0 \\ 0 & 0 & 1 \end{bmatrix}$$

(3) 二维旋转变换矩阵:

$$\boldsymbol{T} = \begin{bmatrix} \cos\beta & \sin\beta & 0 \\ -\sin\beta & \cos\beta & 0 \\ 0 & 0 & 1 \end{bmatrix}$$

(4) 关于原点的二维反射变换矩阵:

$$\boldsymbol{T} = \begin{bmatrix} -1 & 0 & 0 \\ 0 & -1 & 0 \\ 0 & 0 & 1 \end{bmatrix}$$

(5) 关于 x 轴的二维反射变换矩阵:

$$\boldsymbol{T} = \begin{bmatrix} 1 & 0 & 0 \\ 0 & -1 & 0 \\ 0 & 0 & 1 \end{bmatrix}$$

(6) 关于 y 轴的二维反射变换矩阵:

$$\boldsymbol{T} = \begin{bmatrix} -1 & 0 & 0 \\ 0 & 1 & 0 \\ 0 & 0 & 1 \end{bmatrix}$$

(7) 沿 x、y 两个方向的二维错切变换矩阵:

$$\boldsymbol{T} = \begin{bmatrix} 1 & b & 0 \\ c & 1 & 0 \\ 0 & 0 & 1 \end{bmatrix}$$

三、算法设计

(1) 设计窗格类。使用直线连接顶点,绘制变换前的窗格图案。
(2) 窗格类的顶点矩阵用齐次坐标表示,w 恒取 1。
(3) 设计二维几何变换类 CTransform2,建立变换类对象与顶点矩阵之间的联系。
(4) 使用类对象对窗格图案实施二维几何变换:将变换前的顶点矩阵与相应的变换矩阵相乘,得到变换后的顶点矩阵。
(5) 借助双缓冲技术,使用直线连接成变换后的顶点,得到新位置的窗格图案。

四、案例设计

1. 设计 CP2 类

为了实施二维几何变换,需要增加 w 分量建立齐次坐标。

```cpp
#include "RGB.h"
class CP2
{
public:
    CP2(void);
    virtual ~CP2(void);
    CP2(double x, double y);
    CP2(double x, double y, CRGB c);
public:
    double x, y, w;
    CRGB c;
};
CP2::CP2(void)
{
    x=0.0;
    y=0.0;
    c=CRGB(0.0, 0.0, 0.0);
    w=1;
}
CP2::CP2(double x, double y)
{
    this->x=x;
    this->y=y;
    w=1;
    c=CRGB(0.0, 0.0, 0.0);
}
CP2::CP2(double x, double y, CRGB c)
{
    this->x=x;
    this->y=y;
    w=1;
    this->c=c;
}
CP2::~CP2(void)
{
```

}

程序说明：二维点(x,y)的齐次坐标写为(x,y,w)，w取1。

2. 设计窗格类

```
#include"P2.h"

class CClassicalPane
{
public:
    CClassicalPane(void);
    virtual ~CClassicalPane(void);
    void ReadPoint(void);     //读入顶点
    void Draw(CDC*pDC);       //绘制窗格
public:
    CP2 P[32];                //窗格顶点
}
CClassicalPane::CClassicalPane(void)
{
    P[0]=CP2(-4, -4);
    P[1]=CP2(-2, -4);
    P[2]=CP2(0, -4);
    P[3]=CP2(2, -4);
    P[4]=CP2(4, -4);
}
CClassicalPane::~CClassicalPane(void)
{
}
void CClassicalPane::ReadPoint(void)
{
    P[0]=CP2(-4, -4);
    P[1]=CP2(-2, -4);
    P[2]=CP2(0, -4);
    P[3]=CP2(2, -4);
    P[4]=CP2(4, -4);
    P[5]=CP2(-2, -3);
    P[6]=CP2(2, -3);
    P[7]=CP2(-4, -2);
    P[8]=CP2(-3, -2);
    P[9]=CP2(3, -2);
    P[10]=CP2(4, -2);
    P[11]=CP2(-1.5, -1.5);
    P[12]=CP2(0, -1.5);
    P[13]=CP2(1.5, -1.5);
    P[14]=CP2(-4, 0);
    P[15]=CP2(-1.5, 0);
    P[16]=CP2(1.5, 0);
    P[17]=CP2(4, 0);
    P[18]=CP2(-1.5, 1.5);
    P[19]=CP2(0, 1.5);
    P[20]=CP2(1.5, 1.5);
```

```cpp
        P[21]=CP2(-4, 2);
        P[22]=CP2(-3, 2);
        P[23]=CP2(3, 2);
        P[24]=CP2(4, 2);
        P[25]=CP2(-2, 3);
        P[26]=CP2(2, 3);
        P[27]=CP2(-4, 4);
        P[28]=CP2(-2, 4);
        P[29]=CP2(0, 4);
        P[30]=CP2(2, 4);
        P[31]=CP2(4, 4);
}
void CClassicalPane::Draw(CDC*pDC)
{
        pDC->MoveTo(ROUND(P[0].x), ROUND(P[0].y));
        pDC->LineTo(ROUND(P[4].x), ROUND(P[4].y));
        pDC->LineTo(ROUND(P[31].x), ROUND(P[31].y));
        pDC->LineTo(ROUND(P[27].x), ROUND(P[27].y));
        pDC->LineTo(ROUND(P[0].x), ROUND(P[0].y));

        pDC->MoveTo(ROUND(P[5].x), ROUND(P[5].y));
        pDC->LineTo(ROUND(P[6].x), ROUND(P[6].y));
        pDC->LineTo(ROUND(P[9].x), ROUND(P[9].y));
        pDC->LineTo(ROUND(P[23].x), ROUND(P[23].y));
        pDC->LineTo(ROUND(P[26].x), ROUND(P[26].y));
        pDC->LineTo(ROUND(P[25].x), ROUND(P[25].y));
        pDC->LineTo(ROUND(P[22].x), ROUND(P[22].y));
        pDC->LineTo(ROUND(P[8].x), ROUND(P[8].y));
        pDC->LineTo(ROUND(P[5].x), ROUND(P[5].y));

        pDC->MoveTo(ROUND(P[11].x), ROUND(P[11].y));
        pDC->LineTo(ROUND(P[13].x), ROUND(P[13].y));
        pDC->LineTo(ROUND(P[20].x), ROUND(P[20].y));
        pDC->LineTo(ROUND(P[18].x), ROUND(P[18].y));
        pDC->LineTo(ROUND(P[11].x), ROUND(P[11].y));

        pDC->MoveTo(ROUND(P[1].x), ROUND(P[1].y));
        pDC->LineTo(ROUND(P[5].x), ROUND(P[5].y));
        pDC->LineTo(ROUND(P[8].x), ROUND(P[8].y));
        pDC->LineTo(ROUND(P[7].x), ROUND(P[7].y));

        pDC->MoveTo(ROUND(P[3].x), ROUND(P[3].y));
        pDC->LineTo(ROUND(P[6].x), ROUND(P[6].y));
        pDC->LineTo(ROUND(P[9].x), ROUND(P[9].y));
        pDC->LineTo(ROUND(P[10].x), ROUND(P[10].y));

        pDC->MoveTo(ROUND(P[24].x), ROUND(P[24].y));
        pDC->LineTo(ROUND(P[23].x), ROUND(P[23].y));
        pDC->LineTo(ROUND(P[26].x), ROUND(P[26].y));
        pDC->LineTo(ROUND(P[30].x), ROUND(P[30].y));
```

```
    pDC->MoveTo(ROUND(P[21].x), ROUND(P[21].y));
    pDC->LineTo(ROUND(P[22].x), ROUND(P[22].y));
    pDC->LineTo(ROUND(P[25].x), ROUND(P[25].y));
    pDC->LineTo(ROUND(P[28].x), ROUND(P[28].y));

    pDC->MoveTo(ROUND(P[2].x), ROUND(P[2].y));
    pDC->LineTo(ROUND(P[12].x), ROUND(P[12].y));
    pDC->MoveTo(ROUND(P[17].x), ROUND(P[17].y));
    pDC->LineTo(ROUND(P[16].x), ROUND(P[16].y));
    pDC->MoveTo(ROUND(P[29].x), ROUND(P[29].y));
    pDC->LineTo(ROUND(P[19].x), ROUND(P[19].y));
    pDC->MoveTo(ROUND(P[14].x), ROUND(P[14].y));
    pDC->LineTo(ROUND(P[15].x), ROUND(P[15].y));
}
```

程序说明：为了在二维变换中访问窗格的顶点，将顶点数组设置为公有成员。

3. 设计二维几何变换类 CTransform2

```
#include "P2.h"
class CTransform2
{
public:
    CTransform2(void);
    virtual ~CTransform2(void);
    void SetMatrix(CP2*P, int ptNumber);          //设置二维顶点数组
    void Identity(void);                           //单位矩阵
    void Translate(double tx, double ty);          //平移变换
    void Scale(double sx, double sy);              //比例变换
    void Scale(double sx, double sy, CP2 p);       //相对于任意点的比例变换
    void Rotate(double beta);                      //旋转变换矩阵
    void Rotate(double beta, CP2 p);               //相对于任意点的旋转变换
    void ReflectOrg(void);                         //关于原点反射变换
    void ReflectX(void);                           //关于 X 轴反射变换
    void ReflectY(void);                           //关于 Y 轴反射变换
    void Shear(double b, double c);                //错切变换
    void MultiplyMatrix(void);                     //矩阵相乘
private:
    double T[3][3];                                //变换矩阵
    CP2*P;                                         //顶点数组
    int ptNumber;                                  //顶点个数
};
CTransform2::CTransform2(void)
{
}
CTransform2::~CTransform2(void)
{
}
void CTransform2::SetMatrix(CP2*P, int ptNumber)   //接口函数
{
    this->P=P;
    this->ptNumber=ptNumber;
```

```cpp
}
void CTransform2::Identity(void)                    //单位矩阵
{
    T[0][0]=1.0, T[0][1]=0.0, T[0][2]=0.0;
    T[1][0]=0.0, T[1][1]=1.0, T[1][2]=0.0;
    T[2][0]=0.0, T[2][1]=0.0, T[2][2]=1.0;
}
void CTransform2::Translate(double tx, double ty)   //平移变换
{
    Identity();
    T[2][0]=tx;
    T[2][1]=ty;
    MultiplyMatrix();
}
void CTransform2::Scale(double sx, double sy)       //比例变换
{
    Identity();
    T[0][0]=sx;
    T[1][1]=sy;
    MultiplyMatrix();
}
void CTransform2::Scale(double sx, double sy, CP2 p)   //相对于任意点的整体比例变换
{
    Translate(-p.x, -p.y);
    Scale(sx, sy);
    Translate(p.x, p.y);
}
void CTransform2::Rotate(double beta)               //旋转变换
{
    Identity();
    double rad=beta*PI/180;
    T[0][0]=cos(rad), T[0][1]=sin(rad);
    T[1][0]=-sin(rad), T[1][1]=cos(rad);
    MultiplyMatrix();
}
void CTransform2::Rotate(double beta, CP2 p)        //相对于任意点的旋转变换
{
    Translate(-p.x, -p.y);
    Rotate(beta);
    Translate(p.x, p.y);
}
void CTransform2::ReflectOrg(void)                  //原点反射变换矩阵
{
    Identity();
    T[0][0]=-1;
    T[1][1]=-1;
    MultiplyMatrix();
}
void CTransform2::ReflectX(void)                    //X轴反射变换
{
    Identity();
```

```cpp
        T[0][0]=1;
        T[1][1]=-1;
        MultiplyMatrix();
    }
    void CTransform2::ReflectY(void)                    //Y轴反射变换
    {
        Identity();
        T[0][0]=-1;
        T[1][1]=1;
        MultiplyMatrix();
    }
    void CTransform2::Shear(double b, double c)         //错切变换
    {
        Identity();
        T[0][0]=b;
        T[1][1]=c;
        MultiplyMatrix();
    }
    void CTransform2::MultiplyMatrix(void)              //矩阵乘法
    {
        CP2*pTemp=new CP2[ptNumber];
        for (int i=0; i<ptNumber; i++)
            pTemp[i]=P[i];
        for (int i=0; i<ptNumber; i++)
        {
            P[i].x=pTemp[i].x*T[0][0]+pTemp[i].y*T[1][0]+pTemp[i].w*T[2][0];
            P[i].y=pTemp[i].x*T[0][1]+pTemp[i].y*T[1][1]+pTemp[i].w*T[2][1];
            P[i].w=pTemp[i].x*T[0][2]+pTemp[i].y*T[1][2]+pTemp[i].w*T[2][2];
        }
        delete[]pTemp;
    }
```

程序说明：CTransform2 类可以实施平移、比例、旋转、反射、错切变换。相对于任意参考点的比例和旋转变换，可以实施复合变换。对于每种变换，首先将变换矩阵设置为单位阵，接着修改单位阵的元素使之成为变换矩阵，最后顶点矩阵乘以变换矩阵得到变换后的顶点矩阵。

4. CTestView 类的构造函数

在 CTestView 类的构造函数中，将窗格顶点与二维变换类联系在一起。

```cpp
CTestView::CTestView() noexcept
{
    // TODO: 在此处添加构造代码
    bPlay=FALSE;
    pane.ReadPoint();
    transform.SetMatrix(pane.P, 32);
    double scale=50;                                    //变换比例
    transform.Scale(scale, scale);
}
```

程序说明：pane 是 CClassicalPane 的类对象。transform 是 CTransform2 的类对象。

ReadPoint()函数为窗格图案的顶点 P 赋值。SetMatrix()函数将窗格图案的顶点数组传给二维变换类对象。Scale()函数将窗格比例变换放大 scale 倍。

5. 绘制图形函数

在 OnDraw()函数中,调用双缓冲函数 DoubleBuffer()。在双缓冲函数中,调用 DrawObject()函数绘制窗格图案。

```
void CTestView::DrawObject(CDC*pDC)
{
    pane.Draw(pDC);
}
```

程序说明:调用窗格对象的 Draw()函数绘图。

6. 旋转窗格图案

```
void CTestView::OnTimer(UINT_PTR nIDEvent)
{
    // TODO: 在此添加消息处理程序代码和/或调用默认值
    double Beta=5;
    transform.Rotate(Beta);
    Invalidate(FALSE);
    CView::OnTimer(nIDEvent);
}
```

程序说明:在 WM_TIMER 消息的映射函数 OnTimer()中,调用二维变换类的 Rotate()函数旋转窗格图案。

五、案例小结

(1)本案例自定义了 CTransform2 类来实现二维几何变换。以窗格图案为例,实现了比例和旋转变换。

(2)CTransform2 类可以实现变换矩阵的连乘。先对窗格进行比例变换,再对窗格进行旋转变换。

(3)变换类使用的方法是读取变换前的顶点矩阵,窗格矩阵有 32 个顶点,顶点矩阵是 32×3 的矩阵。这里,顶点矩阵使用行矩阵表示。

(4)CTransform2 类内,通过重载函数定义了比例变换和旋转变换的复合变换函数。

六、案例拓展

将窗口客户区等分为三等分,以每个等分点为中心绘制金刚石图案,如图 17-5 所示。3 个金刚石图案围绕各自的中心旋转,试使用相对于任意一点旋转的复合变换函数编程实现。

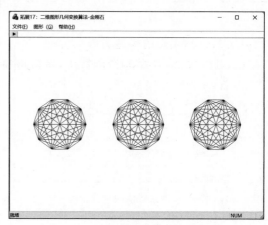

图 17-5 金刚石图案的二维几何变换

案例 18 Cohen-Sutherland 裁剪算法

知识点

- 直线端点编码原理。
- "简取""简弃""求交"的判断方法。
- 直线与窗口边界交点的计算公式。

一、案例需求

1. 案例描述

在客户区内绘制一个矩形,代表"窗口"。绘制一段直线。根据窗口与直线的相对位置,使用 Cohen-Sutherland 算法对直线段进行裁剪。

2. 功能说明

(1) 自定义二维屏幕坐标系,绘制窗口与直线段。

(2) 以窗口客户区中心为中心绘制宽度为 600、高度为 200 的 3 像素宽的矩形线框图,代表裁剪窗口,线条的颜色为 RGB(0,128,0)。

(3) 给定直线的端点,绘制 1 像素宽的实线。

(4) 使用工具栏中的"动画"图标按钮,用 Cohen-Sutherland 裁剪算法对直线段进行裁剪,并在矩形窗口内输出裁剪后的直线段。

3. 案例效果图

绘制起点为 $p_0(-400,-200)$,终点为 $p_1(400,200)$ 的直线,如图 18-1 所示。按下"动画"按钮后,裁剪结果如图 18-2 所示。

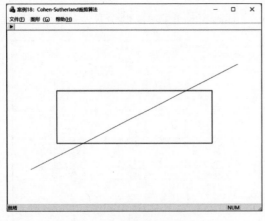
图 18-1 裁剪前的直线段

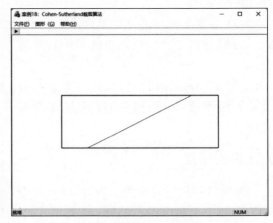
图 18-2 裁剪后的直线段

二、案例分析

1. 裁剪原理

Cohen-Sutherland 裁剪算法是较早流行的编码算法。每段直线的端点都被赋予一组 4 位二进制代码(编码以二进制的形式自右至左给出),称为区域编码(region code,RC),用来标识直线段端点相对于窗口边界及其延长线的位置。假设窗口是标准矩形,由上($y=w_{yt}$)、下($y=w_{yb}$)、左($x=w_{xl}$)、右($x=w_{xr}$)4 条边组成。延长窗口的 4 条边,形成 9 个区域,如图 18-3 所示。

为了保证窗口内及窗口边界上的直线端点的编码为零,区域码定义规则如下。

第 1 位 C_0:若端点位于窗口左侧,即 $x<w_{xl}$,则 $C_0=1$,否则 $C_0=0$。

第 2 位 C_1:若端点位于窗口右侧,即 $x>w_{xr}$,则 $C_1=1$,否则 $C_1=0$。

第 3 位 C_2:若端点位于窗口下侧,即 $y<w_{yb}$,则 $C_2=1$,否则 $C_2=0$。

第 4 位 C_3:若端点位于窗口上侧,即 $y>w_{yt}$,则 $C_3=1$,否则 $C_3=0$。

(1) 若直线段的两个端点的区域编码都为 0,即 $RC_0|RC_1=0$(二者按位相或的结果为零,即 $RC_0=0$ 且 $RC_1=0$),说明直线段的两个端点都在窗口内,应"简取"。

(2) 若直线段的两个端点的区域编码都不为 0,即 $RC_0 \& RC_1 \neq 0$(二者按位相与的结果不为零,即 $RC_0 \neq 0$ 且 $RC_1 \neq 0$),即直线段位于窗外的同一侧,说明直线段的两个端点都在窗口外,应"简弃"。

(3) 若直线段既不满足"简取",也不满足"简弃"的条件,则需要与窗口进行"求交"判断。

2. 裁剪方式

设置裁剪窗口为静止图形,直线为动态图形。根据窗口位置,使用光标绘制各种位置的直线。

图 18-1 所示的直线跨越窗口,两个端点都在窗口外,裁剪结果为窗口内的直线。图 18-4 所示的直线位于窗口外侧,裁剪结果为不绘制任何直线,如图 18-5 所示。图 18-6 所示的直线一个端点位于窗口外,一个端点位于窗口内,裁剪结果为窗口内的直线,如图 18-7 所示。图 18-8 所示的直线位于窗口内,裁剪结果不变。

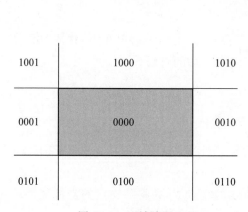

图 18-3　区域编码

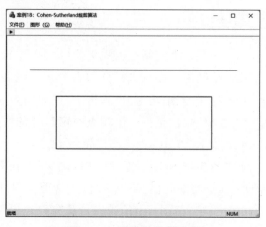

图 18-4　直线位于窗口外

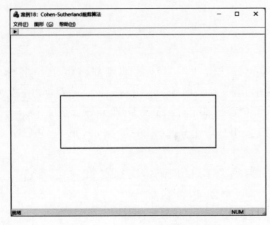
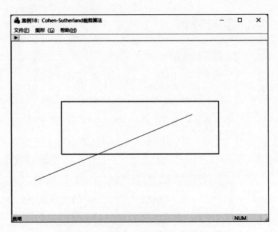

图 18-5　图 18-4 的裁剪结果　　　　　　图 18-6　直线一个端点在窗口外

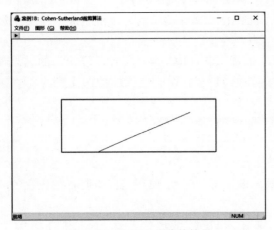
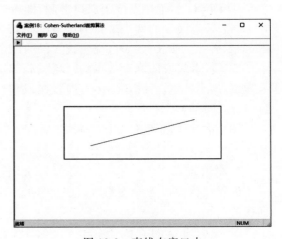

图 18-7　图 18-6 的裁剪结果　　　　　　图 18-8　直线在窗口内

使用自定义坐标系绘制窗口,直线的裁剪也在自定义二维坐标系内完成。Cohen-Sutherland 裁剪直线算法的难点是直线端点的区域编码函数与裁剪函数的设计。

三、算法设计

(1) 在屏幕上绘制左上角点为(w_{xl}, w_{yt})、右下角点为(w_{xr}, w_{yb})的矩形,代表"窗口"。

(2) 绘制两个端点坐标分别为$P_0(x_0, y_0)$、$P_1(x_1, y_1)$的直线。

(3) 将P_0点编码为RC_0,将P_1点编码为RC_1。

(4) 循环处理至少一个端点在窗口外的情况。

(5) 若$RC_0 \& RC_1 \neq 0$,则"简弃"之。

(6) 当步骤$RC_0 \& RC_1 = 0$时,确保P_0在裁剪窗口外部。若P_0在窗口内,则交换P_0和P_1的坐标值与编码值,使得P_0位于裁剪窗口外。

(7) 按左、右、下、上的顺序计算窗口边界与直线的交点P,并将该交点的坐标值和编码值赋给P_0,转步骤(4)。

(8) 输出裁剪后的直线段。

四、案例设计

1. 修改 CP2 类

```
class CP2
{
public:
    CP2(void);
    virtual ~CP2(void);
    CP2(double x, double y);
    CP2(double x, double y, CRGB c);
public:
    double x, y;                    //直线端点坐标
    UINT rc;                        //直线端点编码
    CRGB c;                         //直线端点颜色
};
```

程序说明：为了对直线端点进行区域编码，需要增加 rc 分量，将端点坐标与区域编码绑定在一起。这里，rc 是一个无符号整数。

2. 端点编码函数

```
#define LEFT 1                              //代表 0001
#define RIGHT 2                             //代表 0010
#define BOTTOM 4                            //代表 0100
#define TOP 8                               //代表 1000
void CTestView::Encode(CP2& pt)
{
    pt.rc=0;
    if (pt.x<Wxl)
        pt.rc|=LEFT;
    else if (pt.x>Wxr)
        pt.rc|=RIGHT;
    if (pt.y<Wyb)
        pt.rc|=BOTTOM;
    else if (pt.y>Wyt)
        pt.rc|=TOP;
}
```

程序说明：在 CTestView 类内添加成员函数 Encode()，根据直线端点在区域中所处的位置，对直线端点进行编码，其参数为端点的引用。

3. Cohen-Sutherland 裁剪函数

```
void CTestView::Cohen_Sutherland(CP2 &P0, CP2 &P1)  //Cohen-Sutherland算法
{
    Encode(P0), Encode(P1);                     //起点,终点编码
    double k=(P1.y-P0.y)/(P1.x-P0.x);           //直线段的斜率
    CP2 point;                                  //交点
    while (P0.rc!=0||P1.rc!=0)                  //处理至少一个端点在窗口外的情况
    {
        if ((P0.rc&P1.rc)!=0)                   //如果两个端点都在窗口外,则简弃之
```

```
            {
                return;
            }
            if (0==P0.rc)                              //确保 P0 位于窗口外
            {
                CP2 pTemp=P0;
                P0=P1;
                P1=pTemp;
            }
            UINT OutCode=P0.rc;
            //窗口边界按左、右、下、上的顺序裁剪直线段
            if (OutCode&LEFT)                          //P0 点位于窗口左侧
            {
                point.x=Wxl;                           //计算交点 y 坐标
                point.y=k*(point.x-P0.x)+P0.y;
            }
            else if (OutCode&RIGHT)                    //P0 点位于窗口右侧
            {
                point.x=Wxr;                           //计算交点 y 坐标
                point.y=k*(point.x-P0.x)+P0.y;
            }
            else if (OutCode&BOTTOM)                   //P0 点位于窗口下侧
            {
                point.y=Wyb;                           //计算交点 x 坐标
                point.x=(point.y-P0.y)/k+P0.x;
            }
            else if (OutCode&TOP)                      //P0 点位于窗口上侧
            {
                point.y=Wyt;                           //计算交点 x 坐标
                point.x=(point.y-P0.y)/k+P0.x;
            }
            Encode(point);
            P0=point;
        }
    }
```

程序说明：用窗口的四条边界线分别裁剪直线段，这是分治法。在直线段进行裁剪前，确保直线的一个端点 P_0 位于窗口外。P_0 到交点之间的直线段无须判断，可以直接抛弃。

五、案例小结

1. 端点编码

通过端点编码技术，按直线与窗口的相对位置划分为位于窗口外、窗口内以及与窗口相交 3 种情况。

2. 算法重点

算法关键之处在于总要得知位于窗口外的一个端点。这样，此端点至交点之间的线段不用判断，必为不可见，故可抛弃。

六、案例拓展

在窗口客户区中绘制金刚石图案，如图 18-9 所示。绘制一个裁剪窗口，试输出窗口中

的金刚石图案，如图 18-10 所示。

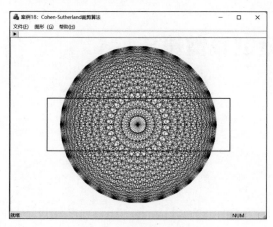
图 18-9　金刚石与窗口

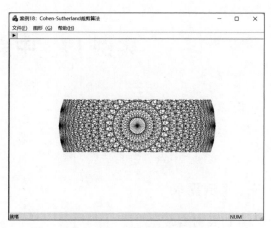
图 18-10　裁剪后的金刚石

案例 19　中点分割裁剪算法

知识点

- 中点分割算法。
- 终止"中点分割算法"。

一、案例需求

1. 案例描述

在客户区内绘制一个矩形,代表"窗口"。绘制一段直线。根据窗口与直线的相对位置,使用中点分割算法对直线段进行裁剪。

2. 功能说明

(1) 自定义二维屏幕坐标系,绘制窗口与直线段。

(2) 以窗口客户区中心为中心绘制宽度为 600、高度为 200 的 3 像素宽的矩形线框图,代表裁剪窗口,线条的颜色为 RGB(0,128,0)。

(3) 给定直线的端点,绘制 1 像素宽的实线。

(4) 使用工具栏中的"动画"图标按钮,用中点分割裁剪算法对直线段进行裁剪,并在矩形窗口内输出裁剪后的直线段。

3. 案例效果图

绘制起点为 $P_0(-400,-200)$,终点为 $P_1(400,200)$ 的直线,如图 19-1 所示。按"动画"按钮裁剪直线,如图 19-2 所示。

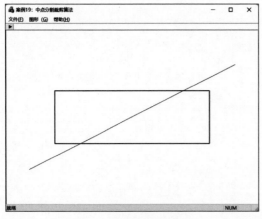
图 19-1　裁剪前的直线段

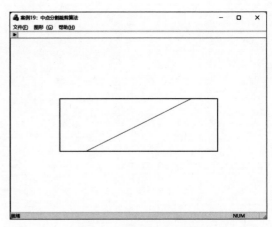
图 19-2　裁剪后的直线段

二、案例分析

1. 算法原理

Cohen-Sutherland 算法提出对直线段端点进行编码,并把直线段与窗口的位置关系划分为 3 种情况,对前两种情况进行了"简取"与"简弃"的简单处理。对第 3 种情况,需要计算直线段与窗口边界的交点。中点分割裁剪算法对第 3 种情况做了改进,不需要求解直线段与窗口边界的交点就可以对直线段进行裁剪。

中点分割算法的原理是简单地把起点为 P_0,终点为 P_1 的直线等分为两段直线 PP_0 和 PP_1(P 为直线段中点),对每一段直线重复"简取"和"简弃"的处理,对不能处理的直线段再继续等分下去,直至每段直线完全能被"简取"或"简弃",也就是说,直至每段直线完全位于窗口之内或完全位于窗口之外,就完成了直线的裁剪工作。

2. 终止分割的方法

中点分割直线裁剪算法是采用二分算法的思想逐次计算直线段的中点 P 以逼近窗口边界,设定控制常数 c 为一个很小的数(例如 $c=10^{-4}$),当 $|PP_0|$ 或 $|PP_1|$ 小于控制常数 c 时,中点收敛于直线与窗口的交点。中点分割算法的计算过程只用到加法和移位运算,易于使用硬件实现。中点分割直线裁剪算法的难点是如何将对分法分割的一段、一段的小直线连接为窗口内的图案。

对于端点坐标为 $P_0(x_0, y_0)$、$P_1(x_1, y_1)$ 的直线,中点坐标的计算公式为

$$P = (P_0 + P_1)/2$$

三、算法设计

(1) 在屏幕上绘制左上角点为 (w_{xl}, w_{yt})、右下角点为 (w_{xr}, w_{yb}) 的矩形,代表"窗口"。

(2) 绘制端点坐标分别为 $P_0(x_0, y_0)$、$P_1(x_1, y_1)$ 的直线。

(3) 将 P_0 点编码为 RC_0,将 P_1 点编码为 RC_1。

(4) 循环处理至少一个端点在窗口之外的情况。

(5) 若 $RC_0 \& RC_1 \neq 0$,则"简弃"之。

(6) 当步骤 $RC_0 \& RC_1 = 0$ 时,确保 P_0 在裁剪窗口外部。若 P_0 在窗口内,则交换 P_0 和 P_1 的坐标值与编码值,使得 P_0 位于裁剪窗口之外。

(7) 计算 P_0 和 P_1 的对分点 P 并进行编码。当对分点 P 与直线 P_0 点不重合时,执行步骤(8),否则执行步骤(9)。

(8) 如果对分点 P 的区域编码为零,则 P_1 更新为对分点,否则 P_0 更新为对分点,转步骤(7)。

(9) P_0 更新为对分点,输出裁剪后的直线段。

四、案例设计

1. CP2 的运算符重载

```
class CP2
{
public:
```

```
        CP2(void);
        virtual ~CP2(void);
        CP2(double x, double y);
        CP2(double x, double y, CRGB c);
        friend CP2 operator+(const CP2&p0, const CP2&p1);      //运算符重载
        friend CP2 operator-(const CP2&p0, const CP2&p1);
        friend CP2 operator*(const CP2&p, double scalar);
        friend CP2 operator*(double scalar, const CP2&p);
        friend CP2 operator/(const CP2&p, double scalar);
        friend CP2 operator+=(CP2&p0, CP2&p1);
        friend CP2 operator-=(CP2&p0, CP2&p1);
        friend CP2 operator*=(CP2&p, double scalar);
        friend CP2 operator /=(CP2&p, double scalar);
    public:
        double x, y;                                            //直线端点坐标
        UINT  rc;                                               //直线端点编码
        CRGB c;                                                 //直线端点颜色
    };
```

程序说明：为了将直线段端点的两个二维点对象相加后除以2得到直线段的中点，重载了四则运算符。

2. Cohen_Sutherland()函数

```
    void CTestView::Cohen_Sutherland(CP2&P0, CP2&P1)
    {
        Encode(P0), Encode(P1);                     //起点,终点编码
        double k=(P1.y-P0.y)/(P1.x-P0.x);           //直线段的斜率
        CP2 point;                                  //交点
        while (P0.rc!=0||P1.rc!=0)                  //处理至少一个端点在窗口外的情况
        {
            if ((P0.rc&P1.rc)!=0)                   //如果两个端点都在窗口外,则简弃之
            {
                P0=P1=CP2(0, 0);
                return;
            }
            if (0==P0.rc)                           //确保 P0 位于窗口外
            {
                CP2 pTemp=P0;
                P0=P1;
                P1=pTemp;
            }
            MidPointDivider(P0, P1);
        }
    }
```

程序说明：Cohen_Sutherland()函数对直线端点进行编码，并调用 MidPointDivider() 函数进行裁剪。

3. MidClip()中点分割函数

```
    void CTestView::MidPointDivider(CP2 &P0, CP2 &P1)
    {
```

```
CP2 p0=P0, p1=P1, pm;                          //直线端点坐标
pm=(p0+p1)/2, Encode(pm);                      //中点坐标
while (fabs(pm.x-p0.x)>1e-4||fabs(pm.y-p0.y)>1e-4)   //判断算法结束
{
    if ((p0.rc&pm.rc)!=0)
        p0=pm;
    else
        p1=pm;
    pm=(p0+p1)/2, Encode(pm);
}
P0=pm;
}
```

程序说明：对直线进行中点分割，根据中点与 P_0 点的逼近情况求解直线的端点坐标。

五、案例小结

（1）为了避免求交运算，使用二分法计算直线与裁剪窗口边界的交点。由于该算法的主要计算过程只用到加法和除以 2 运算，所以特别适合硬件实现。

（2）中点分割算法使用大量的计算逼近直线与窗口边界的交点。

六、案例拓展

绘制一组起点位于窗口客户区中心，终点位于半径为 r 的圆周上（周向间隔角度为 $1°$）的直线图案。单击"动画"按钮，使用中点分割算法对该图案进行裁剪，效果如图 19-3 所示。

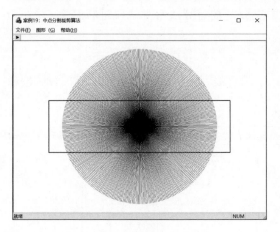
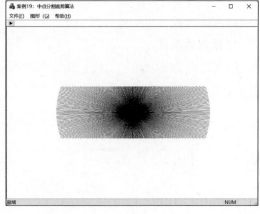

(a) 裁剪前　　　　　　　　　　　　(b) 裁剪后

图 19-3　中点分割算法裁剪图案

案例 20　Liang-Barsky 裁剪算法

知识点

- 边界的可见侧与不可见侧。
- 参数化直线的裁剪条件。

一、案例需求

1. 案例描述

在客户区内绘制一个矩形,代表"窗口"。绘制一段直线。单击"动画"按钮后,根据窗口与直线的相对位置,使用 Liang-Barsky 算法对直线段进行裁剪。

2. 功能说明

（1）自定义二维屏幕坐标系,绘制窗口与直线段。

（2）以窗口客户区中心为中心绘制宽度为 100、高度为 100 的 3 像素宽的矩形线框图,代表裁剪窗口,线条的颜色为 RGB(0,128,0)。

（3）给定直线的端点,绘制 1 像素宽的实线。

（4）使用工具栏中的"动画"图标按钮,用中点分割裁剪算法对直线段进行裁剪,并在矩形窗口内输出裁剪后的直线段。

3. 案例效果图

绘制起点为 $P_0(0,0)$、终点为 $P_1(100,100)$ 的直线,如图 20-1 所示。按下"动画"按钮裁剪直线,如图 20-2 所示。

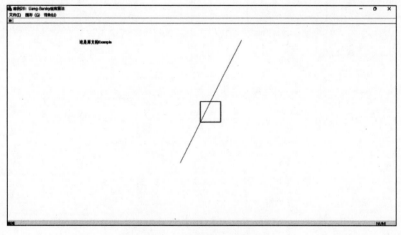

图 20-1　裁剪前的直线段

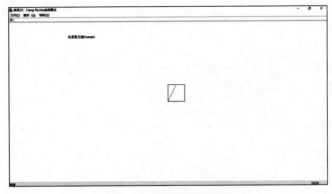

图 20-2 裁剪后的直线段

二、案例分析

1. 边界的可见侧与不可见侧

窗口的每条边界线将平面分为可见侧与不可见侧,所有边界线的可见侧组成窗口,如图 20-3 所示。

2. 参数化直线的裁剪条件

设起点为 $P_0(x_0,y_0)$、终点为 $P_1(x_1,y_1)$ 直线的参数方程为

$$P = P_0 + t(P_1 - P_0)$$

展开形式为

$$\begin{cases} x = x_0 + t(x_1 - x_0) \\ y = y_0 + t(y_1 - y_0) \end{cases}$$

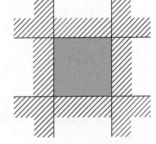

图 20-3 边界可见侧定义的窗口

式中,$0 \leq t \leq 1.0$。对于对角点为 (w_{xl}, w_{yb})、(w_{xr}, w_{yt}) 的矩形裁剪窗口,直线段裁剪条件如下:

$$\begin{aligned} w_{xl} \leq x_0 + t(x_1 - x_0) \leq w_{xr} \\ w_{yb} \leq y_0 + t(y_1 - y_0) \leq w_{yt} \end{aligned} \quad (20\text{-}1)$$

则式(20-1)统一表示为

$$tp_i \leq q_i, \quad i = 1, 2, 3, 4 \quad (20\text{-}2)$$

式中,i 代表直线段裁剪时,窗口的边界顺序,$i=1$ 表示左边界;$i=2$ 表示右边界;$i=3$ 表示下边界;$i=4$ 表示上边界。式(20-2)给出了直线段的参数方程裁剪条件。

3. 裁剪的判断条件

将直线段与窗口边界相交的 t 值分为两组:一组为下限组,位于直线段的起点一侧;另一组为上限组,位于直线段的终点一侧。寻找到下限组的最大值与上限组的最小值后,就可以正确计算交点坐标。直线段位于窗口内的条件是 $t_{\max} \leq t_{\min}$。Liang-Barsky 算法裁剪位于窗口内的直线与位于窗口外的直线,如图 20-4 所示。

三、算法设计

(1) 设直线的两个端点坐标为 (x_0, y_0) 和 (x_1, y_1)。若 $\Delta x = 0$,则 $p_1 = p_2 = 0$,进一步判

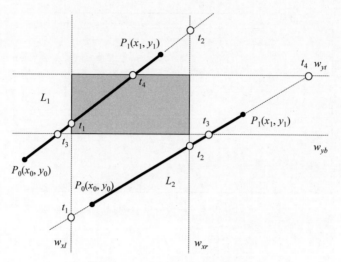

图 20-4　Liang-Barsky 裁剪原理

断 $q_1<0$ 或 $q_2<0$，若条件满足，则该直线不在裁剪窗口内，算法转至(6)，否则，满足 $q_1\geq 0$ 且 $q_2\geq 0$，则进一步计算 $t_{\max}$ 和 $t_{\min}$：

$$\begin{cases} t_{\max}=\max(0,t_i\mid p_i<0) \\ t_{\min}=\min(t_i\mid p_i>0,1) \end{cases}$$

式中，$t_i=\dfrac{q_i}{p_i}$（$p_i\neq 0, i=3,4$）。算法转(4)。

(2) 若 $\Delta y=0$，则 $p_3=p_4=0$，进一步判断 $q_3<0$ 或 $q_4<0$，若条件满足，则该直线不在裁剪窗口内，算法转至(6)，否则，满足 $q_3\geq 0$ 且 $q_4\geq 0$，进一步计算 $t_{\max}$ 和 $t_{\min}$：

$$\begin{cases} t_{\max}=\max(0,t_i\mid p_i<0) \\ t_{\min}=\min(t_i\mid p_i>0,1) \end{cases}$$

式中，$t_i=\dfrac{q_i}{p_i}$（$p_i\neq 0, i=1,2$）。算法转(4)。

(3) 若上述两条均不满足，则有 $p_i\neq 0(i=1,2,3,4)$，此时计算 $t_{\max}$ 和 $t_{\min}$：

$$\begin{cases} t_{\max}=\max(0,t_i\mid p_i<0) \\ t_{\min}=\min(t_i\mid p_i>0,1) \end{cases}$$

式中，$t_i=\dfrac{q_i}{p_i}$（$p_i\neq 0, i=1,2,3,4$）。

(4) 计算得到 $t_{\max}$ 和 $t_{\min}$ 后，再进行判断。若 $t_{\max}>t_{\min}$，则直线在窗口外，算法转(6)。若 $t_{\max}\leq t_{\min}$，则利用直线的参数方程：

$$\begin{cases} x=x_0+t(x_1-x_0) \\ y=y_0+t(y_1-y_0) \end{cases}$$

计算直线与窗口的交点坐标。

(5) 绘制裁剪后的直线段。

(6) 算法结束。

四、案例设计

1. 裁剪函数

```
void CTestView::Clip2d(CP2 &P0, CP2 &P1)          //Liang-Barsky 裁剪函数
{
    double x0=P0.x, y0=P0.y, x1=P1.x, y1=P1.y;
    double t0=0.0, t1=1.0;
    //窗口边界的左、右、下、上顺序裁剪直线段
    double deltax=P1.x-P0.x;
    //i=1,左边界 p1=-Δx,q1=x0-xleft
    if (Clipt(-deltax, x0-xleft, t0, t1))
    {
        //i=2,右边界 p2=Δx,q2=xright-x0
        if (Clipt(deltax, xright-x0, t0, t1))
        {
            double deltay=P1.y-P0.y;
            //i=3,下边界 p3=-Δy,q3=y0-ybottom
            if (Clipt(-deltay, y0-ybottom, t0, t1))
            {
                //i=4,上边界 p4=Δy,q4=ytop-y0
                if (Clipt(deltay, ytop-y0, t0, t1))
                {
                    if (t1<1)                  //判断直线段的终点
                    {
                        P1.x=x0+t1*deltax;     //重新计算直线段的终点坐标
                        P1.y=y0+t1*deltay;
                    }
                    if (t0>0)                  //判断直线段的起点
                    {
                        P0.x=x0+t0*deltax;     //重新计算直线段的起点坐标
                        P0.y=y0+t0*deltay;
                    }
                }
            }
        }
    }
}
```

程序说明：在 CTestView 类内添加成员函数 Clip2d()，这是英文原文中给出的函数名。窗口边界按左、右、下、上顺序裁剪直线，并调用 Clipt() 裁剪函数进行测试。

2. 测试函数

```
boolCTestView::Clipt(double p, double q, double &t0, double &t1)
{
    double r;
    bool bAccept=true;                         //接受
    if (p<0)                                   //直线段从窗口边界的不可见侧到可见侧,计算起点处的 t0
```

```
    {
        r=q/p;
        if (r>t1)
            bAccept=false;                    //拒绝
        else if (r>t0)
            t0=r;
    }
    else if (p>0)                             //直线段从窗口边界的可见侧到不可见侧,计算终点处的t1
    {
        r=q/p;
        if (r<t0)
            bAccept=false;                    //拒绝
        else if (r<t1)
            t1=r;
    }
    else                                      //平行于窗口边界的直线,p=0
    {
        if (q<0)                              //若直线段在窗口外,则可直接删除
            bAccept=false;                    //拒绝
    }
    return(bAccept);
}
```

程序说明：在 CTestView 类内添加成员函数 Clipt(),用于对直线段裁剪情况进行测试,决定接受或者拒绝。

五、案例小结

（1）Liang-Barsky 算法将二维裁剪转换为一维裁剪,将二维裁剪转换为求解 4 个不等式的问题。

（2）比较 Cohen-Sutherland 算法、中点分割算法与 Liang-Barsky 算法。Cohen-Sutherland 算法采用区域编码的策略,在某种程度上属于"发明类";中点分割算法是为硬件加速而提出的算法;Liang-Barsky 算法实质上是降维计算,只涉及参数运算,仅在必要时才进行坐标计算,因而成为效率最高的裁剪算法。

（3）本书介绍的裁剪算法只能使用矩形窗口裁剪直线,如果以任意凸多边形作为裁剪窗口,则可使用 Cyrus-Beck 算法,可参考相关的文献资料。

六、案例拓展

在窗口客户区中心绘制半径为 300 像素,等分点个数为 30 的"金刚石"图案。以鼠标指针为中心,显示一个宽度和高度均为 100 像素的正方形"放大镜",如图 20-5 所示。移动放大镜显示金刚石图案中的放大部分。单击鼠标左键增大放大倍数,单击鼠标右键降低放大倍数。默认的放大倍数为 2,设置最大放大倍数为 5,最小放大倍数为 1。要求放大镜内图案使用 Liang-Barsky 裁剪算法绘制。

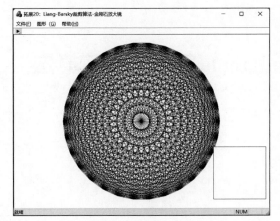 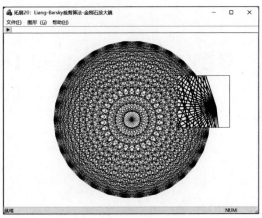

(a) 放大镜位于中心　　　　　　　　　　(b) 放大镜位于右侧

图 20-5　放大镜效果

案例 21 Sutherland-Hodgman 多边形裁剪算法

知识点

- 点在裁剪窗口内外的判定方法。
- 边与窗口边界交点的计算方法。

一、案例需求

1. 案例描述

示例多边形顶点为 $P_0(50,100)$、$P_1(-150,300)$、$P_2(-250,50)$、$P_3(-150,-250)$、$P_4(0,-50)$、$P_5(100,-250)$、$P_6(300,150)$，内部填充为红色。使用 Sutherland-Hodgman 多边形裁剪算法对示例多边形进行裁剪。

2. 功能说明

（1）在自定义二维坐标系下，绘制示例多边形。
（2）在自定义二维坐标系下，绘制矩形裁剪窗口。
（3）使用矩形裁剪窗口对示例多边形进行裁剪，输出裁剪后的多边形。
（4）使用有效边表算法填充裁剪前后的多边形。

3. 案例效果图

示例多边形与裁剪窗口的相对位置如图 21-1 所示，裁剪后的效果如图 21-2 所示。

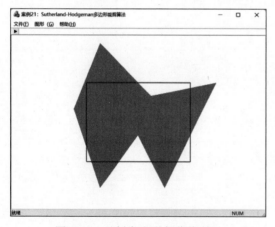

图 21-1 示例多边形与裁剪窗口

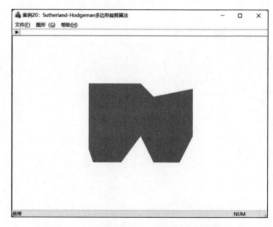

图 21-2 示例多边形裁剪后的效果图

二、案例分析

本案例在客户区内绘制示例多边形作为裁剪对象，多边形内部使用有效边表算法填充。使用 Sutherland-Hodgman 对多边形进行裁剪。Sutherland-Hodgman 多边形裁剪算法的基本思想是依次用窗口的每条边裁剪多边形。多边形的一条边与裁剪窗口边界的位置关系只有 4 种,如图 21-3 所示。考虑多边形某条边的起点为 P_0,终点为 P_1,边与窗口边界的交点为 P。情况① P_0、P_1 都可见;情况② P_0、P_1 都不可见;情况③ P_0 可见、P_1 不可见;情况④ P_0 不可见,P_1 可见。比较多边形的每条边与裁剪窗口边界,可以输出 0～2 个顶点。对于情况①,输出 P_1,注意不必输出起点 P_0,因为顶点表中的点是顺序处理的,P_0 作为前一条边的终点已经输出;对于情况②,无输出。对于情况③,输出交点 P,而 P_0 在上一步已经输出;对于情况④,输出交点 P 与终点 P_1。

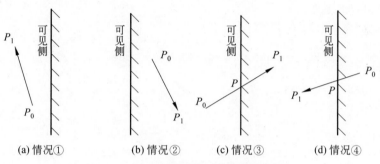

(a) 情况①　　　(b) 情况②　　　(c) 情况③　　　(d) 情况④

图 21-3　边与裁剪窗口边界的位置关系

建立存储多边形顶点的输入表与输出表。窗口边界采用左、右、下、上的顺序裁剪多边形。用一条裁剪窗口边界对多边形顶点的输入表进行裁剪,得到顶点的输出表,作为窗口下一条裁剪边的顶点输入表。

三、算法设计

(1) 将输入顶点数组 In 置为示例多边形顶点,将输出顶点数组 Out 置"0"。
(2) 在窗口客户区中心绘制示例多边形。
(3) 在构造函数中根据裁剪窗口的位置为 w_{xl}、w_{xr}、w_{yt}、w_{yb} 赋值。
(4) 绘制裁剪窗口。
(5) 用左、右、下、上边界裁剪示例多边形。如果多边形边的起点 P_0 在窗口内,终点 P_1 也在窗口内,则输出 P_1(处理情况①);如果多边形边的起点 P_0 在窗口内,终点 P_1 在窗口外,则计算边与窗口边界的交点 P 并输出(处理情况③);如果多边形边的起点 P_0 在窗口外,终点 P_1 在窗口内,则计算边与窗口边界的交点 P 并输出 P 与 P_1(处理情况④)。
(6) 根据数组 Out 绘制裁剪后的多边形。

四、案例设计

1. 读入示例多边形顶点表

```
void CTestView::ReadPoint(void)
{
    In=new CP2[InMax];                      //"输入"顶点表数组
    In[0].x=50;     In[0].y=100;
    In[1].x=-150;   In[1].y=300;
    In[2].x=-250;   In[2].y=50;
    In[3].x=-150;   In[3].y=-250;
    In[4].x=0;      In[4].y=-50;
```

```
        In[5].x=100;     In[5].y=-250;
        In[6].x=300;     In[6].y=150;
        Out=new CP2[OutMax];                    //"输出"顶点表数组
        for (int i=0; i<OutMax; i++)
            Out[i]=CP2(0, 0);
}
```

程序说明：读入示例多边形的顶点坐标。考量示例多边形，设定最大"输入"顶点数是7，最大"输出"顶点数是12。

2. 绘图函数

```
void CTestView::DrawObject(CDC*pDC)
{
    CFill*pFill=new CFill;
    if (!bPlay)
    {
        CPoint2*P=new CPoint2[InMax];
        for (int i=0; i<InMax; i++)              //绘制裁剪前的多边形
        {
            P[i]=CPoint2(ROUND(In[i].x), ROUND(In[i].y));
            P[i].c=CRGB(1.0, 0.0, 0.0);
        }
        pFill->SetPoint(P, InMax);               //设置顶点
        pFill->CreateBucketTable();              //建立桶表
        pFill->CreateEdgeTable();                //建立边表
        pFill->FillPolygon(pDC);                 //填充多边形
        delete[]P;
    }
    else
    {
        ClipPolygon(In, InMax, LEFT);
        ClipPolygon(Out, OutCounter, RIGHT);
        ClipPolygon(Out, OutCounter, BOTTOM);
        ClipPolygon(Out, OutCounter, TOP);
        CPoint2*P=new CPoint2[OutCounter];

        for (int j=0; j<OutCounter; j++)         //绘制裁剪后的多边形
        {
            P[j]=CPoint2(ROUND(Out[j].x), ROUND(Out[j].y));
            P[j].c=CRGB(1.0, 0.0, 0.0);
        }
        pFill->SetPoint(P, OutCounter);
        pFill->CreateBucketTable();
        pFill->CreateEdgeTable();
        pFill->FillPolygon(pDC);
        delete[]P;
    }
    delete pFill;
}
```

程序说明：如果未按"动画"按钮，则绘制示例多边形；如果按"动画"按钮，则绘制裁剪

后的多边形。

3. 裁剪多边形函数

```cpp
void CTestView::ClipPolygon(CP2*out, int Length, UINT Boundary)
{
    if (0==Length)
        return;
    CP2*pTemp=new CP2[Length];
    for (int i=0; i<Length; i++)
        pTemp[i]=out[i];
    CP2 p0, p1, p;                              //p0 为起点,p1 为终点,p 为交点
    OutCounter=0;
    p0=pTemp[Length-1];
    for (int i=0; i<Length; i++)
    {
        p1=pTemp[i];
        if (Inside(p0, Boundary))               //起点在窗口内
        {
            if (Inside(p1, Boundary))           //终点在窗口内,属于内→内
            {
                Out[OutCounter]=p1;             //终点在窗口内
                OutCounter++;
            }
            else                                //属于内→外
            {
                p=Intersect(p0, p1, Boundary);  //求交点
                Out[OutCounter]=p;
                OutCounter++;
            }
        }
        else if (Inside(p1, Boundary))          //终点在窗口内,属于外→内
        {
            p=Intersect(p0, p1, Boundary);      //求交点
            Out[OutCounter]=p;
            OutCounter++;
            Out[OutCounter]=p1;
            OutCounter++;
        }
        p0=p1;
    }
    delete[] pTemp;
}
```

程序说明：使用窗口边界对多边形进行裁剪,窗口的 4 条边对多边形的每条边的裁剪方法一致。

4. 判断点在窗口的内外

```cpp
BOOL CTestView::Inside(CP2 p, UINT Boundary)
{
    switch (Boundary)
    {
```

```
        case LEFT:
            if (p.x>=Wxl)
                return TRUE;
            break;
        case RIGHT:
            if (p.x<=Wxr)
                return TRUE;
            break;
        case TOP:
            if (p.y<=Wyt)
                return TRUE;
            break;
        case BOTTOM:
            if (p.y>=Wyb)
                return TRUE;
            break;
    }
    return FALSE;
}
```

程序说明：若点在窗口内,则返回 TRUE,否则返回 FALSE。

5. 计算交点函数

```
CP2 CTestView::Intersect(CP2 p0, CP2 p1, UINT Boundary)
{
    CP2 pTemp;
    double k=(p1.y-p0.y)/(p1.x-p0.x);          //直线的斜率
    switch (Boundary)
    {
    case LEFT:
        pTemp.x=Wxl;
        pTemp.y=k*(pTemp.x-p0.x)+p0.y;
        break;
    case RIGHT:
        pTemp.x=Wxr;
        pTemp.y=k*(pTemp.x-p0.x)+p0.y;
        break;
    case TOP:
        pTemp.y=Wyt;
        pTemp.x=(pTemp.y-p0.y)/k+p0.x;
        break;
    case BOTTOM:
        pTemp.y=Wyb;
        pTemp.x=(pTemp.y-p0.y)/k+p0.x;
        break;
    }
    return pTemp;
}
```

程序说明：定义 LEFT 为 1,RIGHT 为 2,TOP 为 3,BOTTOM 为 4,分别计算多边形的边与窗口边界的交点。

五、案例小结

（1）本案例将多边形的边与窗口边界的位置划分为 4 种情况：外→内、内→内、内→外与外→外。基本思想是，一次用窗口的一条边界裁剪多边形，这属于分治法（divide and conquer，D&C）。

（2）Sutherland-Hodgman 多边形裁剪算法是裁剪实面积图形，裁剪前后的多边形都要求封闭。

六、案例拓展

试使用 Sutherland-Hodgman 多边形裁剪算法裁剪菱形，要求裁剪后的图形均填充为红色，如图 21-4 所示。

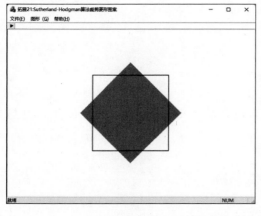 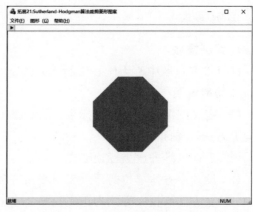

(a) 裁剪前　　　　　　　　　　　　(b) 裁剪后

图 21-4　裁剪菱形

案例 22　三维图形几何变换算法

知识点

- 立方体类的定义。
- 平移、比例、旋转、反射、错切变换矩阵。
- 三维复合变换。
- 三维变换类 CTransform3。

一、案例需求

1. 案例描述
以窗口客户区中心为体心绘制立方体。

2. 功能说明
（1）定义三维右手世界坐标系，原点位于窗口客户区中心，x 轴水平向右为正，y 轴垂直向上为正，z 轴指向观察者。
（2）设计三维齐次坐标顶点类。
（3）设计立方体单位的顶点表与小面表数据结构。
（4）立方体的投影方式为正交投影。
（5）设计三维变换类 CTransform3，实现三维基本变换和复合变换。三维基本变换矩阵表示为平移、比例、反射、旋转和错切矩阵。
（6）使用三维变换类的接口函数，将立方体的顶点数组传输给三维变换类中。
（7）使用比例变换将单位立方体放大。
（8）使用工具栏的"动画"图标按钮播放立方体（投影方式采用正交投影）的旋转动画。

3. 案例效果图
立方体三维旋转变换效果如图 22-1 所示。

二、案例分析

1. 定义三维顶点类
三维变换和二维变换一样，都是以顶点的齐次坐标定义的。三维顶点类 CP3 公有继承于二维顶点类 CP2，增加了 z 坐标定义。由于 CP2 类的数据成员有规范化齐次坐标 w，CP3 类自然有齐次坐标的定义，因此可以进行三维变换。

2. 设计立方体的数据结构
立方体是三维物体，用边界表示法定义。点表用于定义三维顶点坐标，面表用于定义每个小面对顶点的索引号。立方体几何模型如图 22-2 所示。单位立方体顶点表如表 22-1 所示。单位立方体小面表如表 22-2 所示，为了表示立方体的外面，立方体的顶点索引号为逆时针方向。立方体类 CCube 由顶点表和小面表构成。

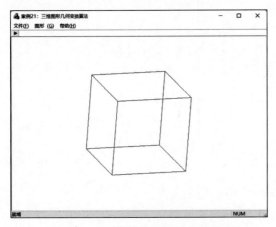

图 22-1　立方体三维旋转变换效果图

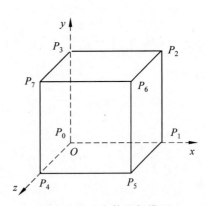

图 22-2　立方体几何模型

表 22-1　单位立方体顶点表

顶点	x 坐标	y 坐标	z 坐标	顶点	x 坐标	y 坐标	z 坐标
P_0	$x_0=0$	$y_0=0$	$z_0=0$	P_4	$x_4=0$	$y_4=0$	$z_4=1$
P_1	$x_1=1$	$y_1=0$	$z_1=0$	P_5	$x_5=1$	$y_5=0$	$z_5=1$
P_2	$x_2=1$	$y_2=1$	$z_2=0$	P_6	$x_6=1$	$y_6=1$	$z_6=1$
P_3	$x_3=0$	$y_3=1$	$z_3=0$	P_7	$x_7=0$	$y_7=1$	$z_7=1$

表 22-2　单位立方体小面表

面	顶点 1 索引	顶点 2 索引	顶点 3 索引	顶点 4 索引	说明
F_0	0	4	7	3	左面
F_1	1	2	6	5	右面
F_2	0	1	5	4	底面
F_3	2	3	7	6	顶面
F_4	0	3	2	1	后面
F_5	4	5	6	7	前面

3. 三维几何变换

设变换前的立方体顶点集合的规范化齐次坐标矩阵 $\boldsymbol{P}=\begin{bmatrix} x_0 & y_0 & z_0 & 1 \\ x_1 & y_1 & z_1 & 1 \\ x_2 & y_2 & z_2 & 1 \\ x_3 & y_3 & z_3 & 1 \\ x_4 & y_4 & z_4 & 1 \\ x_5 & y_5 & z_5 & 1 \\ x_6 & y_6 & z_6 & 1 \\ x_7 & y_7 & z_7 & 1 \end{bmatrix}$，变换后新

的物体顶点集合的规范化齐次坐标矩阵 $\boldsymbol{P}' = \begin{bmatrix} x'_0 & y'_0 & z'_0 & 1 \\ x'_1 & y'_1 & z'_1 & 1 \\ x'_2 & y'_2 & z'_2 & 1 \\ x'_3 & y'_3 & z'_3 & 1 \\ x'_4 & y'_4 & z'_4 & 1 \\ x'_5 & y'_5 & z'_5 & 1 \\ x'_6 & y'_6 & z'_6 & 1 \\ x'_7 & y'_7 & z'_7 & 1 \end{bmatrix}$, 变换矩阵 $\boldsymbol{T} = \begin{bmatrix} a & b & c & p \\ d & e & f & q \\ g & h & i & r \\ l & m & n & s \end{bmatrix}$, 则三维几何变换有 $\boldsymbol{P}' = \boldsymbol{PT}$, 可以写成

$$\begin{bmatrix} x'_0 & y'_0 & z'_0 & 1 \\ x'_1 & y'_1 & z'_1 & 1 \\ x'_2 & y'_2 & z'_2 & 1 \\ x'_3 & y'_3 & z'_3 & 1 \\ x'_4 & y'_4 & z'_4 & 1 \\ x'_5 & y'_5 & z'_5 & 1 \\ x'_6 & y'_6 & z'_6 & 1 \\ x'_7 & y'_7 & z'_7 & 1 \end{bmatrix} = \begin{bmatrix} x_0 & y_0 & z_0 & 1 \\ x_1 & y_1 & z_1 & 1 \\ x_2 & y_2 & z_2 & 1 \\ x_3 & y_3 & z_3 & 1 \\ x_4 & y_4 & z_4 & 1 \\ x_5 & y_5 & z_5 & 1 \\ x_6 & y_6 & z_6 & 1 \\ x_7 & y_7 & z_7 & 1 \end{bmatrix} \begin{bmatrix} a & b & c & p \\ d & e & f & q \\ g & h & i & r \\ l & m & n & s \end{bmatrix}$$

三维变换定义为 CTransform3 类。首先将变换矩阵定义为单位阵, 然后为平移、比例、反射、旋转和错切矩阵赋值, 最后使变换前的顶点矩阵与变换矩阵相乘, 将变换后的顶点矩阵作为变换前的顶点矩阵, 可以实现变换矩阵的连乘。

4. 三维几何变换矩阵

(1) 平移变换矩阵:

$$\boldsymbol{T} = \begin{bmatrix} 1 & 0 & 0 & 0 \\ 0 & 1 & 0 & 0 \\ 0 & 0 & 1 & 0 \\ T_x & T_y & T_z & 1 \end{bmatrix} \tag{22-1}$$

(2) 比例变换矩阵:

$$\boldsymbol{T} = \begin{bmatrix} S_x & 0 & 0 & 0 \\ 0 & S_y & 0 & 0 \\ 0 & 0 & S_z & 0 \\ 0 & 0 & 0 & 1 \end{bmatrix} \tag{22-2}$$

(3) 绕 x 轴旋转变换矩阵:

$$T = \begin{bmatrix} 1 & 0 & 0 & 0 \\ 0 & \cos\beta & \sin\beta & 0 \\ 0 & -\sin\beta & \cos\beta & 0 \\ 0 & 0 & 0 & 1 \end{bmatrix} \quad (22\text{-}3)$$

(4) 绕 y 轴旋转变换矩阵：

$$T = \begin{bmatrix} \cos\beta & 0 & -\sin\beta & 0 \\ 0 & 1 & 0 & 0 \\ \sin\beta & 0 & \cos\beta & 0 \\ 0 & 0 & 0 & 1 \end{bmatrix} \quad (22\text{-}4)$$

(5) 绕 z 轴旋转变换矩阵：

$$T = \begin{bmatrix} \cos\beta & \sin\beta & 0 & 0 \\ -\sin\beta & \cos\beta & 0 & 0 \\ 0 & 0 & 1 & 0 \\ 0 & 0 & 0 & 1 \end{bmatrix} \quad (22\text{-}5)$$

(6) 关于 xOy 面的反射变换矩阵：

$$T = \begin{bmatrix} 1 & 0 & 0 & 0 \\ 0 & 1 & 0 & 0 \\ 0 & 0 & -1 & 0 \\ 0 & 0 & 0 & 1 \end{bmatrix} \quad (22\text{-}6)$$

(7) 错切变换矩阵：

$$T = \begin{bmatrix} 1 & b & c & 0 \\ d & 1 & f & 0 \\ g & h & 1 & 0 \\ 0 & 0 & 0 & 1 \end{bmatrix} \quad (22\text{-}7)$$

三、算法设计

(1) 定义立方体类。
(2) 读入立方体的 8 个顶点表与 6 个面的面表。
(3) 使用正交投影在屏幕上绘制立方体的正投影图。
(4) 设计三维变换类 CTransform3，将立方体的顶点传给三维变换类对象。
(5) 对立方体进行比例和旋转变换。
(6) 在双缓冲中，根据变换后的顶点绘制新立方体。

四、案例设计

1. 设计三维齐次坐标点类

```
#include"P2.h"
class CP3 :public CP2
{
public:
    CP3(void);
```

```
        virtual ~CP3(void);
        CP3(double x, double y, double z);
    public:
        double z;
    };
```

程序说明：为了绘制三维图形，需要定义三维浮点数点类。三维浮点类公有继承于二维浮点类 CP2。注意，CP3 的构造函数不仅要考虑对派生类新增的成员变量进行初始化，还要对基类 CP2 成员变量进行初始化。

2. 设计表面 CFace 类

```
class CFace
{
public:
    CFace(void);
    virtual ~CFace(void);
    void SetPtNumber(int ptNumber);
public:
    int ptNumber;              //面的顶点数
    int ptIndex[4];            //面的顶点索引号
};
```

程序说明：面类定义了表面的顶点数 ptNumber 和顶点索引号数组 ptIndex。立方体表面有 4 个顶点，所以定义 ptIndex 数组的大小为 4。

3. 设计立方体类

```
#include"P3.h"
#include"Face.h"
class CCube
{
public:
    CCube(void);
    virtual ~CCube(void);
    void ReadVertex(void);     //读入顶点表
    void ReadFace(void);       //读入小面表
    void Draw(CDC*pDC);        //绘制图形
public:
    CP3 V[8];                  //顶点数组
    CFace F[6];                //小面数组
};
CCube::CCube(void)
{}
CCube::~CCube(void)
{}
void CCube::ReadVertex(void)//顶点表
{
    V[0].x=0, V[0].y=0, V[0].z=0;
    V[1].x=1, V[1].y=0, V[1].z=0;
    V[2].x=1, V[2].y=1, V[2].z=0;
    V[3].x=0, V[3].y=1, V[3].z=0;
```

```
        V[4].x=0, V[4].y=0, V[4].z=1;
        V[5].x=1, V[5].y=0, V[5].z=1;
        V[6].x=1, V[6].y=1, V[6].z=1;
        V[7].x=0, V[7].y=1, V[7].z=1;
    }
    void CCube::ReadFace(void)                          //小面表
    {
        F[0].ptIndex[0]=0,F[0].ptIndex[1]=4,F[0].ptIndex[2]=7,F[0].ptIndex[3]=3;   //左面
        F[1].ptIndex[0]=1,F[1].ptIndex[1]=2,F[1].ptIndex[2]=6,F[1].ptIndex[3]=5;   //右面
        F[2].ptIndex[0]=0,F[2].ptIndex[1]=1,F[2].ptIndex[2]=5,F[2].ptIndex[3]=4;   //底面
        F[3].ptIndex[0]=2,F[3].ptIndex[1]=3,F[3].ptIndex[2]=7,F[3].ptIndex[3]=6;   //顶面
        F[4].ptIndex[0]=0,F[4].ptIndex[1]=3,F[4].ptIndex[2]=2,F[4].ptIndex[3]=1;   //后面
        F[5].ptIndex[0]=4,F[5].ptIndex[1]=5,F[5].ptIndex[2]=6,F[5].ptIndex[3]=7;   //前面
    }
    void CCube::Draw(CDC*pDC)                           //绘图
    {
        CP2 ScreenPoint[4];                             //二维投影点
        for (int nFace=0; nFace<6; nFace++)             //面循环
        {
            for (int nVertex=0; nVertex<4; nVertex++)   //顶点循环
            {
                ScreenPoint[nVertex].x=V[F[nFace].ptIndex[nVertex]].x;   //正交投影
                ScreenPoint[nVertex].y=V[F[nFace].ptIndex[nVertex]].y;
            }
            pDC->MoveTo(ROUND(ScreenPoint[0].x), ROUND(ScreenPoint[0].y));//绘制多边形
            pDC->LineTo(ROUND(ScreenPoint[1].x), ROUND(ScreenPoint[1].y));
            pDC->LineTo(ROUND(ScreenPoint[2].x), ROUND(ScreenPoint[2].y));
            pDC->LineTo(ROUND(ScreenPoint[3].x), ROUND(ScreenPoint[3].y));
            pDC->LineTo(ROUND(ScreenPoint[0].x), ROUND(ScreenPoint[0].y));
        }
    }
```

程序说明：立方体的一个顶点位于建模坐标系的原点。三维物体绘制到二维屏幕上时，需要进行投影。这里使用的是正交投影，即将立方体投影到 xOy 平面内，仅使用 x 和 y 坐标绘制立方体。

4. 设计三维几何变换类 CTransform3

```
#include"P3.h"
class CTransform3
{
public:
    CTransform3(void);
    virtual ~CTransform3(void);
    void SetMatrix(CP3*P, int ptNumber);           //三维顶点数组初始化
    void Identity(void);                           //单位矩阵初始化
    void Translate(double tx, double ty, double tz);  //平移变换
    void Scale(double sx, double sy, double sz);   //比例变换
    void Scale(double sx, double sy, double sz, CP3 p);  //相对于任意点的比例变换
    void RotateX(double beta);                     //绕 X 轴旋转变换
    void RotateY(double beta);                     //绕 Y 轴旋转变换
```

```cpp
        void RotateZ(double beta);                      //绕 Z 轴旋转变换
        void RotateX(double beta, CP3 p);               //相对于任意点的绕 X 轴旋转变换
        void RotateY(double beta, CP3 p);               //相对于任意点的绕 Y 轴旋转变换
        void RotateZ(double beta, CP3 p);               //相对于任意点的绕 Z 轴旋转变换
        void ReflectX(void);                            //关于 X 轴反射变换
        void ReflectY(void);                            //关于 Y 轴反射变换
        void ReflectZ(void);                            //关于 Z 轴反射变换
        void ReflectXOY(void);                          //关于 XOY 面反射变换
        void ReflectYOZ(void);                          //关于 YOZ 面反射变换
        void ReflectZOX(void);                          //关于 ZOX 面反射变换
        void ShearX(double b, double c);                //沿 X 方向错切变换
        void ShearY(double d, double f);                //沿 Y 方向错切变换
        void ShearZ(double g, double h);                //沿 Z 方向错切变换
        void MultiplyMatrix(void);                      //矩阵相乘
    private:
        double T[4][4];                                 //三维变换矩阵
        CP3*P;                                          //三维顶点数组名
        int ptNumber;                                   //三维顶点个数
};
CTransform3::CTransform3(void)
{}
CTransform3::~CTransform3(void)
{}
void CTransform3::SetMatrix(CP3*P, int ptNumber)        //接口函数
{
    this->P=P;
    this->ptNumber=ptNumber;
}
void CTransform3::Identity(void)                        //单位矩阵
{
    T[0][0]=1.0; T[0][1]=0.0; T[0][2]=0.0; T[0][3]=0.0;
    T[1][0]=0.0; T[1][1]=1.0; T[1][2]=0.0; T[1][3]=0.0;
    T[2][0]=0.0; T[2][1]=0.0; T[2][2]=1.0; T[2][3]=0.0;
    T[3][0]=0.0; T[3][1]=0.0; T[3][2]=0.0; T[3][3]=1.0;
}
void CTransform3::Translate(double tx, double ty, double tz)   //平移变换
{
    Identity();
    T[3][0]=tx;
    T[3][1]=ty;
    T[3][2]=tz;
    MultiplyMatrix();
}
void CTransform3::Scale(double sx, double sy, double sz)       //比例变换
{
    Identity();
    T[0][0]=sx;
    T[1][1]=sy;
    T[2][2]=sz;
    MultiplyMatrix();
}
```

```
void CTransform3::Scale(double sx, double sy, double sz, CP3 p)   //任意点的比例变换
{
    Translate(-p.x, -p.y, -p.z);
    Scale(sx, sy, sz);
    Translate(p.x, p.y, p.z);
}
void CTransform3::RotateX(double beta)                            //绕 X 轴旋转变换
{
    Identity();
    double rad=beta*PI/180;
    T[1][1]=cos(rad), T[1][2]=sin(rad);
    T[2][1]=-sin(rad), T[2][2]=cos(rad);
    MultiplyMatrix();
}
void CTransform3::RotateX(double beta, CP3 p)                     //任意点的绕 X 轴旋转变换
{
    Translate(-p.x, -p.y, -p.z);
    RotateX(beta);
    Translate(p.x, p.y, p.z);
}
void CTransform3::RotateY(double beta)                            //绕 Y 轴旋转变换
{
    Identity();
    double rad=beta*PI/180;
    T[0][0]=cos(rad), T[0][2]=-sin(rad);
    T[2][0]=sin(rad), T[2][2]=cos(rad);
    MultiplyMatrix();
}
void CTransform3::RotateY(double beta, CP3 p)                     //任意点的绕 Y 轴旋转变换
{
    Translate(-p.x, -p.y, -p.z);
    RotateY(beta);
    Translate(p.x, p.y, p.z);
}
void CTransform3::RotateZ(double beta)                            //绕 Z 轴旋转变换
{
    Identity();
    double rad=beta*PI/180;
    T[0][0]=cos(rad);   T[0][1]=sin(rad);
    T[1][0]=-sin(rad); T[1][1]=cos(rad);
    MultiplyMatrix();
}
void CTransform3::RotateZ(double beta, CP3 p)                     //任意点的绕 Z 轴旋转变换
{
    Translate(-p.x, -p.y, -p.z);
    RotateZ(beta);
    Translate(p.x, p.y, p.z);
}
void CTransform3::ReflectX(void)                                  //X 轴反射变换
{
    Identity();
```

```cpp
        T[1][1]=-1;
        T[2][2]=-1;
        MultiplyMatrix();
    }
    void CTransform3::ReflectY(void)                    //Y轴反射变换
    {
        Identity();
        T[0][0]=-1;
        T[2][2]=-1;
        MultiplyMatrix();
    }
    void CTransform3::ReflectZ(void)                    //Z轴反射变换
    {
        Identity();
        T[0][0]=-1;
        T[1][1]=-1;
        MultiplyMatrix();
    }
    void CTransform3::ReflectXOY(void)                  //XOY面反射变换
    {
        Identity();
        T[2][2]=-1;
        MultiplyMatrix();
    }
    void CTransform3::ReflectYOZ(void)                  //YOZ面反射变换
    {
        Identity();
        T[0][0]=-1;
        MultiplyMatrix();
    }
    void CTransform3::ReflectZOX(void)                  //ZOX面反射变换
    {
        Identity();
        T[1][1]=-1;
        MultiplyMatrix();
    }
    void CTransform3::ShearX(double d, double g)        //X方向错切变换
    {
        Identity();
        T[1][0]=d;
        T[2][0]=g;
        MultiplyMatrix();
    }
    void CTransform3::ShearY(double b, double h)        //Y方向错切变换
    {
        Identity();
        T[0][1]=b;
        T[2][1]=h;
        MultiplyMatrix();
    }
    void CTransform3::ShearZ(double c, double f)        //Z方向错切变换
```

```cpp
{
    Identity();
    T[0][2]=c;
    T[1][2]=f;
    MultiplyMatrix();
}
void CTransform3::MultiplyMatrix(void)                      //矩阵相乘
{
    CP3*pTemp=new CP3[ptNumber];
    for (int i=0; i<ptNumber; i++)
        pTemp[i]=P[i];
    for (int j=0; j<ptNumber; j++)
    {
        P[j].x=pTemp[j].x*T[0][0]+pTemp[j].y*T[1][0]+pTemp[j].z*T[2][0]+
            pTemp[j].w*T[3][0];
        P[j].y=pTemp[j].x*T[0][1]+pTemp[j].y*T[1][1]+pTemp[j].z*T[2][1]+
            pTemp[j].w*T[3][1];
        P[j].z=pTemp[j].x*T[0][2]+pTemp[j].y*T[1][2]+pTemp[j].z*T[2][2]+
            pTemp[j].w*T[3][2];
        P[j].w=pTemp[j].x*T[0][3]+pTemp[j].y*T[1][3]+pTemp[j].z*T[2][3]+
            pTemp[j].w*T[3][3];
    }
    delete[] pTemp;
}
```

程序说明：CTransform3 类可以实现平移、比例、旋转、反射和错切 5 种基本变换，也可以实现相对于任意参考点的比例和旋转变换等复合变换。

5. CTestView 的构造函数

```cpp
CTestView::CTestView() noexcept
{
    // TODO: 在此处添加构造代码
    bPlay=FALSE;
    cube.ReadVertex();
    cube.ReadFace();
    transform.SetMatrix(cube.V, 8);                         //变换类的接口函数
    int nScale=300;
    transform.Scale(nScale, nScale, nScale);                //比例变换
    transform.Translate(-nScale/2, -nScale/2, -nScale/2);   //平移变换
}
```

程序说明：将立方体的全部顶点传输到三维变换类中。读入单位立方体的顶点后，通过三维变换放大和平移立方体。

6. 定时器响应函数

```cpp
void CTestView::OnTimer(UINT_PTR nIDEvent)
{
    // TODO: 在此添加消息处理程序代码或调用默认值
    double Alpha=5, Beta=5;
    transform.RotateX(Alpha);
    transform.RotateY(Beta);
```

```
        Invalidate(FALSE);
        CView::OnTimer(nIDEvent);
}
```

程序说明：通过向 CTestView 类添加 WM_TIMER 消息映射函数,实现立方体绕 x 轴与绕 y 轴旋转。

7. 键盘方向键响应函数

```
void CTestView::OnKeyDown(UINT nChar, UINT nRepCnt, UINT nFlags)
{
    // TODO: 在此添加消息处理程序代码和/或调用默认值
    double Alpha, Beta;
    switch (nChar)
    {
    case VK_UP:
        Alpha=-5;
        transform.RotateX(Alpha);
        break;
    case VK_DOWN:
        Alpha=5;
        transform.RotateX(Alpha);
        break;
    case VK_LEFT:
        Beta=-5;
        transform.RotateY(Beta);
        break;
    case VK_RIGHT:
        Beta=5;
        transform.RotateY(Beta);
        break;
    default:
        break;
    }
    Invalidate(FALSE);
    CView::OnKeyDown(nChar, nRepCnt, nFlags);
}
```

程序说明：通过向 CTestView 类添加 WM_KEYDOWN 消息映射函数,实现方向键控制立方体旋转。

五、案例小结

(1) 本案例用点表和面表定义了 CCube 类。

(2) 本例中,立方体的投影方式为正投影,投影面为 xOy 平面。学习案例 24 后,立方体的投影方式推荐采用透视投影。

(3) 定义 CTransform3 类实现立方体的旋转,通过三维变换类的接口函数,将立方体的顶点传输到三维变换类中。

六、案例拓展

使用错切变换,输出立方体的斜等侧图,如图 22-3 所示。

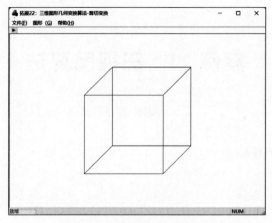

图 22-3 错切变换效果图

案例 23　三视图算法

知识点

- 正三棱柱的几何模型。
- 三视图变换矩阵。
- 斜等侧投影变换矩阵。

一、案例需求

1. 案例描述

将窗口划分为 4 个区域,如图 23-1 所示。左上区域绘制正三棱柱的主视图、左下区域绘制正三棱柱的俯视图、右上区域绘制正三棱柱的侧视图,右下区域绘制正三棱柱的立体图。使用正交投影绘制正三棱柱的三视图,使用斜等侧投影绘制正三棱柱的立体图。

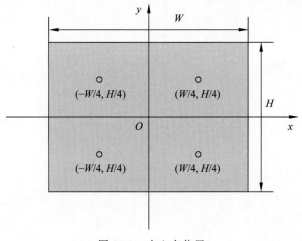

图 23-1　中心点位置

2. 功能说明

(1) 定义三维右手世界坐标系,原点位于窗口客户区中心,x 轴水平向右为正,y 轴垂直向上为正,z 轴指向观察者。

(2) 建立三维右手建模坐标系,原点位于右下区域中心,x 轴水平向右为正,y 轴垂直向上为正,z 轴指向观察者。

(3) 以建模坐标系的原点为体心,建立正三棱柱的三维几何模型。

3. 案例效果图

正三棱柱及其三视图效果如图 23-2 所示。

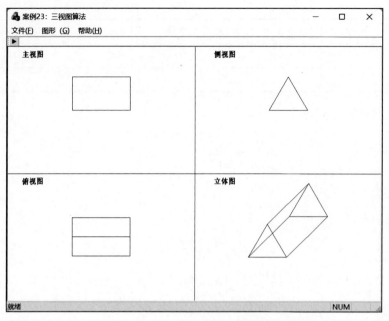

图 23-2 正三棱柱及其三视图效果

二、案例分析

（1）建立正三棱柱的三维几何模型。设正三棱柱的棱长为 b，底面正三角形的边长为 a，正三棱柱的几何模型如图 23-3 所示。

正三棱柱的顶点表和面表如表 23-1 和表 23-2 所示。正三棱柱有 2 个三角形小面和 3 个四边形小面。正三棱柱面表的顶点排列顺序应保持该面的外法向量方向向外，描述的是该面的正面。

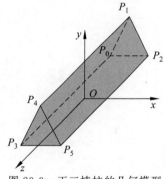

图 23-3 正三棱柱的几何模型

表 23-1 正三棱柱的顶点表

顶点	x 坐标	y 坐标	z 坐标	顶点	x 坐标	y 坐标	z 坐标
P_0	$x_0=-a/2$	$y_0=0$	$z_0=-b/2$	P_3	$x_3=-a/2$	$y_3=0$	$z_3=b/2$
P_1	$x_1=0$	$y_1=\dfrac{\sqrt{3}}{2}a$	$z_1=-b/2$	P_4	$x_4=0$	$y_4=\dfrac{\sqrt{3}}{2}a$	$z_4=b/2$
P_2	$x_2=a/2$	$y_2=0$	$z_2=-b/2$	P_5	$x_5=a/2$	$y_5=0$	$z_5=b/2$

表 23-2 正三棱柱的面表

面	边数	顶点 1 序号	顶点 2 序号	顶点 3 序号	顶点 4 序号	说明
F_0	4	0	3	4	1	左侧面
F_1	3	0	1	2		上底面
F_2	4	0	2	5	3	下侧面

续表

面	边数	顶点1序号	顶点2序号	顶点3序号	顶点4序号	说明
F_3	4	1	4	5	2	右侧面
F_4	3	3	5	4		下底面

(2) 主视图投影变换矩阵：

$$T_V = \begin{bmatrix} 0 & 0 & 0 & 0 \\ 0 & 1 & 0 & 0 \\ 0 & 0 & 1 & 0 \\ 0 & 0 & 0 & 1 \end{bmatrix}$$

(3) 俯视图投影变换矩阵：

$$T_H = \begin{bmatrix} 0 & -1 & 0 & 0 \\ 0 & 0 & 0 & 0 \\ 0 & 0 & 1 & 0 \\ 0 & 0 & 0 & 1 \end{bmatrix}$$

(4) 侧视图投影变换矩阵：

$$T_W = \begin{bmatrix} 0 & 0 & -1 & 0 \\ 0 & 1 & 0 & 0 \\ 0 & 0 & 0 & 0 \\ 0 & 0 & 0 & 1 \end{bmatrix}$$

(5) 斜等侧图投影变换矩阵：

$$T_O = \begin{bmatrix} 0 & 0 & 0 & 0 \\ 0 & 1 & 0 & 0 \\ -0.707 & -0.707 & 0 & 0 \\ 0 & 0 & 0 & 1 \end{bmatrix}$$

三、算法设计

(1) 将窗口客户区静态切分为4个区域，计算每个区域的中心点。
(2) 读入正三棱柱的6个顶点构成的顶点表与5个表面构成的表面表。
(3) 使用主视图变换矩阵在左上区域绘制主视图。
(4) 使用俯视图变换矩阵在左下区域绘制俯视图。
(5) 使用侧视图变换矩阵在右上区域绘制侧视图。
(6) 使用斜等测变换矩阵在右下区域绘制斜等侧图。
(7) 使用双缓冲技术绘制三视图及斜等侧图的旋转动画。

四、案例设计

1. 定义投影类

```
class CProjection
{
```

```cpp
public:
    CProjection(void);
    virtual ~CProjection(void);
    void SetMatrix(CP3*P3d, int ptNumber);          //三维顶点数组初始化
    void Identity(void);                             //单位矩阵初始化
    CP2*OProject(void);                              //斜等侧图
    CP2*VProject(void);                              //主视图
    CP2*HProject(void);                              //俯视图
    CP2*WProject(void);                              //侧视图
    void MultiplyMatrix(void);                       //矩阵相乘
private:
    double T[4][4];
    CP3*P3d;                                         //三维顶点数组名
    CP2*POblView;                                    //斜视图顶点数组名
    CP2*PTriView;                                    //三视图投影顶点数组名
    int ptNumber;                                    //三维顶点个数
};
CProjection::CProjection(void)
{}
CProjection::~CProjection(void)
{}
void CProjection::SetMatrix(CP3*P3d, int ptNumber)   //顶点数组初始化
{
    this->P3d=P3d;
    this->ptNumber=ptNumber;
    POblView=new CP2[ptNumber];                      //斜投影顶点数组
    PTriView=new CP2[ptNumber];                      //三视图顶点数组
}
void CProjection::Identity(void)                     //单位矩阵初始化
{
    T[0][0]=1.0, T[0][1]=0.0, T[0][2]=0.0, T[0][3]=0.0;
    T[1][0]=0.0, T[1][1]=1.0, T[1][2]=0.0, T[1][3]=0.0;
    T[2][0]=0.0, T[2][1]=0.0, T[2][2]=1.0, T[2][3]=0.0;
    T[3][0]=0.0, T[3][1]=0.0, T[3][2]=0.0, T[3][3]=1.0;
}
CP2*CProjection::OProject(void)                      //斜等侧投影
{
    Identity();
    T[2][0]=-0.707;
    T[2][1]=-0.707;
    T[2][2]=0;
    MultiplyMatrix();
    return POblView;
}
CP2*CProjection::VProject(void)                      //主视图投影
{
    Identity();
    T[0][0]=0;
    MultiplyMatrix();
    return PTriView;
}
```

```
CP2*CProjection::HProject(void)                    //俯视图投影
{
    Identity();
    T[0][0]=0;
    T[0][1]=-1;
    T[1][1]=0;
    MultiplyMatrix();
    return PTriView;
}
CP2*CProjection::WProject(void)                    //侧视图投影
{
    Identity();
    T[0][0]=0;
    T[0][2]=-1;
    T[2][2]=0;
    MultiplyMatrix();
    return PTriView;
}
void CProjection::MultiplyMatrix(void)             //矩阵相乘
{
    CP3*pTemp=new CP3[ptNumber];
    for (int i=0; i<ptNumber; i++)
    {
        pTemp[i].x=P3d[i].x*T[0][0]+P3d[i].y*T[1][0]+P3d[i].z*T[2][0]+
            P3d[i].w*T[3][0];
        pTemp[i].y=P3d[i].x*T[0][1]+P3d[i].y*T[1][1]+P3d[i].z*T[2][1]+
            P3d[i].w*T[3][1];
        pTemp[i].z=P3d[i].x*T[0][2]+P3d[i].y*T[1][2]+P3d[i].z*T[2][2]+
            P3d[i].w*T[3][2];
        pTemp[i].w=P3d[i].x*T[0][3]+P3d[i].y*T[1][3]+P3d[i].z*T[2][3]+
            P3d[i].w*T[3][3];
        PTriView[i].x=-pTemp[i].z;                 //三视图顶点
        PTriView[i].y=pTemp[i].y;
        POblView[i]=pTemp[i];                      //斜视图顶点
    }
    delete[]pTemp;
    pTemp=NULL;
}
```

程序说明：物体的三维顶点与投影变换矩阵相乘后的三维顶点，通过 OProject()、HProject()、VProject()、WProject()等函数，直接将投影后的二维点返回主调程序中使用。三视图使用三维点的$(-z,y)$坐标绘制，斜视图使用三维点的(x,y)坐标绘制。

2. 定义三棱柱类

```
class CPrism
{
public:
    CPrism(void);
    virtual ~CPrism(void);
    void SetParameter(int a, int b);               //读入参数
```

```cpp
        void ReadVertex(void);                              //读入顶点函数
        void ReadFace(void);                                //读入小面函数
        void DrawOblique(CDC*pDC, CP2 ptCenter);            //绘制斜等侧图
        void DrawVView(CDC*pDC, CP2 ptCenter);              //绘制主视图
        void DrawHView(CDC*pDC, CP2 ptCenter);              //绘制俯视图
        void DrawWView(CDC*pDC, CP2 ptCenter);              //绘制侧视图
    private:
        void Draw(CDC*pDC, CP2*P2d);                        //绘制线框模型
    public:
        int a, b;                                           //a 为三角形边长,b 为棱长
        CP3 V[6];                                           //三棱柱的三维顶点
        CFace F[5];                                         //小面表
        CP2*pTriView;                                       //三视图顶点数组指针
        CP2*pObliqueView;                                   //斜视图顶点数组指针
        CProjection projection;                             //投影对象
        CP2 ptCenter;                                       //区域中心点
};
CPrism::CPrism(void)
{
    pTriView=NULL;
    pObliqueView=NULL;
}
CPrism::~CPrism(void)
{
    if (pTriView!=NULL)
    {
        delete[] pTriView;
        pTriView=NULL;
    }
    if (pObliqueView!=NULL)
    {
        delete[] pObliqueView;
        pObliqueView=NULL;
    }
}
void CPrism::SetParameter(int a, int b)                     //读入参数
{
    this->a=a;
    this->b=b;
}
void CPrism::ReadVertex(void)                               //顶点表
{
    V[0].x=-a/2; V[0].y=0;              V[0].z=-b/2; //$V_0$顶点
    V[1].x=0;    V[1].y=sqrt(3.0)/2 * a; V[1].z=-b/2; //$V_1$顶点
    V[2].x=a/2;  V[2].y=0;              V[2].z=-b/2; //$V_2$顶点
    V[3].x=-a/2; V[3].y=0;              V[3].z=b/2;  //$V_3$顶点
    V[4].x=0;    V[4].y=sqrt(3.0)/2 * a; V[4].z=b/2;  //$V_4$顶点
    V[5].x=a/2;  V[5].y=0;              V[5].z=b/2;  //$V_5$顶点
}
void CPrism::ReadFace(void)                                 //小面表
{
```

```
        F[0].SetPtNumber(4);
        F[0].ptIndex[0]=0; F[0].ptIndex[1]=3; F[0].ptIndex[2]=4; F[0].ptIndex[3]=1;
        F[1].SetPtNumber(3);
        F[1].ptIndex[0]=0; F[1].ptIndex[1]=1; F[1].ptIndex[2]=2;
        F[2].SetPtNumber(4);
        F[2].ptIndex[0]=0; F[2].ptIndex[1]=2; F[2].ptIndex[2]=5; F[2].ptIndex[3]=3;
        F[3].SetPtNumber(4);
        F[3].ptIndex[0]=1; F[3].ptIndex[1]=4; F[3].ptIndex[2]=5; F[3].ptIndex[3]=2;
        F[4].SetPtNumber(3);
        F[4].ptIndex[0]=3; F[4].ptIndex[1]=5; F[4].ptIndex[2]=4;
}
void CPrism::DrawOblique(CDC*pDC, CP2 ptCenter)                //绘制斜投影
{
        pDC->TextOut(50, -10, CString("立体图"));
        this->ptCenter=ptCenter;
        projection.SetMatrix(V, 6);
        pObliqueView=projection.OProject();
        Draw(pDC, pObliqueView);
}
void CPrism::DrawVView(CDC*pDC, CP2 ptCenter)                  //绘制主视图
{
        pDC->TextOut(-450, 320, CString("主视图"));
        this->ptCenter=ptCenter;
        pTriView=projection.VProject();
        Draw(pDC, pTriView);
}
void CPrism::DrawHView(CDC*pDC, CP2 ptCenter)                  //绘制俯视图
{
        pDC->TextOut(-450, -10, CString("俯视图"));
        this->ptCenter=ptCenter;
        pTriView=projection.HProject();
        Draw(pDC, pTriView);
}
void CPrism::DrawWView(CDC*pDC, CP2 ptCenter)                  //绘制侧视图
{
        pDC->TextOut(50, 320, CString("侧视图"));
        this->ptCenter=ptCenter;
        pTriView=projection.WProject();
        Draw(pDC, pTriView);
}
void CPrism::Draw(CDC*pDC, CP2*P2d)                            //绘制线框图
{
        CP2 ScreenPoint, pTemp;
        for (int nFace=0; nFace<5; nFace++)                    //访问小面
        {
                for (int nPoint=0; nPoint<F[nFace].ptNumber; nPoint++)   //访问顶点
                {
                        ScreenPoint=P2d[F[nFace].ptIndex[nPoint]];
                        if (0==nPoint)
                        {
                                pDC->MoveTo(ROUND(ptCenter.x+ScreenPoint.x), ROUND(ptCenter.y+
```

```
            ScreenPoint.y));
        pTemp=ScreenPoint;
    }
    else
        pDC->LineTo(ROUND(ptCenter.x+ScreenPoint.x),
            ROUND(ptCenter.y+ScreenPoint.y));
    }
    pDC->LineTo(ROUND(ptCenter.x+pTemp.x), ROUND(ptCenter.y+pTemp.y));
  }
}
```

程序说明：正三棱柱的两个底面为三角形，3 个侧面为四边形。将顶点索引号数组定义为动态数组，根据表面的顶点数设置索引号数组。使用绘制函数分别绘制正三棱柱的斜投影以及三视图。

五、案例小结

（1）三视图用正交投影绘制，立体图用斜等侧投影绘制。

三视图投影到 zOy 平面内。由于使用 4 个区域独立绘制三视图，所以不需要对三视图进行平移变换。

（2）设计了 CProjection 类来完成三视图投影。

六、案例拓展

零件的斜投影图如图 23-4(a)所示。将窗口客户区划分为 4 个区域，分别绘制零件的三视图，如图 23-4(b)所示。

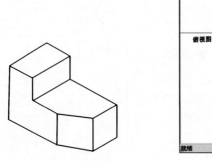

(a) 零件的斜投影图　　　　　　　　　　(b) 三视图及立体图

图 23-4　零件

案例 24　透视投影算法

知识点

- 观察变换矩阵。
- 透视投影变换矩阵。

一、案例需求

1. 案例描述

在窗口客户区中心绘制立方体的透视投影线框模型。

2. 功能说明

（1）定义三维右手世界坐标系，原点位于客户区中心，x 轴水平向右为正，y 轴垂直向上为正，z 轴指向观察者。

（2）定义二维屏幕左手坐标系，原点位于客户区中心，x 轴水平向右为正，y 轴垂直向上为正。

（3）建立三维右手建模坐标系，原点位于客户区中心，x 轴水平向右，y 轴垂直向上，z 轴指向观察者。

（4）建立立方体的三维几何模型。

（5）设置视点位于世界坐标系的 z 轴正向，使用三维变换旋转立方体。

（6）使用双缓冲技术，在屏幕坐标系内绘制立方体线框模型的二维透视投影图。

（7）使用工具栏上的"动画"图标按钮播放立方体线框模型的旋转动画。

3. 案例效果图

立方体的一点透视效果如图 24-1 所示。

二、案例分析

（1）观察变换矩阵

$$\boldsymbol{T}_v = \begin{bmatrix} \cos\theta & -\cos\varphi\sin\theta & -\sin\varphi\sin\theta & 0 \\ 0 & \sin\varphi & -\cos\varphi & 0 \\ -\sin\theta & -\cos\varphi\cos\theta & -\sin\varphi\cos\theta & 0 \\ 0 & 0 & R & 1 \end{bmatrix}$$

（2）透视投影变换矩阵

$$\boldsymbol{T}_s = \begin{bmatrix} 1 & 0 & 0 & 0 \\ 0 & 1 & 0 & 0 \\ 0 & 0 & 0 & 1/d \\ 0 & 0 & 0 & 0 \end{bmatrix}$$

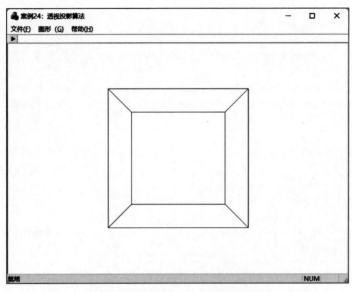

图 24-1 立方体的一点透视效果

（3）从世界坐标系到屏幕坐标系的透视投影整体变换矩阵为

$$T = T_v T_s = \begin{bmatrix} \cos\theta & -\cos\theta\sin\theta & 0 & -\dfrac{\sin\varphi\sin\theta}{d} \\ 0 & \sin\varphi & 0 & -\dfrac{\cos\varphi}{d} \\ -\sin\theta & -\cos\theta\cos\theta & 0 & -\dfrac{\sin\varphi\cos\theta}{d} \\ 0 & 0 & 0 & \dfrac{R}{d} \end{bmatrix}$$

三、算法设计

（1）读入立方体的 8 个顶点构成的顶点表与 6 个小面构成的小面表。

（2）循环访问立方体的每个小面。

（3）将立方体表面的三维顶点从世界坐标系变换到观察坐标系，从视点角度进行描述。设置视点位于 z 轴正向，将观察坐标系的三维点投影到 xOy 面内，得到二维屏幕坐标点。

（4）使用直线段连接二维屏幕坐标点绘制四边形。

（5）使用三维变换改变立方体绕坐标轴的旋转角，实时计算立方体变换后的三维顶点坐标。

（6）使用双缓冲技术制作立方体旋转动画。

四、案例设计

1. 定义透视投影类

```
class CProjection
{
```

```
public:
    CProjection(void);
    virtual ~CProjection(void);
    void SetEye(double R, double Phi, double Theta);      //设置视点
    CP3 GetEye(void);                                      //获得视点
    void InitialParameter(void);                           //初始化参数
    CP2 PerspectiveProjection2(CP3 WorldPoint);            //二维透视投影
private:
    CP3 Eye;                                               //视点
    double R, Phi, Theta, d;                               //视点球坐标
    double k[8];                                           //透视投影常数
};
CProjection::CProjection(void)
{
    R=1000, d=800, Phi=90, Theta=0;                        //视点位于屏幕正前方
    InitialParameter();
}
CProjection::~CProjection(void)
{}
void CProjection::InitialParameter(void)                   //透视变换参数初始化
{
    k[0]=sin(PI*Theta/180);                                //Theta 代表 θ
    k[1]=sin(PI*Phi/180);                                  //Phi 代表 φ
    k[2]=cos(PI*Theta/180);
    k[3]=cos(PI*Phi/180);
    k[4]=k[1]*k[2];
    k[5]=k[0]*k[1];
    k[6]=k[2]*k[3];
    k[7]=k[0]*k[3];
    Eye=CP3(R*k[5], R*k[3], R*k[4]);                       //设置视点
}
void CProjection::SetEye(double R, double Phi, double Theta)
{
    this->R=R;
    this->Phi=Phi;
    this->Theta=Theta;
    InitialParameter();
}
CP3 CProjection::GetEye(void)                              //读取视点
{
    return Eye;
}
CP2 CProjection::PerspectiveProjection2(CP3 WorldPoint)    //二维透视投影
{
    CP3 ViewPoint;                                         //观察坐标系三维点
    ViewPoint.x=k[2]*WorldPoint.x-k[0]*WorldPoint.z;
    ViewPoint.y=-k[7]*WorldPoint.x+k[1]*WorldPoint.y-k[6]*WorldPoint.z;
    ViewPoint.z=-k[5]*WorldPoint.x-k[3]*WorldPoint.y-k[4]*WorldPoint.z+R;
    ViewPoint.c=WorldPoint.c;
    CP2 ScreenPoint;                                       //屏幕坐标系二维点
    ScreenPoint.x=d*ViewPoint.x/ViewPoint.z;
```

```
    ScreenPoint.y=d*ViewPoint.y/ViewPoint.z;
    ScreenPoint.c=ViewPoint.c;
    return ScreenPoint;
}
```

程序说明：成员函数 PerspectiveProjection2() 计算三维点投影后的二维点。WorldPoint 为世界坐标系的三维点，ViewPoint 为观察坐标系的三维点，ScreenPoint 为屏幕坐标系的二维点。

2. 定义立方体类

```
#include"P3.h"
#include"Face.h"
#include"Projection.h"
class CCube
{
public:
    CCube(void);
    virtual ~CCube(void);
    void ReadVertex(void);                          //读入点表
    void ReadFace(void);                            //读入小面表
    void Draw(CDC*pDC);                             //绘制图形
public:
    CP3 V[8];                                       //顶点数组
    CFace F[6];                                     //小面数组
    CProjection projection;                         //投影对象
};
void CCube::ReadVertex(void)                        //顶点表
{
    V[0].x=0, V[0].y=0, V[0].z=0;
    V[1].x=1, V[1].y=0, V[1].z=0;
    V[2].x=1, V[2].y=1, V[2].z=0;
    V[3].x=0, V[3].y=1, V[3].z=0;
    V[4].x=0, V[4].y=0, V[4].z=1;
    V[5].x=1, V[5].y=0, V[5].z=1;
    V[6].x=1, V[6].y=1, V[6].z=1;
    V[7].x=0, V[7].y=1, V[7].z=1;
}

void CCube::ReadFace(void)                          //小面表
{
    F[0].ptIndex[0]=0,F[0].ptIndex[1]=4,F[0].ptIndex[2]=7,F[0].ptIndex[3]=3;    //左面
    F[1].ptIndex[0]=1,F[1].ptIndex[1]=2,F[1].ptIndex[2]=6,F[1].ptIndex[3]=5;    //右面
    F[2].ptIndex[0]=0,F[2].ptIndex[1]=1,F[2].ptIndex[2]=5,F[2].ptIndex[3]=4;    //底面
    F[3].ptIndex[0]=2,F[3].ptIndex[1]=3,F[3].ptIndex[2]=7,F[3].ptIndex[3]=6;    //顶面
    F[4].ptIndex[0]=0,F[4].ptIndex[1]=3,F[4].ptIndex[2]=2,F[4].ptIndex[3]=1;    //后面
    F[5].ptIndex[0]=4,F[5].ptIndex[1]=5,F[5].ptIndex[2]=6,F[5].ptIndex[3]=7;    //前面
}
void CCube::Draw(CDC*pDC)                           //绘图
{
    CP2 ScreenPoint[4];                             //二维投影点
```

```
for (int nFace=0; nFace<6; nFace++)                        //小面循环
{
    for (int nVertex=0; nVertex<4; nVertex++)              //顶点循环
    {
        ScreenPoint[nVertex]=projection.
        PerspectiveProjection2(V[F[nFace].ptIndex[nVertex]]);   //透视投影
    }
    pDC->MoveTo(ROUND(ScreenPoint[0].x), ROUND(ScreenPoint[0].y));    //绘制多边形
    pDC->LineTo(ROUND(ScreenPoint[1].x), ROUND(ScreenPoint[1].y));
    pDC->LineTo(ROUND(ScreenPoint[2].x), ROUND(ScreenPoint[2].y));
    pDC->LineTo(ROUND(ScreenPoint[3].x), ROUND(ScreenPoint[3].y));
    pDC->LineTo(ROUND(ScreenPoint[0].x), ROUND(ScreenPoint[0].y));
}
```

程序说明：立方体类内包含了透视投影类，用透视投影对象 projection 计算三维点的透视投影坐标。

五、案例小结

（1）透视投影变换是生成真实感图形的基础。本案例使用旋转物体的方式绘制了立方体的透视投影动画。旋转物体时，立方体在世界坐标系内的几何位置发生变化，视点在世界坐标系内的几何位置保持不变。由于物体的消隐是在三维场景中考虑问题，所以在计算透视变换参数时，增加了视点位置的定义。

（2）将投影变换设置为 CProjection 类，投影与物体的绘制相互独立。

六、案例拓展

将窗口客户区分为九宫格，每个格子中心绘制一个立方体。连接立方体顶点与视点，绘制一点透视图，如图 24-2 所示。

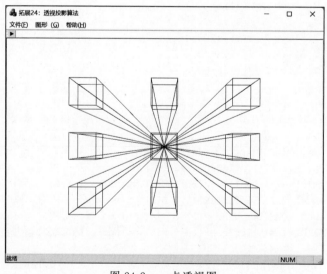

图 24-2　一点透视图

案例 25　三次 Bezier 曲线算法

知识点

- de Casteljau 递推算法。
- 基函数算法。

一、案例需求

1. 案例描述

给定 4 个二维控制点，基于 de Casteljau 递推算法，绘制三次 Bezier 曲线及控制多边形。

2. 功能说明

(1) 用蓝色实线控制多边形，控制点用半径为 5 像素的实心圆表示。
(2) 用黑色直线段连接三次 Bezier 曲线。

3. 案例效果图

三次 Bezier 曲线效果如图 25-1 所示。

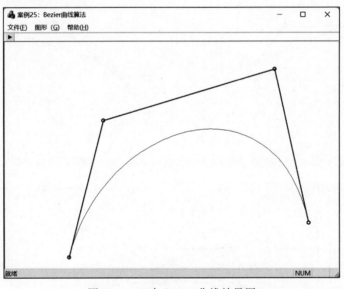

图 25-1　三次 Bezier 曲线效果图

二、案例分析

给定 $n+1$ 个控制点 $P_i(i=0,1,2,\cdots,n)$，则 n 次 Bezier 曲线方程为

$$p(t)=\sum_{i=0}^{n}P_i B_{i,n}(t),\quad t\in[0,1] \tag{25-1}$$

式中，$P_i(i=0,1,2,\cdots,n)$ 是控制多边形的 $n+1$ 个控制点。$B_{i,n}(t)$ 是 Bernstein 基函数，其

表达式为

$$B_{i,n}(t) = \frac{n!}{i!(n-i)!} t^i (1-t)^{n-i} = C_n^i t^i (1-t)^{n-i}, \quad i=0,1,2,\cdots,n \quad (25\text{-}2)$$

式中，$0^0=1,0!=1$。

1. 三次 Bezier 曲线的基函数算法

当 $n=3$ 时，Bezier 曲线的控制多边形有 4 个控制点 P_0、P_1、P_2 和 P_3，Bezier 曲线是三次多项式，称为三次 Bezier 曲线(cubic bezier curve)。

$$P(t) = \sum_{i=0}^{3} P_i B_{i,3}(t) = (1-t)^3 P_0 + 3t(1-t)^2 P_1 + 3t^2(1-t) P_2 + t^3 P_3$$

基函数为 $B_{0,3}(t)=(1-t)^3$，$B_{1,3}(t)=3t(1-t)^2$，$B_{2,3}(t)=3t^2(1-t)$，$B_{3,3}(t)=t^3$。

2. 三次 Bezier 曲线的 Casteljau 算法

第一次递推，如图 25-2 所示。

$$\begin{cases} P_0^1(t) = (1-t)P_0^0(t) + tP_1^0(t) \\ P_1^1(t) = (1-t)P_1^0(t) + tP_2^0(t) \\ P_2^1(t) = (1-t)P_2^0(t) + tP_3^0(t) \end{cases}$$

第二次递推，如图 25-3 所示。

$$\begin{cases} P_0^2(t) = (1-t)P_0^1(t) + tP_1^1(t) \\ P_1^2(t) = (1-t)P_1^1(t) + tP_2^1(t) \end{cases}$$

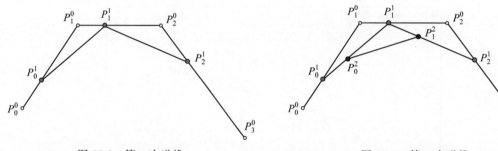

图 25-2　第一次递推　　　　图 25-3　第二次递推

第三次递推，如图 25-4 所示。

$$P_0^3(t) = (1-t)P_0^2(t) + tP_1^2(t)$$

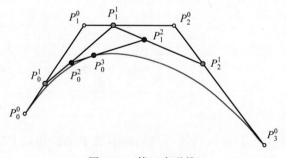

图 25-4　第三次递推

三、算法设计

（1）定义 4 个二维控制点，连接 P_0P_1、P_1P_2 和 P_2P_3 绘制控制多边形。以每个控制点坐标为圆心绘制半径为 5 像素的黑色实心圆，表示控制点。

（2）取步长 $t=0.01$，从 0 循环到 1。

（3）取 $P_0^0=P_0$, $P_1^0=P_1$, $P_2^0=P_2$, $P_3^0=P_3$。按照 t 值，对 $P_0^0P_1^0$、$P_1^0P_2^0$ 和 $P_2^0P_3^0$ 进行第一次递归。

（4）按照 t 值，对 $P_0^1P_1^1$ 和 $P_1^1P_2^1$ 进行第二次递归。

（5）按照 t 值，对 $P_0^2P_1^2$ 进行第三次递归得到 P_0^3。

（6）用 100 段直线连接各个 P_0^3 点。

四、案例设计

1. 定义三次 Bezier 曲线类

```
#include"P2.h"
class CCubicBezierCurve
{
public:
    CCubicBezierCurve(void);
    virtual ~CCubicBezierCurve(void);
    void ReadPoint(CP2*P);                      //读入控制点
    void DrawCurve(CDC*pDC);                    //绘制曲线
    void DrawPolygon(CDC*pDC);                  //绘制控制多边形
private:
    CP2 P[4];                                   //控制点数组
};
CCubicBezierCurve::CCubicBezierCurve(void)
{}
CCubicBezierCurve::~CCubicBezierCurve(void)
{}
void CCubicBezierCurve::ReadPoint(CP2*P)
{
    for (int nPoint=0; nPoint<4; nPoint++)
        this->P[nPoint]=P[nPoint];
}
void CCubicBezierCurve::DrawCurve(CDC*pDC)      //de Casteljau 递推算法
{
    pDC->MoveTo(ROUND(P[0].x), ROUND(P[0].y));
    double tStep=0.01;                          //步长
    for (double t=0; t<1; t+=tStep)
    {
        CP2 p0, p1, p2, p3, p4, p5;
        p0=(1-t)*P[0]+t*P[1];
        p1=(1-t)*P[1]+t*P[2];
        p2=(1-t)*P[2]+t*P[3];
        p3=(1-t)*p0+t*p1;
        p4=(1-t)*p1+t*p2;
```

```
        p5=(1-t)*p3+t*p4;
        pDC->LineTo(ROUND(p5.x), ROUND(p5.y));
    }
}
void CCubicBezierCurve::DrawPolygon(CDC*pDC)
{
    CPen NewPen,*pOldPen;
    NewPen.CreatePen(PS_SOLID, 3, RGB(0, 0, 255));
    pOldPen=pDC->SelectObject(&NewPen);
    pDC->MoveTo(ROUND(P[0].x), ROUND(P[0].y));
    pDC->Ellipse(ROUND(P[0].x)-5, ROUND(P[0].y)-5, ROUND(P[0].x)+5,
        ROUND(P[0].y)+5);                                       //绘制控制多边形顶点
    for (int i=1; i<4; i++)
    {
        pDC->LineTo(ROUND(P[i].x), ROUND(P[i].y));
        pDC->Ellipse(ROUND(P[i].x)-5, ROUND(P[i].y)-5,
            ROUND(P[i].x)+5, ROUND(P[i].y)+5);                  //绘制控制多边形顶点
    }
    pDC->SelectObject(pOldPen);
    NewPen.DeleteObject();
}
```

程序说明：CCubicBezierCurve 类从外部读入 4 个控制点来绘制一段三次 Bezier 曲线。DrawCurve()函数中，p0、p1、p2 代表第一次递推得到的 3 个过渡点；p3、p4 代表第二次递推得到的 2 个过渡点；p5 代表第三次递推得到的曲线上的当前点。

2. 定义控制点

```
CTestView::CTestView() noexcept
{
    // TODO: 在此处添加构造代码
    bPlay=FALSE;
    CP2 p[4];
    p[0].x=-300, p[0].y=-300;
    p[1].x=-200, p[1].y=100;
    p[2].x=300, p[2].y=250;
    p[3].x=400, p[3].y=-200;
    curve.ReadPoint(p);
}
```

程序说明：先在 CTestView 类的构造函数内定义 4 个控制点，然后用 CCubicBezierCurve 曲线类的 ReadPoint()函数读入进行绘制。

五、案例小结

（1）本案例使用 de Casteljau 递推公式绘制了一段三次 Bezier 曲线，de Casteljau 递推算法已经成为绘制 Bezier 曲线的标准算法。

（2）可以使用控制点与 4 个基函数的乘积绘制该曲线，DrawCurve()函数可改写为

```
void CCubicBezierCurve::DrawCurve(CDC*pDC)                      //基函数算法
{
```

```
pDC->MoveTo(ROUND(P[0].x), ROUND(P[0].y));
double tStep=0.01;
for (double t=0; t<=1; t+=tStep)
{
    double B03=(1-t)*(1-t)*(1-t);
    double B13=3*t*(1-t)*(1-t);
    double B23=3*t*t*(1-t);
    double B33=t*t*t;
    CP2 pt=B03*P[0]+B13*P[1]+B23*P[2]+B33*P[3];
    pDC->LineTo(ROUND(pt.x), ROUND(pt.y));
}
}
```

六、案例拓展

（1）使用一段三次 Bezier 曲线可以模拟 1/4 单位圆，这里需要用到魔术常数 $m=0.5523$。试使用 4 段三次 Bezier 曲线绘制整圆，效果如图 25-5 所示。

（2）根据 de Casteljau 递推算法，以三次 Bezier 曲线为例，制作递推过程动态演示动画，并输出当前点的参数 t 值，效果如图 25-6 所示。

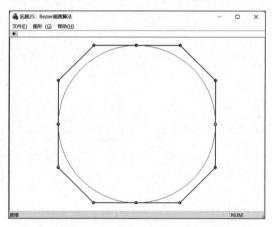
图 25-5　三次 Bezier 曲线绘制整圆

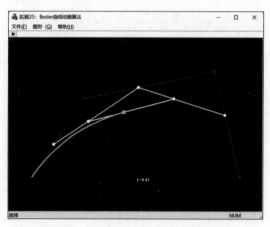
图 25-6　三次 Bezier 曲线递推动画

案例 26　双三次 Bezier 曲面算法

知识点

- 计算曲面上一点的三维坐标。
- 曲面递归细分算法。

一、案例需求

1. 案例描述

如图 26-1 所示，给定 16 个三维控制点为 $P_{00}(20,0,200)$、$P_{01}(0,100,150)$、$P_{02}(-130,100,50)$、$P_{03}(-250,50,0)$、$P_{10}(100,100,150)$、$P_{11}(30,100,100)$、$P_{12}(-40,100,50)$、$P_{13}(-110,100,0)$、$P_{20}(280,90,140)$、$P_{21}(110,120,80)$、$P_{22}(30,130,30)$、$P_{23}(-100,150,-50)$、$P_{30}(350,30,150)$、$P_{31}(200,150,50)$、$P_{32}(50,200,0)$、$P_{33}(0,100,-70)$。使用斜等侧投影绘制经过四次递归的双三次 Bezier 曲面。

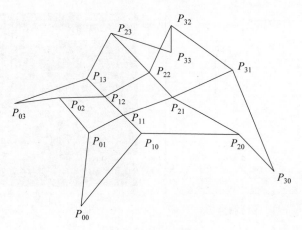

图 26-1　控制网格

2. 功能说明

(1) 定义三维右手世界坐标系，原点位于客户区中心，x 轴水平向右为正，y 轴垂直向上为正，z 轴指向观察者。

(2) 定义二维屏幕坐标系，原点位于客户区中心，x 轴水平向右为正，y 轴垂直向上为正。

(3) 建立三维右手建模坐标系，原点位于客户区中心，x 轴水平向右为正，y 轴垂直向上为正，z 轴指向观察者。

(4) 绘制基于 16 个控制点的双三次 Bezier 曲面和控制网格，投影形式为斜等侧投影。

3. 案例效果图

双三次 Bezier 曲面斜等侧投影效果如图 26-2 所示。

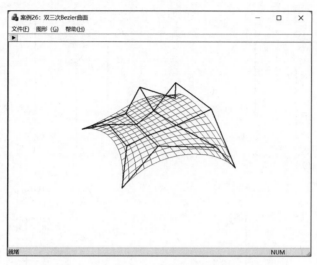

图 26-2　双三次 Bezier 曲面斜等侧投影效果图

二、案例分析

1. 计算曲面上的一点坐标

双三次 Bezier 曲面是由三次 Bezier 曲线拓广而来的,以两组正交的三次 Bezier 曲线控制点构造空间网格生成曲面,如图 26-3 所示。就顶点排列顺序而言,从左下角点起,先列后行,记住这种排列顺序可以保证后续纹理映射时正确绑定纹理图,从而控制纹理图的方向。依次用线段连接控制点 $P_{ij}(i=0,1,2,3;j=0,1,2,3)$,所形成的空间网格称为控制网格。

双三次 Bezier 曲面的矩阵表示为

$$S(u,v) = \boldsymbol{UMPM}^{\mathrm{T}}\boldsymbol{V}^{\mathrm{T}}$$

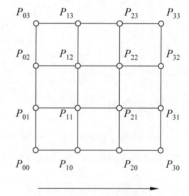

图 26-3　网格顶点排列

式中,$\boldsymbol{U} = [u^3 \quad u^2 \quad u \quad 1]$,$\boldsymbol{V} = [v^3 \quad v^2 \quad v \quad 1]$,

$$\boldsymbol{M} = \begin{bmatrix} -1 & 3 & -3 & 1 \\ 3 & -6 & 3 & 0 \\ -3 & 3 & 0 & 0 \\ 1 & 0 & 0 & 0 \end{bmatrix}, \boldsymbol{P} = \begin{bmatrix} P_{00} & P_{01} & P_{02} & P_{03} \\ P_{10} & P_{11} & P_{12} & P_{13} \\ P_{20} & P_{21} & P_{22} & P_{23} \\ P_{30} & P_{31} & P_{32} & P_{33} \end{bmatrix}。$$

2. 细分曲面

双三次 Bezier 曲面本质上是一个"弯曲的四边形"。16 个控制点中,只有 4 个控制点位于曲面上,其余 12 个控制点用于调整曲面的形状。为了表达曲面内部形状,需要将曲面网格化。曲面可以均匀细分,也可以递归细分,这里介绍最常用的后者。

一个简单的递归策略是均匀分割,即将所有曲面分割到相同的层次,这可以通过预先设定递归深度来实现。当子曲面达到规定的递归深度时,可以用小平面四边形代替曲面四形。注意,曲面递归细分是通过对 u、v 参数的定义域细分,而导致对曲面的细分,如图 26-4 所示。

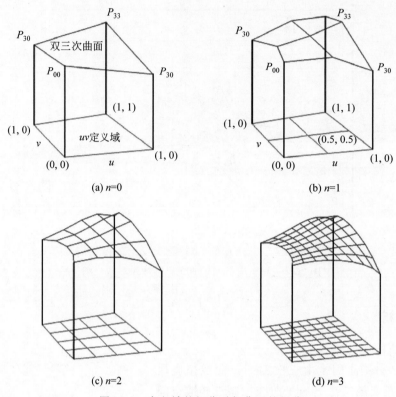

图 26-4 定义域的细分引起曲面的细分

三、算法设计

(1) 读入控制网格三维顶点坐标。

(2) 为矩阵 $\boldsymbol{M} = \begin{bmatrix} -1 & 3 & -3 & 1 \\ 3 & -6 & 3 & 0 \\ -3 & 3 & 0 & 0 \\ 1 & 0 & 0 & 0 \end{bmatrix}$ 赋值,计算 $\boldsymbol{M}^\mathrm{T} = \begin{bmatrix} -1 & 3 & -3 & 1 \\ 3 & -6 & 3 & 0 \\ -3 & 3 & 0 & 0 \\ 1 & 0 & 0 & 0 \end{bmatrix}$。

(3) 计算 $\boldsymbol{P} = \boldsymbol{MPM}^\mathrm{T}$。

(4) 为 u 和 v 选择适当步长,对曲面片进行细分。执行 $u=0$ 到 1 和 $v=0$ 到 1 的二重循环,计算 $S(u,v) = \boldsymbol{UPV}^\mathrm{T}$ 的分量坐标 x 和 y 的值,其中,$\boldsymbol{U} = \begin{bmatrix} u^3 & u^2 & u & 1 \end{bmatrix}$,$\boldsymbol{V} = \begin{bmatrix} v^3 & v^2 & v & 1 \end{bmatrix}$。

(5) 对三维等分点实施斜等侧投影得到其二维坐标,使用直线段沿 u、v 方向连接等分点成四边形网格,递归生成所有网格。

(6) 对三维控制点实施斜等侧投影得到其二维坐标,使用直线段绘制控制网格。

四、案例设计

1. 定义双三次 Bezier 曲面类

```
class CBicubicBezierPatch                              //双三次 Bezier 曲面类
{
public:
    CBicubicBezierPatch(void);
    virtual ~CBicubicBezierPatch(void);
    void ReadControlPoint(CP3 P[4][4], int nRecursion);  //读入 16 个控制点与递归深度
    void DrawCurvedPatch(CDC*pDC);                       //绘制曲面
    void Draw(CDC*pDC);                                  //绘制四边形
    void DrawControlGrid(CDC*pDC);                       //绘制控制网格
private:
    void Tessellate(CDC*pDC, int nRecursion, CT2*T);     //细分曲面
    void MeshGrid(CDC*pDC, CT2 T[4]);                    //四边形网格
    void LeftMultiplyMatrix(double M[4][4], CP3 P[4][4]); //控制点矩阵左乘系数矩阵
    void TransposeMatrix(double M[4][4]);                //转置矩阵
    void RightMultiplyMatrix(CP3 P[4][4], double M[4][4]);//控制点矩阵右乘系数矩阵
public:
    CP3 P[4][4];                                         //三维控制点
    CP3 gridP[4];                                        //网格点坐标
    CProjection projection;                              //投影
};
CBicubicBezierPatch::CBicubicBezierPatch(void)
{}
CBicubicBezierPatch::~CBicubicBezierPatch(void)
{}
void CBicubicBezierPatch::ReadControlPoint(CP3 P[4][4])
{
    for (int i=0; i<4; i++)
        for (int j=0; j<4; j++)
            this->P[i][j]=P[i][j];
}
void CBicubicBezierPatch::DrawCurvedPatch(CDC*pDC, int nRecursion)
{
    CT2 T[4];
    T[0]=CT2(0, 0), T[1]=CT2(1, 0);                      //初始化 uv
    T[2]=CT2(1, 1), T[3]=CT2(0, 1);
    Tessellate(pDC, nRecursion, T);                      //递归函数
}
void CBicubicBezierPatch::Tessellate(CDC*pDC, int nRecursion, CT2*T)
{
    if (0 ==nRecursion)
    {
        MeshGrid(pDC, T);
        Draw(pDC);
        return;
```

```cpp
    }
    else
    {
        CT2 MidP=(T[0]+T[1]+T[2]+T[3])/4.0;
        CT2 SubT[4][4];                          //将定义域一分为四
        //左下子曲面
        SubT[0][0]=T[0];
        SubT[0][1]=CT2(MidP.u, T[0].v);
        SubT[0][2]=MidP;
        SubT[0][3]=CT2(T[0].u, MidP.v);
        Tessellate(pDC, nRecursion-1, SubT[0]);
        //右下子曲面
        SubT[1][0]=CT2(MidP.u, T[1].v);
        SubT[1][1]=T[1];
        SubT[1][2]=CT2(T[1].u, MidP.v);
        SubT[1][3]=MidP;
        Tessellate(pDC, nRecursion-1, SubT[1]);
        //右上子曲面
        SubT[2][0]=MidP;
        SubT[2][1]=CT2(T[2].u, MidP.v);
        SubT[2][2]=T[2];
        SubT[2][3]=CT2(MidP.u, T[2].v);
        Tessellate(pDC, nRecursion-1, SubT[2]);
        //左上子曲面
        SubT[3][0]=CT2(T[3].u, MidP.v);
        SubT[3][1]=MidP;
        SubT[3][2]=CT2(MidP.u, T[3].v);
        SubT[3][3]=T[3];
        Tessellate(pDC, nRecursion-1, SubT[3]);
    }
}
void CBicubicBezierPatch::MeshGrid(CDC*pDC, CT2 T[4])
{
    double M[4][4];                              //系数矩阵 M
    M[0][0]=-1, M[0][1]=3, M[0][2]=-3, M[0][3]=1;
    M[1][0]=3, M[1][1]=-6, M[1][2]=3, M[1][3]=0;
    M[2][0]=-3, M[2][1]=3, M[2][2]=0, M[2][3]=0;
    M[3][0]=1, M[3][1]=0, M[3][2]=0, M[3][3]=0;
    CP3 pTemp[4][4];                             //每次递归需要保证控制点矩阵不改变
    for (int i=0; i<4; i++)
        for (int j=0; j<4; j++)
            pTemp[i][j]=P[i][j];
    LeftMultiplyMatrix(M, pTemp);                //控制点矩阵左乘系数矩阵
    TransposeMatrix(M);                          //系数转置矩阵
    RightMultiplyMatrix(pTemp, M);               //控制点矩阵右乘系数矩阵
    double u0, u1, u2, u3, v0, v1, v2, v3;       //u,v 参数的幂
    for (int i=0; i<4; i++)
    {
```

```
            u3=pow(T[i].u, 3.0), u2=pow(T[i].u, 2.0), u1=T[i].u, u0=1.0;
            v3=pow(T[i].v, 3.0), v2=pow(T[i].v, 2.0), v1=T[i].v, v0=1.0;
            gridP[i]=(u3*pTemp[0][0]+u2*pTemp[1][0]+u1*pTemp[2][0]+u0*pTemp[3][0])
                *v3+(u3*pTemp[0][1]+u2*pTemp[1][1]+u1*pTemp[2][1]+u0*pTemp[3][1])*
                v2+(u3*pTemp[0][2]+u2*pTemp[1][2]+u1*pTemp[2][2]+u0*pTemp[3][2])*
                v1+(u3*pTemp[0][3]+u2*pTemp[1][3]+u1*pTemp[2][3]+u0*pTemp[3][3])
                *v0;
        }
}
void CBicubicBezierPatch::Draw(CDC*pDC)                    //绘制四边形
{
    CP2 Point[4];                                          //屏幕二维网格顶点
    for (int i=0; i<4; i++)
    {
        Point[i]=projection.CavalierProjection(gridP[i]);  //斜等侧投影
    }
    pDC->MoveTo(ROUND(Point[0].x), ROUND(Point[0].y));
    pDC->LineTo(ROUND(Point[1].x), ROUND(Point[1].y));
    pDC->LineTo(ROUND(Point[2].x), ROUND(Point[2].y));
    pDC->LineTo(ROUND(Point[3].x), ROUND(Point[3].y));
    pDC->LineTo(ROUND(Point[0].x), ROUND(Point[0].y));
}
void CBicubicBezierPatch::LeftMultiplyMatrix(double M[4][4], CP3 P[4][4])
                                                           //左乘矩阵 M * P
{
    CP3 pTemp[4][4];                                       //临时矩阵
    for (int i=0; i<4; i++)
        for (int j=0; j<4; j++)
            pTemp[i][j]=M[i][0]*P[0][j]+M[i][1] * P[1][j]+M[i][2]*P[2][j]+
                M[i][3]*P[3][j];
    for (int i=0; i<4; i++)
        for (int j=0; j<4; j++)
            P[i][j]=pTemp[i][j];
}
void CBicubicBezierPatch::TransposeMatrix(double M[4][4])  //转置矩阵
{
    double pTemp[4][4];                                    //临时矩阵
    for (int i=0; i<4; i++)
        for (int j=0; j<4; j++)
            pTemp[j][i]=M[i][j];
    for (int i=0; i<4; i++)
        for (int j=0; j<4; j++)
            M[i][j]=pTemp[i][j];
}
void CBicubicBezierPatch::RightMultiplyMatrix(CP3 P[4][4], double M[4][4])
                                                           //右乘矩阵 P * M
{
    CP3 pTemp[4][4];                                       //临时矩阵
    for (int i=0; i<4; i++)
```

```cpp
        for (int j=0; j<4; j++)
            pTemp[i][j]=P[i][0]*M[0][j]+P[i][1]*M[1][j]+P[i][2]*M[2][j]+P[i][3]
                *M[3][j];
    for (int i=0; i<4; i++)
        for (int j=0; j<4; j++)
            P[i][j]=pTemp[i][j];
}
void CBicubicBezierPatch::DrawControlGrid(CDC*pDC)            //绘制控制网格
{
    CP2 P2[4][4];                                             //二维控制点
    for (int i=0; i<4; i++)
        for (int j=0; j<4; j++)
            P2[i][j]=projection.CavalierProjection(P[i][j]);
    CPen NewPen, *pOldPen;
    NewPen.CreatePen(PS_SOLID, 3, RGB(0, 0, 255));
    pOldPen=pDC->SelectObject(&NewPen);
    for (int i=0; i<4; i++)
    {
        pDC->MoveTo(ROUND(P2[i][0].x), ROUND(P2[i][0].y));
        for (int j=1; j<4; j++)
            pDC->LineTo(ROUND(P2[i][j].x), ROUND(P2[i][j].y));
    }
    for (int j=0; j<4; j++)
    {
        pDC->MoveTo(ROUND(P2[0][j].x), ROUND(P2[0][j].y));
        for (int i=1; i<4; i++)
            pDC->LineTo(ROUND(P2[i][j].x), ROUND(P2[i][j].y));
    }
    pDC->SelectObject(pOldPen);
    NewPen.DeleteObject();
}
```

程序说明：从接口函数 ReadControlPoint() 读入控制网格顶点数组。由于在曲面运算中改变控制点网格的顶点，所以用临时数组转储了控制点矩阵数组。矩阵乘法不满足交换律，需要自定义系数矩阵与顶点的左乘运算函数和右乘运算函数。Tessellate() 函数用于将四边形网格一分为四，分别定义 4 个子网格的顶点。

2. 读入 16 个控制点的三维坐标

```cpp
CTestView::CTestView() noexcept
{
    // TODO: 在此处添加构造代码
    bPlay=FALSE;
    P[0][0].x=20,   P[0][0].y=0,   P[0][0].z=200;   //曲面的 16 个控制点
    P[0][1].x=0,    P[0][1].y=100, P[0][1].z=150;
    P[0][2].x=-130, P[0][2].y=100, P[0][2].z=50;
    P[0][3].x=-250, P[0][3].y=50,  P[0][3].z=0;
    P[1][0].x=100,  P[1][0].y=100, P[1][0].z=150;
    P[1][1].x=30,   P[1][1].y=100, P[1][1].z=100;
    P[1][2].x=-40,  P[1][2].y=100, P[1][2].z=50;
    P[1][3].x=-110, P[1][3].y=100, P[1][3].z=0;
```

```
P[2][0].x=280, P[2][0].y=90, P[2][0].z=140;
P[2][1].x=110, P[2][1].y=120, P[2][1].z=80;
P[2][2].x=0, P[2][2].y=130, P[2][2].z=30;
P[2][3].x=-100, P[2][3].y=150, P[2][3].z=-50;
P[3][0].x=350, P[3][0].y=30, P[3][0].z=150;
P[3][1].x=200, P[3][1].y=150, P[3][1].z=50;
P[3][2].x=50, P[3][2].y=200, P[3][2].z=0;
P[3][3].x=0, P[3][3].y=100, P[3][3].z=-70;
patch.ReadControlPoint(P, n);
}
```

程序说明：在 CTestView 类内，定义 16 个控制点的三维坐标和递归深度，并且将控制点数组通过接口函数 ReadControlPoint() 传递给曲面对象。控制点用 CP3 类的二维数组表示。

3. 绘图函数

```
void CTestView::DrawObject(CDC*pDC)        //绘图
{
    int n=4;                               //递归深度
    patch.DrawCurvedPatch(pDC, n);         //绘制曲面
    patch.DrawControlGrid(pDC);            //绘制控制网格
}
```

程序说明：调用 DrawCurvedPatch() 函数绘制曲面，调用 DrawControlGrid() 函数绘制控制网格。绘制控制网格函数是可选的，后续讲解一般不再绘制控制网格。

五、案例小结

（1）Bezier 曲面是一个"曲面四边形"，4 个控制点位于曲面上，其余控制点用于调整曲面的形状。

（2）连续曲面是使用细分后的网格表示的。程序中，一张双三次 Bezier 曲面用 Patch 表示，而曲面细分后的小平面 Facet 表示，如图 26-5 所示。要注意，递归细分法是从递归曲面的定义域 UV 正方形开始的，由于定义域的细分导致曲面的细分。

（3）一片曲面的 16 个控制点既可用二维数组 P 表示，也可用一维数组 V 表示，如图 26-6 所示。二者之间的转换方法为：设二维数组 $P[i][j]$ 的行索引为 i，列索引为 j，则一维数组 V 中相应的索引号为 $4i+j$。

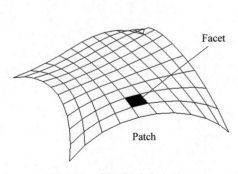
图 26-5 曲面细分为小平面

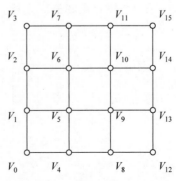
图 26-6 一维数组定义控制点

六、案例拓展

（1）对曲面进行均匀细分，将一片曲面细分为 100 个平面四边形网格，偶数编号的网格填充为黑色，奇数编号的网格填充为白色。试基于斜等侧投影绘制黑白网格，效果如图 26-7 所示。

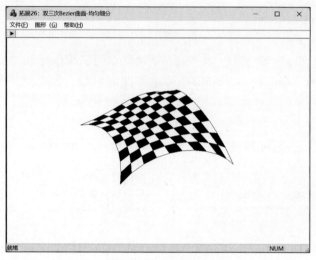

图 26-7 黑白网格效果图

（2）单位立方体上有 8 个顶点，坐标分别为 $P_0(0,0,0)$、$P_1(1,0,0)$、$P_2(1,1,0)$、$P_3(0,1,0)$、$P_4(0,0,1)$、$P_5(1,0,1)$、$P_6(1,1,1)$、$P_7(0,1,1)$，如图 26-8(a)所示。将立方体的"前面"$P_4P_5P_6P_7$ 定义为曲面，16 个控制点设计如下：

$V_0=P_0$，$V_1=P_4$，$V_2=P_7$，$V_3=P_3$ //第一列从下向上
$V_4=P_4$，$V_5=P_4$，$V_6=P_7$，$V_7=P_7$ //右移第二列从下向上
$V_8=P_5$，$V_9=P_5$，$V_{10}=P_6$，$V_{11}=P_6$ //右移第三列从下向上
$V_{12}=P_1$，$V_{13}=P_5$，$V_{14}=P_6$，$V_{15}=P_2$ //右移第四列从下向上

试基于透视投影绘制这片曲面，效果如图 26-8(b)和图 26-8(c)所示，其中直线为控制网格。

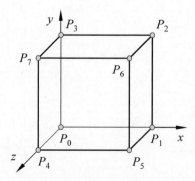

(a) 定义控制点

图 26-8 一片曲面透视投影效果图

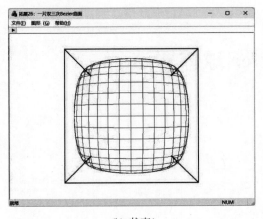 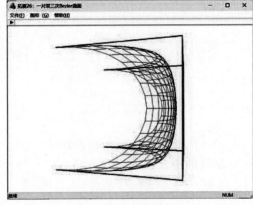

(b) 状态1　　　　　　　　　　　　　(c) 状态2

图 26-8 （续）

案例 27 Bezier 球体算法

知识点

- 定义 1/8 卦限的三角形曲面片。
- 拼接曲面片算法。

一、案例需求

1. 案例描述

三维坐标轴将球分为 8 个卦限,每个卦限的球面是一片三角形曲面,可以用双三次 Bezier 曲面片绘制,如图 27-1 所示。拼接 8 片双三次 Bezier 曲面可以形成一个完整的球面,试基于透视投影绘制 Bezier 球体递归网格模型。

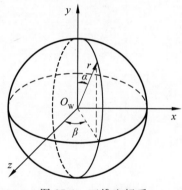

图 27-1 三维坐标系

2. 功能说明

(1) 定义三维右手世界坐标系,原点位于客户区中心,x 轴水平向右为正,y 轴垂直向上为正,z 轴指向观察者。

(2) 定义二维屏幕坐标系,原点位于客户区中心,x 轴水平向右为正,y 轴垂直向上为正。

(3) 建立三维右手建模坐标系,原点位于客户区中心,x 轴水平向右为正,y 轴垂直向上为正,z 轴指向观察者。

(4) 绘制 8 张双三次 Bezier 曲面片拼接的球体,投影形式选择透视投影。

(5) 使用三维旋转变换矩阵旋转球体。

(6) 使用工具栏上的"动画"图标按钮播放球体的旋转动画。

3. 案例效果图

使用双三次 Bezier 曲面片拼接的球体网格模型效果如图 27-2 所示。

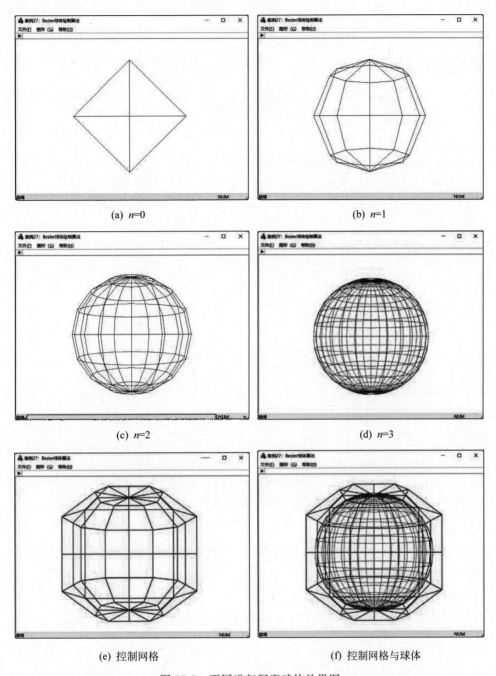

(a) $n=0$ (b) $n=1$

(c) $n=2$ (d) $n=3$

(e) 控制网格 (f) 控制网格与球体

图 27-2 不同递归深度球体效果图

二、案例分析

拼接球面

完整球面使用 8 片双三次 Bezier 曲面拼接。每个卦限内的球面用一片曲面片表示，球面中共有 62 个控制点。图 27-3 为第 1 卦限曲面片控制点编号，双三次 Bezier 曲面控制网格上端有 4 个重点。图 27-4 为第 2 卦限曲面片控制点编号。图 27-5 为第 3 卦限曲面片控制点编号。图 27-6 为第 4 卦限曲面片控制点编号。

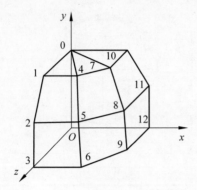

图 27-3　第 1 卦限曲面片控制点编号

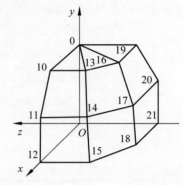

图 27-4　第 2 卦限曲面片控制点编号

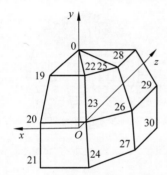

图 27-5　第 3 卦限曲面片控制点编号

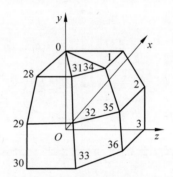

图 27-6　第 4 卦限曲面片控制点编号

图 27-7 为第 5 卦限曲面片控制点编号。图 27-8 为第 6 卦限曲面片控制点编号。图 27-9 为第 7 卦限曲面片控制点编号。图 27-10 为第 8 卦限曲面片控制点编号。

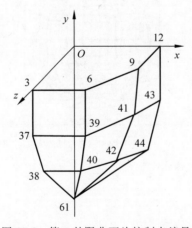

图 27-7　第 5 卦限曲面片控制点编号

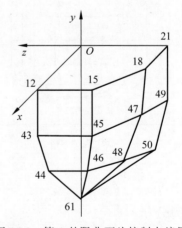

图 27-8　第 6 卦限曲面片控制点编号

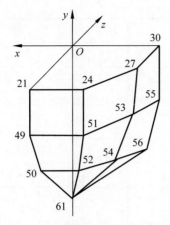

图 27-9 第 7 卦限曲面片控制点编号

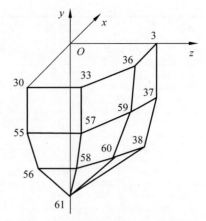

图 27-10 第 8 卦限曲面片控制点编号

根据单位球面方程，$\begin{cases} x = \sin\alpha\sin\beta \\ y = \cos\alpha \\ z = \sin\alpha\cos\beta \end{cases}$，可以计算出第 1 卦限曲面片的顶点坐标。

控制点 V_0 的 $\alpha = 0°, \beta = 0°$，有 $x = 0, y = 1, z = 0$；

控制点 V_3 的 $\alpha = 90°, \beta = 0°$，有 $x = 0, y = 0, z = 1$；

控制点 V_{12} 的 $\alpha = 90°, \beta = 90°$，有 $x = 1, y = 0, z = 0$。

设魔术常数为 $m = 0.5523$，可以推得：

控制点 V_1：$x = 0, y = 1, z = m$；　控制点 V_2：$x = 0, y = m, z = 1$；

控制点 V_4：$x = m^2, y = 1, z = m$；控制点 V_5：$x = m, y = m, z = 1$；

控制点 V_6：$x = m, y = 0, z = 1$；　控制点 V_7：$x = m, y = 1, z = m^2$；

控制点 V_8：$x = 1, y = m, z = m$；　控制点 V_9：$x = 1, y = 0, z = m$；

控制点 V_{10}：$x = m, y = 1, z = 0$；控制点 V_{11}：$x = 1, y = m, z = 0$。

Bezier 球面控制点表如表 27-1 所示。

表 27-1　Bezier 球面控制点表

序号	x	y	z	序号	x	y	z	序号	x	y	z
0	0	1	0	9	1	0	m	18	m	0	-1
1	0	1	m	10	m	1	0	19	0	1	$-m$
2	0	m	1	11	1	m	0	20	0	m	-1
3	0	0	1	12	1	0	0	21	0	0	-1
4	m^2	1	m	13	m	1	$-m^2$	22	$-m^2$	1	$-m$
5	m	m	1	14	1	m	$-m$	23	$-m$	m	-1
6	m	0	1	15	1	0	$-m$	24	$-m$	0	-1
7	m	1	m^2	16	m^2	1	$-m$	25	$-m$	1	$-m^2$
8	1	m	m	17	m	m	-1	26	-1	m	$-m$

续表

序号	x	y	z	序号	x	y	z	序号	x	y	z
27	-1	0	$-m$	39	m	$-m$	1	51	$-m$	$-m$	-1
28	$-m$	1	0	40	m^2	-1	m	52	$-m^2$	-1	$-m$
29	-1	m	0	41	1	$-m$	m	53	-1	$-m$	$-m$
30	-1	0	0	42	m	-1	m^2	54	$-m$	-1	$-m^2$
31	$-m$	1	m^2	43	1	$-m$	0	55	-1	$-m$	0
32	-1	m	m	44	m	-1	0	56	$-m$	-1	0
33	-1	0	m	45	1	$-m$	$-m$	57	-1	$-m$	m
34	$-m^2$	1	m	46	m	-1	$-m^2$	58	$-m$	-1	m^2
35	$-m$	m	1	47	m	$-m$	-1	59	$-m$	$-m$	1
36	$-m$	0	1	48	m^2	-1	$-m$	60	$-m^2$	-1	m
37	0	$-m$	1	49	0	$-m$	-1	61	0	-1	0
38	0	-1	m	50	0	-1	$-m$				

曲面片顶点编号从左下角开始，按列编号。这里，编号不影响网格图的绘制，只影响后续案例的光照和纹理。Bezier 球面片表如表 27-2 所示。

表 27-2 **Bezier 球面片表**

编号	序 号															
0	3	2	1	0	6	5	4	0	9	8	7	0	12	11	10	0
1	12	11	10	0	15	14	13	0	18	17	16	0	21	20	19	0
2	21	20	19	0	24	23	22	0	27	26	25	0	30	29	20	0
3	30	29	20	0	33	32	31	0	36	35	34	0	3	2	1	0
4	61	38	37	3	61	40	39	6	61	42	41	9	61	44	43	12
5	61	44	43	12	61	46	44	15	61	48	47	18	61	50	49	21
6	61	50	49	21	61	52	51	24	61	54	53	27	61	56	55	30
7	61	56	55	30	61	58	57	33	61	60	59	36	61	38	37	3

三、算法设计

（1）定义 CSphere 类，成员函数有读入控制点函数、读入曲面片函数以及绘制函数。

（2）读入 8 个双三次 Bezier 曲面片的 62 个控制点（不计重复控制点）。

（3）循环访问 8 个曲面片。循环访问每个曲面片的 16 个控制点。

（4）调用双三次 Bezier 曲面片子程序，使用透视投影绘制每个曲面片网格。

（5）在 CTestView 类的构造函数内初始化球面，在 OnDraw() 函数中借助双缓冲技术绘制球面旋转网格动画。

四、案例设计

1. 设计 CSphere 球体类

```cpp
#include "BicubicBezierPatch.h"
#include"Patch.h"
class CSphere
{
public:
    CSphere(void);
    virtual ~CSphere(void);
    void ReadVertex(void);              //读入球面控制点
    void ReadPatch(void);               //读入球面曲面片
    void Draw(CDC*pDC);                 //绘图
public:
    CP3 V[62];                          //球面控制点
    CPatch P[8];                        //球面曲面片
    CBicubicBezierPatch patch;          //双三次 Bezier 曲面
};
CSphere::CSphere(void)
{}
CSphere::~CSphere(void)
{}
void CSphere::ReadVertex(void)          //读入控制点表
{
    const double m=0.5523;              //魔术常数
    //第 1 卦限控制点
    V[0].x=0, V[0].y=1, V[0].z=0;
    V[1].x=0, V[1].y=1, V[1].z=m;
    V[2].x=0, V[2].y=m, V[2].z=1;
    V[3].x=0, V[3].y=0, V[3].z=1;
    V[4].x=m*m, V[4].y=1, V[4].z=m;
    V[5].x=m, V[5].y=m, V[5].z=1;
    V[6].x=m, V[6].y=0, V[6].z=1;
    V[7].x=m, V[7].y=1, V[7].z=m*m;
    V[8].x=1, V[8].y=m, V[8].z=m;
    V[9].x=1, V[9].y=0, V[9].z=m;
    V[10].x=m, V[10].y=1, V[10].z=0;
    V[11].x=1, V[11].y=m, V[11].z=0;
    V[12].x=1, V[12].y=0, V[12].z=0;
    //第 2 卦限控制点
    V[13].x=m, V[13].y=1, V[13].z=-m*m;
    V[14].x=1, V[14].y=m, V[14].z=-m;
    V[15].x=1, V[15].y=0, V[15].z=-m;
    V[16].x=m*m, V[16].y=1, V[16].z=-m;
    V[17].x=m, V[17].y=m, V[17].z=-1;
    V[18].x=m, V[18].y=0, V[18].z=-1;
    V[19].x=0, V[19].y=1, V[19].z=-m;
    V[20].x=0, V[20].y=m, V[20].z=-1;
    V[21].x=0, V[21].y=0, V[21].z=-1;
```

```cpp
    //第 3 卦限控制点
    V[22].x=-m*m, V[22].y=1, V[22].z=-m;
    V[23].x=-m, V[23].y=m, V[23].z=-1;
    V[24].x=-m, V[24].y=0, V[24].z=-1;
    V[25].x=-m, V[25].y=1, V[25].z=-m*m;
    V[26].x=-1, V[26].y=m, V[26].z=-m;
    V[27].x=-1, V[27].y=0, V[27].z=-m;
    V[28].x=-m, V[28].y=1, V[28].z=0;
    V[29].x=-1, V[29].y=m, V[29].z=0;
    V[30].x=-1, V[30].y=0, V[30].z=0;
    //第 4 卦限控制点
    V[31].x=-m, V[31].y=1, V[31].z=m*m;
    V[32].x=-1, V[32].y=m, V[32].z=m;
    V[33].x=-1, V[33].y=0, V[33].z=m;
    V[34].x=-m*m, V[34].y=1, V[34].z=m;
    V[35].x=-m, V[35].y=m, V[35].z=1;
    V[36].x=-m, V[36].y=0, V[36].z=1;
    //第 5 卦限控制点
    V[37].x=0, V[37].y=-m, V[37].z=1;
    V[38].x=0, V[38].y=-1, V[38].z=m;
    V[39].x=m, V[39].y=-m, V[39].z=1;
    V[40].x=m*m, V[40].y=-1, V[40].z=m;
    V[41].x=1, V[41].y=-m, V[41].z=m;
    V[42].x=m, V[42].y=-1, V[42].z=m*m;
    V[43].x=1, V[43].y=-m, V[43].z=0;
    V[44].x=m, V[44].y=-1, V[44].z=0;
    //第 6 卦限控制点
    V[45].x=1, V[45].y=-m, V[45].z=-m;
    V[46].x=m, V[46].y=-1, V[46].z=-m*m;
    V[47].x=m, V[47].y=-m, V[47].z=-1;
    V[48].x=m*m, V[48].y=-1, V[48].z=-m;
    V[49].x=0, V[49].y=-m, V[49].z=-1;
    V[50].x=0, V[50].y=-1, V[50].z=-m;
    //第 7 卦限控制点
    V[51].x=-m, V[51].y=-m, V[51].z=-1;
    V[52].x=-m*m, V[52].y=-1, V[52].z=-m;
    V[53].x=-1, V[53].y=-m, V[53].z=-m;
    V[54].x=-m, V[54].y=-1, V[54].z=-m*m;
    V[55].x=-1, V[55].y=-m, V[55].z=0;
    V[56].x=-m, V[56].y=-1, V[56].z=0;
    //第 8 卦限控制点
    V[57].x=-1, V[57].y=-m, V[57].z=m;
    V[58].x=-m, V[58].y=-1, V[58].z=m*m;
    V[59].x=-m, V[59].y=-m, V[59].z=1;
    V[60].x=-m*m, V[60].y=-1, V[60].z=m;
    V[61].x=0, V[61].y=-1, V[61].z=0;
}
void CSphere::ReadPatch(void)                    //读入曲面表
{
    //第 1 卦限面片
    P[0].ptIndex[0][0]=3, P[0].ptIndex[0][1]=2, P[0].ptIndex[0][2]=1,
```

```
        P[0].ptIndex[0][3]=0;
P[0].ptIndex[1][0]=6, P[0].ptIndex[1][1]=5, P[0].ptIndex[1][2]=4,
        P[0].ptIndex[1][3]=0;
P[0].ptIndex[2][0]=9, P[0].ptIndex[2][1]=8, P[0].ptIndex[2][2]=7,
        P[0].ptIndex[2][3]=0;
P[0].ptIndex[3][0]=12, P[0].ptIndex[3][1]=11, P[0].ptIndex[3][2]=10,
        P[0].ptIndex[3][3]=0;
//第 2 卦限面片
P[1].ptIndex[0][0]=12, P[1].ptIndex[0][1]=11, P[1].ptIndex[0][2]=10,
        P[1].ptIndex[0][3]=0;
P[1].ptIndex[1][0]=15, P[1].ptIndex[1][1]=14, P[1].ptIndex[1][2]=13,
        P[1].ptIndex[1][3]=0;
P[1].ptIndex[2][0]=18, P[1].ptIndex[2][1]=17, P[1].ptIndex[2][2]=16,
        P[1].ptIndex[2][3]=0;
P[1].ptIndex[3][0]=21, P[1].ptIndex[3][1]=20, P[1].ptIndex[3][2]=19,
        P[1].ptIndex[3][3]=0;
//第 3 卦限面片
P[2].ptIndex[0][0]=21, P[2].ptIndex[0][1]=20, P[2].ptIndex[0][2]=19,
        P[2].ptIndex[0][3]=0;
P[2].ptIndex[1][0]=24, P[2].ptIndex[1][1]=23, P[2].ptIndex[1][2]=22,
        P[2].ptIndex[1][3]=0;
P[2].ptIndex[2][0]=27, P[2].ptIndex[2][1]=26, P[2].ptIndex[2][2]=25,
        P[2].ptIndex[2][3]=0;
P[2].ptIndex[3][0]=30, P[2].ptIndex[3][1]=29, P[2].ptIndex[3][2]=28,
        P[2].ptIndex[3][3]=0;
//第 4 卦限面片
P[3].ptIndex[0][0]=30, P[3].ptIndex[0][1]=29, P[3].ptIndex[0][2]=28,
        P[3].ptIndex[0][3]=0;
P[3].ptIndex[1][0]=33, P[3].ptIndex[1][1]=32, P[3].ptIndex[1][2]=31,
        P[3].ptIndex[1][3]=0;
P[3].ptIndex[2][0]=36, P[3].ptIndex[2][1]=35, P[3].ptIndex[2][2]=34,
        P[3].ptIndex[2][3]=0;
P[3].ptIndex[3][0]=3, P[3].ptIndex[3][1]=2,  P[3].ptIndex[3][2]=1,
        P[3].ptIndex[3][3]=0;
//第 5 卦限面片
P[4].ptIndex[0][0]=61, P[4].ptIndex[0][1]=38, P[4].ptIndex[0][2]=37,
        P[4].ptIndex[0][3]=3;
P[4].ptIndex[1][0]=61, P[4].ptIndex[1][1]=40, P[4].ptIndex[1][2]=39,
        P[4].ptIndex[1][3]=6;
P[4].ptIndex[2][0]=61, P[4].ptIndex[2][1]=42, P[4].ptIndex[2][2]=41,
        P[4].ptIndex[2][3]=9;
P[4].ptIndex[3][0]=61, P[4].ptIndex[3][1]=44, P[4].ptIndex[3][2]=43,
        P[4].ptIndex[3][3]=12;
//第 6 卦限面片
P[5].ptIndex[0][0]=61, P[5].ptIndex[0][1]=44, P[5].ptIndex[0][2]=43,
        P[5].ptIndex[0][3]=12;
P[5].ptIndex[1][0]=61, P[5].ptIndex[1][1]=46, P[5].ptIndex[1][2]=45,
        P[5].ptIndex[1][3]=15;
```

```
        P[5].ptIndex[2][0]=61, P[5].ptIndex[2][1]=48, P[5].ptIndex[2][2]=47,
            P[5].ptIndex[2][3]=18;
        P[5].ptIndex[3][0]=61, P[5].ptIndex[3][1]=50, P[5].ptIndex[3][2]=49,
            P[5].ptIndex[3][3]=21;
    //第 7 卦限面片
        P[6].ptIndex[0][0]=61, P[6].ptIndex[0][1]=50, P[6].ptIndex[0][2]=49,
            P[6].ptIndex[0][3]=21;
        P[6].ptIndex[1][0]=61, P[6].ptIndex[1][1]=52, P[6].ptIndex[1][2]=51,
            P[6].ptIndex[1][3]=24;
        P[6].ptIndex[2][0]=61, P[6].ptIndex[2][1]=54, P[6].ptIndex[2][2]=53,
            P[6].ptIndex[2][3]=27;
        P[6].ptIndex[3][0]=61, P[6].ptIndex[3][1]=56, P[6].ptIndex[3][2]=55,
            P[6].ptIndex[3][3]=30;
    //第 8 卦限面片
        P[7].ptIndex[0][0]=61, P[7].ptIndex[0][1]=56, P[7].ptIndex[0][2]=55,
            P[7].ptIndex[0][3]=30;
        P[7].ptIndex[1][0]=61, P[7].ptIndex[1][1]=58, P[7].ptIndex[1][2]=57,
            P[7].ptIndex[1][3]=33;
        P[7].ptIndex[2][0]=61, P[7].ptIndex[2][1]=60, P[7].ptIndex[2][2]=59,
            P[7].ptIndex[2][3]=36;
        P[7].ptIndex[3][0]=61, P[7].ptIndex[3][1]=38, P[7].ptIndex[3][2]=37,
            P[7].ptIndex[3][3]=3;
}
void CSphere::Draw(CDC*pDC)                 //绘制图形
{
    CP3 Point[4][4];                        //面片 16 个控制点
    int n=3;                                //递归深度
    for (int nPatch=0; nPatch<8; nPatch++)
    {
        for (int i=0; i<4; i++)
            for (int j=0; j<4; j++)
                Point[i][j]=V[P[nPatch].ptIndex[i][j]];
        patch.ReadControlPoint(Point);
        patch.DrawCurvedPatch(pDC, n);
    }
}
```

程序说明：理论上，每个曲面有 16 个控制点，8 片曲面共有 128 个控制点，但对于球面而言，每个曲面在南北极上的 4 个顶点重合为一个，而且考虑曲面片之间连接时的重复，仅需 62 个不重复的顶点就可以构造曲面。在构造球面片时使用到 CPatch 类，其定义如下：

```
class CPatch
{
public:
    int ptIndex[4][4];                      //控制点索引号
};
```

2. CTestView 类

```
CTestView::CTestView() noexcept
```

```
{
    // TODO: 在此处添加构造代码
    bPlay=FALSE;
    sphere.ReadVertex();                          //读入顶点
    sphere.ReadPatch();                           //读入曲面
    transform.SetMatrix(sphere.V, 62);            //三维变换的接口函数
    double Scale=300;                             //比例系数
    transform.Scale(Scale, Scale, Scale);         //比例变换
}
```

程序说明：在 CTestView 类的构造函数内，读入单位球体的顶点后，用三维比例系数设置球体半径。

五、案例小结

（1）本案例是基于双三次 Bezier 曲面的应用，没有产生新的算法。

使用 4 块双三次 Bezier 曲面片拼接成半球面，8 块双三次 Bezier 曲面片拼接成完整球面。这里需要调用案例 26 讲解的 CBicubicBezierPatch 类。通常，球面的绘制技术有地理划分法、递归细分法等算法。这里给出的是第三种方法：Bezier 曲面片拼接法。

（2）从几何上讲，双三次 Bezier 曲面片不能精确表示 1/8 球面，这里使用魔术常数近似表示。

（3）不同递归深度的球体，如图 27-11 所示。

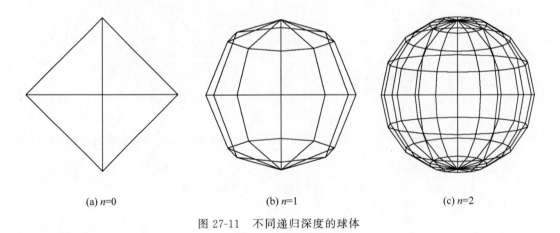

(a) n=0　　　　　　　　(b) n=1　　　　　　　　(c) n=2

图 27-11　不同递归深度的球体

六、案例拓展

（1）试使用双三次 Bezier 曲面绘制立方体的每个平面，递归深度为 3 的绘制效果如图 27-12 所示。

（2）在 xOy 面内定义一个偏置圆。圆使用 4 段三次 Bezier 曲线逆时针方向拼接而成，如图 27-13(a)所示。偏置圆绕 y 轴回转一圈，构造出一个圆环。试制作圆环旋转动画，如图 27-13(b)所示。

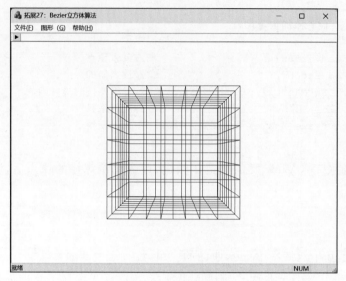

图 27-12 曲面模拟平面

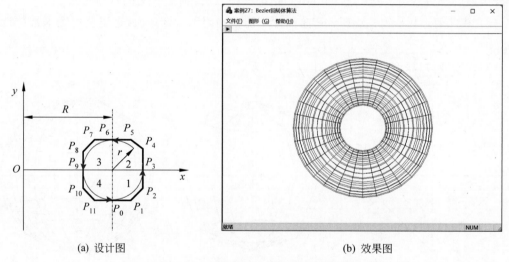

(a) 设计图　　　　　　　　　　(b) 效果图

图 27-13 偏置圆绕 y 轴旋转构造圆环

案例 28　Utah 茶壶算法

知识点

- 茶壶的数据文件。
- 文件操作函数。

一、案例需求

1. 案例描述

读入 Martin Newell 创作的 Utah 茶壶模型数据文件，使用双三次 Bezier 曲面片模拟茶壶的所有部件。制作茶壶线框模型旋转的双缓冲动画，基于透视投影绘制茶壶的递归网格模型。Utah 茶壶控制点表如表 28-1 所示。Utah 茶壶曲面片表如表 28-2 所示。

表 28-1　Utah 茶壶控制点表

序号	x	y	z	序号	x	y	z	序号	x	y	z
0	1.4	0	2.4	18	−1.4	0	2.4	36	0	1.4375	2.53125
1	1.4	−0.784	2.4	19	−0.749	−1.3375	2.53125	37	−1.5	0.84	2.4
2	0.784	−1.4	2.4	20	−1.3376	−0.749	2.53125	38	−0.84	1.5	2.4
3	0	−1.4	2.4	21	−1.3375	0	2.53125	39	0	1.5	2.4
4	1.3376	0	2.53125	22	−0.805	−1.4375	2.53125	40	0.784	1.4	2.4
5	1.3376	−0.749	2.53125	23	−1.4375	−0.805	2.53125	41	1.4	0.784	2.4
6	0.749	−1.3375	2.53125	24	−1.4375	0	2.53125	42	0.749	1.3375	2.53125
7	0	−1.3375	2.53125	25	−0.84	−1.5	2.4	43	1.3375	0.749	2.53126
8	1.4375	0	2.53125	26	−1.5	−0.84	2.4	44	0.805	1.4375	2.53126
9	1.4375	−0.805	2.53125	27	−1.5	0	2.4	45	1.4375	0.805	2.53125
10	0.805	−1.4375	2.53125	28	−1.4	0.784	2.4	46	0.84	1.5	2.4
11	0	−1.4375	2.53125	29	−0.784	1.4	2.4	47	1.5	0.84	2.4
12	1.5	0	2.4	30	0	1.4	2.4	48	1.75	0	1.875
13	1.5	−0.84	2.4	31	−1.3375	0.749	2.53125	49	1.75	−0.98	1.875
14	0.84	−1.5	2.4	32	−0.749	1.3375	2.53125	50	0.98	−1.75	1.875
15	0	−1.5	2.4	33	0	1.3375	2.53125	51	0	−1.75	1.875
16	−0.784	−1.4	2.4	34	−1.4375	0.805	2.53125	52	2	0	1.35
17	−1.4	−0.784	2.4	35	−0.805	1.4375	2.53125	53	2	−1.12	1.35

续表

序号	x	y	z	序号	x	y	z	序号	x	y	z
54	1.12	−2	1.35	86	1.12	−2	0.45	118	0.84	1.5	0.15
55	0	−2	1.35	87	0	−2	0.45	119	1.5	0.84	0.15
56	2	0	0.9	88	1.5	0	0.225	120	−1.6	0	2.025
57	2	−1.12	0.9	89	1.5	−0.84	0.225	121	−1.6	−0.3	2.025
58	1.12	−2	0.9	90	0.84	−1.5	0.225	122	−1.5	−0.3	2.25
59	0	−2	0.9	91	0	−1.5	0.225	123	−1.5	0	2.25
60	−0.98	−1.75	1.875	92	1.5	0	0.15	124	−2.3	0	2.025
61	−1.75	−0.98	1.875	93	1.5	−0.84	0.15	125	−2.3	−0.3	2.025
62	−1.75	0	1.875	94	0.84	−1.5	0.15	126	−2.5	−0.3	2.25
63	−1.12	−2	1.35	95	0	−1.5	0.15	127	−2.5	0	2.25
64	−2	−1.12	1.35	96	−1.12	−2	0.45	128	−2.7	0	2.025
65	−2	0	1.35	97	−2	−1.12	0.45	129	−2.7	−0.3	2.025
66	−1.12	−2	0.9	98	−2	0	0.45	130	−3	−0.3	2.25
67	−2	−1.12	0.9	99	−0.84	−1.5	0.225	131	−3	0	2.25
68	−2	0	0.9	100	−1.5	−0.84	0.225	132	−2.7	0	1.8
69	−1.75	0.98	1.875	101	−1.5	0	0.225	133	−2.7	−0.3	1.8
70	−0.98	1.75	1.875	102	−0.84	−1.5	0.15	134	−3	−0.3	1.8
71	0	1.75	1.875	103	−1.5	−0.84	0.15	135	−3	0	1.8
72	−2	1.12	1.35	104	−1.5	0	0.15	136	−1.5	0.3	2.25
73	−1.12	2	1.35	105	−2	1.12	0.45	137	−1.6	0.3	2.025
74	0	2	1.35	106	−1.12	2	0.45	138	−2.5	0.3	2.25
75	−2	1.12	0.9	107	0	2	0.45	139	−2.3	0.3	2.025
76	−1.12	2	0.9	108	−1.5	0.84	0.225	140	−3	0.3	2.25
77	0	2	0.9	109	−0.84	1.5	0.225	141	−2.7	0.3	2.025
78	0.98	1.75	1.875	110	0	1.5	0.225	142	−3	0.3	1.8
79	1.75	0.98	1.875	111	−1.5	0.84	0.15	143	−2.7	0.3	1.8
80	1.12	2	1.35	112	−0.84	1.5	0.15	144	−2.7	0	1.575
81	2	1.12	1.35	113	0	1.5	0.15	145	−2.7	−0.3	1.575
82	1.12	2	0.9	114	1.12	2	0.45	146	−3	−0.3	1.35
83	2	1.12	0.9	115	2	1.12	0.45	147	−3	0	1.35
84	2	0	0.45	116	0.84	1.5	0.225	148	−2.5	0	1.125
85	2	−1.12	0.45	117	1.5	0.84	0.225	149	−2.5	−0.3	1.125

续表

序号	x	y	z	序号	x	y	z	序号	x	y	z
150	−2.65	−0.3	0.9375	182	2.3	0.25	2.1	214	0	−0.2	2.7
151	−2.65	0	0.9375	183	3.3	0.25	2.4	215	−0.002	0	3.15
152	−2	−0.3	0.9	184	2.7	0.25	2.4	216	−0.45	−0.8	3.15
153	−1.9	−0.3	0.6	185	2.8	0	2.475	217	−0.8	−0.45	3.15
154	−1.9	0	0.6	186	2.8	−0.25	2.475	218	−0.8	0	3.15
155	−3	0.3	1.35	187	3.525	−0.25	2.49375	219	−0.112	−0.2	2.7
156	−2.7	0.3	1.575	188	3.525	0	2.49375	220	0.2	−0.112	2.7
157	−2.65	0.3	0.9375	189	2.9	0	2.475	221	−0.2	0	2.7
158	−2.5	0.3	1.125	190	2.9	−0.15	2.475	222	0	0.002	3.15
159	−1.9	0.3	0.6	191	3.45	−0.15	2.5125	223	−0.8	0.45	3.15
160	−2	0.3	0.9	192	3.45	0	2.5125	224	−0.45	0.8	3.15
161	1.7	0	1.425	193	2.8	0	2.4	225	0	0.8	3.15
162	1.7	−0.66	1.425	194	2.8	−0.15	2.4	226	−0.2	0.112	2.7
163	1.7	−0.66	0.6	195	3.2	−0.15	2.4	227	−0.112	0.2	2.7
164	1.7	0	0.6	196	3.2	0	2.4	228	0	0.2	2.7
165	2.6	0	1.425	197	3.525	0.25	2.49375	229	0.45	0.8	3.15
166	2.6	−0.66	1.425	198	2.8	0.25	2.475	230	0.8	0.45	3.15
167	3.1	−0.66	0.825	199	3.45	0.15	2.5125	231	0.112	0.2	2.7
168	3.1	0	0.825	200	2.9	0.15	2.475	232	0.2	0.112	2.7
169	2.3	0	2.1	201	3.2	0.15	2.4	233	0.4	0	2.55
170	2.3	−0.25	2.1	202	2.8	0.15	2.4	234	0.4	−0.224	2.55
171	2.4	−0.25	2.025	203	0	0	3.15	235	0.224	−0.4	2.55
172	2.4	0	2.025	204	0	−0.002	3.15	236	0	−0.4	2.55
173	2.7	0	2.4	205	0.002	0	3.15	237	1.3	0	2.55
174	2.7	−0.25	2.4	206	0.8	0	3.15	238	1.3	−0.728	2.55
175	3.3	−0.25	2.4	207	0.8	−0.45	3.15	239	0.728	−1.3	2.55
176	3.3	0	2.4	208	0.45	−0.8	3.15	240	0	−1.3	2.55
177	1.7	0.66	0.6	209	0	−0.8	3.15	241	1.3	0	2.4
178	1.7	0.66	1.425	210	0	0	2.85	242	1.3	−0.728	2.4
179	3.1	0.66	0.825	211	0.2	0	2.7	243	0.728	−1.3	2.4
180	2.6	0.66	1.425	212	0.2	−0.112	2.7	244	0	−1.3	2.4
181	2.4	0.25	2.025	213	0.112	−0.2	2.7	245	−0.224	−0.4	2.55

续表

序号	x	y	z	序号	x	y	z	序号	x	y	z
246	−0.4	−0.224	2.55	266	1.3	0.728	2.55	286	−1.5	0.84	0.075
247	−0.4	0	2.55	267	0.728	1.3	2.4	287	−1.5	0	0.075
248	−0.728	−1.3	2.55	268	1.3	0.728	2.4	288	−0.798	1.425	0
249	−1.3	−0.728	2.55	269	0	0	0	289	−1.425	0.798	0
250	−1.3	0	2.55	270	1.5	0	0.15	290	−1.425	0	0
251	−0.728	−1.3	2.4	271	1.5	0.84	0.15	291	−1.5	−0.84	0.15
252	−1.3	−0.728	2.4	272	0.84	1.5	0.15	292	−0.84	−1.5	0.15
253	−1.3	0	2.4	273	0	1.5	0.15	293	0	−1.5	0.15
254	−0.4	0.224	2.55	274	1.5	0	0.075	294	−1.5	−0.84	0.075
255	−0.224	0.4	2.55	275	1.5	0.84	0.075	295	−0.84	−1.5	0.075
256	0	0.4	2.55	276	0.84	1.5	0.075	296	0	−1.5	0.075
257	−1.3	0.728	2.55	277	0	1.5	0.075	297	−1.425	−0.798	0
258	−0.728	1.3	2.55	278	1.425	0	0	298	−0.798	−1.425	0
259	0	1.3	2.55	279	1.425	0.798	0	399	0	−1.425	0
260	−1.3	0.728	2.4	280	0.798	1.425	0	300	0.84	−1.5	0.15
261	−0.728	1.3	2.4	281	0	1.425	0	301	1.5	−0.84	0.15
262	0	1.3	2.4	282	−0.84	1.5	0.15	302	0.84	−1.5	0.075
263	0.224	0.4	2.55	283	−1.5	0.84	0.15	303	1.5	−0.84	0.075
264	0.4	0.224	2.55	284	−1.5	0	0.15	304	0.798	−1.425	0
265	0.728	1.3	2.55	285	−0.84	1.5	0.075	305	1.425	−0.798	0

表 28-2 Utah 茶壶曲面片表

部位	编号	控制点索引号														
壶边	0	13	9	5	1	14	10	6	2	15	11	7	3	16	12	8	4
	1	16	12	8	4	26	23	20	17	27	24	21	18	28	25	22	19
	2	28	25	22	19	38	35	32	29	39	36	33	30	40	37	34	31
	3	40	37	34	31	47	45	43	41	48	46	44	42	13	9	5	1
壶体	4	57	53	49	13	58	54	50	14	59	55	51	15	60	56	52	16
	5	60	56	52	16	67	64	61	26	68	65	62	27	69	66	63	28
	6	69	66	63	28	76	73	70	38	77	74	71	39	78	75	72	40
	7	78	75	72	40	83	81	79	47	84	82	80	48	57	53	49	13
	8	93	89	85	57	94	90	86	58	95	91	87	59	96	92	88	60

续表

部位	编号	控制点索引号														
壶体	9	96	92	88	60	103	100	97	67	104	101	98	68	105	102	99	69
	10	105	102	99	69	112	109	106	76	113	110	107	77	114	111	108	78
	11	114	111	108	78	119	117	115	83	120	118	116	84	93	89	85	57
壶柄	12	133	129	125	121	134	130	126	122	135	131	127	123	136	132	128	124
	13	136	132	128	124	143	141	139	137	144	142	140	138	133	129	125	121
	14	69	149	145	133	153	150	146	134	154	151	147	135	155	152	148	136
	15	155	152	148	136	160	158	156	143	161	159	157	144	69	149	145	133
壶嘴	16	174	170	166	162	175	171	167	163	176	172	168	164	177	173	169	165
	17	177	173	169	165	184	182	180	178	185	183	181	179	174	170	166	162
	18	194	190	186	174	195	191	187	175	196	192	188	176	197	193	189	177
	19	197	193	189	177	202	200	198	184	203	201	199	185	194	190	186	174
壶盖	20	212	211	207	204	213	211	208	204	214	211	209	204	215	211	210	204
	21	215	211	210	204	220	211	217	204	221	211	218	204	222	211	219	204
	22	222	211	219	204	227	211	224	204	228	211	225	204	229	211	226	204
	23	229	211	226	204	232	211	230	204	233	211	231	204	212	211	207	204
	24	242	238	234	212	243	239	235	213	244	240	236	214	245	241	237	215
	25	245	241	237	215	252	249	246	220	253	250	247	221	254	251	248	222
	26	254	251	248	222	261	258	255	227	262	259	256	228	263	260	257	229
	27	263	260	257	229	268	266	264	232	269	267	265	233	242	238	234	212
壶底	28	271	275	279	270	272	276	280	270	273	277	281	270	274	278	282	270
	29	274	278	282	270	283	286	289	270	284	287	290	270	285	288	291	270
	30	285	288	291	270	292	295	298	270	293	296	299	270	294	297	300	270
	31	294	297	300	270	301	303	305	270	302	304	306	270	271	275	279	270

2. 功能说明

(1) 定义三维右手世界坐标系,原点位于客户区中心,x 轴水平向右为正,y 轴垂直向上为正,z 轴指向观察者。

(2) 定义二维屏幕坐标系,原点位于客户区中心,x 轴水平向右为正,y 轴垂直向上为正。

(3) 建立三维右手建模坐标系,原点位于客户区中心,x 轴水平向右为正,y 轴垂直向上为正,z 轴指向观察者。

(4) 茶壶的控制点与曲面片数据存储在 Vertices.dat 和 Patches.dat 文件中。

(5) 设计茶壶类 CTeapot。茶壶由 32 个曲面片构成,需要 306 个控制点。

(6) 将茶壶划分为壶盖、壶边、壶体、壶柄、壶嘴、壶底 6 部分,每部分使用双三次 Bezier

曲面片逼近。

(7) 使用双缓冲技术,在屏幕坐标系内绘制网格茶壶。

(8) 使用键盘上的方向键旋转茶壶网格模型。

(9) 使用工具栏上的"动画"图标按钮播放茶壶网格模型的旋转动画。

3. 案例效果图

Utah 茶壶网格模型的透视投影效果如图 28-1 所示。

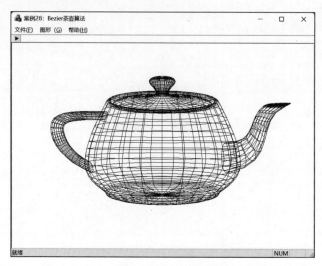

图 28-1　Utah 茶壶网格模型的透视投影效果图

二、案例分析

1. 茶壶的起源

1975 年,在美国 Utah 大学,Martin Newell 根据桌上的一个茶壶设计了一组数据,制作了 Utah 茶壶模型,称为 Utah 茶壶。Utah 茶壶由壶边(rim)、壶体(body)、壶柄(handle)、壶嘴(spout)、壶盖(lid)和壶底(bottom)6 部分组成。壶边由 4 片双三次 Bezier 曲面片组成。壶体由 8 片双三次 Bezier 曲面片组成。壶柄由 4 片双三次 Bezier 曲面片组成。壶嘴由 4 片双三次 Bezier 曲面片组成。壶盖由 8 片双三次 Bezier 曲面片组成。壶底由 4 片双三次 Bezier 曲面片组成。茶壶共由 32 个双三次 Bezier 曲面片与 306 个控制点组成。

2. 文件操作函数

Utah 茶壶的控制点表和曲面片表以纯文本方式存储。文件名分别为 Vertices.dat 和 Patches.dat。需要使用文件操作命令打开并读入数据。

CStdioFile 继承自 CFile,提供了基于字符串流的文件操作。

(1) 读文件函数。

原型:ReadString()

功能:从文件中读入一行字符串。

(2) 写文件函数。

原型:WriteString()函数

功能:向文件中写入一行字符串。

三、算法设计

(1) 定义茶壶类 CTeapot。
(2) 从文件中读入茶壶 306 个控制点三维坐标。
(3) 从文件中读入茶壶 32 片曲面的控制点坐标的索引号。
(4) 循环访问 32 个曲面片,循环访问每个曲面片的 16 个控制点。
(5) 调用双三次 Bezier 曲面片子程序,使用递归细分法绘制每个曲面片网格。

四、案例设计

1. 设计茶壶类

```
class CTeapot
{
public:
    CTeapot(void);
    virtual ~CTeapot(void);
    void ReadVertex(void);                                      //读入控制点表
    void ReadPatch(void);                                       //读入曲面表
    void DrawParts(CDC*pDC, int nPatchStart, int nPatchEnd);    //绘制部件
    void Draw(CDC*pDC);                                         //绘制整壶
public:
    CP3 Vertex[306];                                            //茶壶控制点
    CPatch Patch[32];                                           //茶壶曲面片
    CBicubicBezierPatch patch;                                  //Bezier 曲面
};
CTeapot::CTeapot(void)
{}
CTeapot::~CTeapot(void)
{}
void CTeapot::ReadVertex(void)                                  //读入茶壶控制点表
{
    CStdioFile file;
    if (!file.Open(L"Vertices.dat", CFile::modeRead))
    {
        CWnd wnd;
        wnd.MessageBox(L"不能打开文件!");
        return;
    }
    CString strLine;                                            //定义行字符串
    int nSpace=0;                                               //空格
    CString str[3];                                             //存放坐标
    for (int i=0; i<306; i++)                                   //茶壶有 306 个控制点
    {
        file.ReadString(strLine);                               //按行读入
        for (int j=0; j<strLine.GetLength(); j++)
        {
            if (' '==strLine[j])
                nSpace++;
```

```cpp
            switch (nSpace)
            {
            case 0:
                str[0]+=strLine[j];
                break;
            case 1:
                str[1]+=strLine[j];
                break;
            case 2:
                str[2]+=strLine[j];
                break;
            }
        }
        Vertex[i].x=_wtof(str[0].GetBuffer());            //浮点数表示的 x 值
        Vertex[i].y=_wtof(str[1].GetBuffer());            //浮点数表示的 y 值
        Vertex[i].z=_wtof(str[2].GetBuffer());            //浮点数表示的 z 值
        strLine="", str[0]="", str[1]="", str[2]="", nSpace=0;
    }
    file.Close();
}
void CTeapot::ReadPatch(void)                              //读入茶壶曲面表
{
    CStdioFile file;
    if (!file.Open(L"Patches.dat", CFile::modeRead))
    {
        CWnd wnd;
        wnd.MessageBox(L"不能打开文件!");
        return;
    }
    CString strLine;
    int nSpace=0;
    CString str[16];                                        //存放控制点索引号
    for (int nPatch=0; nPatch<32; nPatch++)                 //茶壶有 32 个曲面片
    {
        file.ReadString(strLine);
        for (int i=0; i<strLine.GetLength(); i++)
        {
            if (' '==strLine[i])
                nSpace++;
            switch (nSpace)
            {
            case 0:
                str[0]+=strLine[i];
                break;
            case 1:
                str[1]+=strLine[i];
                break;
            case 2:
                str[2]+=strLine[i];
                break;
            case 3:
```

```cpp
                    str[3]+=strLine[i];
                    break;
                case 4:
                    str[4]+=strLine[i];
                    break;
                case 5:
                    str[5]+=strLine[i];
                    break;
                case 6:
                    str[6]+=strLine[i];
                    break;
                case 7:
                    str[7]+=strLine[i];
                    break;
                case 8:
                    str[8]+=strLine[i];
                    break;
                case 9:
                    str[9]+=strLine[i];
                    break;
                case 10:
                    str[10]+=strLine[i];
                    break;
                case 11:
                    str[11]+=strLine[i];
                    break;
                case 12:
                    str[12]+=strLine[i];
                    break;
                case 13:
                    str[13]+=strLine[i];
                    break;
                case 14:
                    str[14]+=strLine[i];
                    break;
                case 15:
                    str[15]+=strLine[i];
                    break;
            }
        }
        for (int i=0; i<4; i++)
            for (int j=0; j<4; j++)
                Patch[nPatch].ptIndex[i][j]=_wtoi(str[i*4+j].GetBuffer());
        strLine="";
        for (int nVertex=0; nVertex<16; nVertex++)
        {
            str[nVertex]="";
        }
        nSpace=0;
    }
    file.Close();
```

```
}
void CTeapot::Draw(CDC*pDC)                                    //绘制茶壶
{
    DrawParts(pDC, 0, 4);                                      //绘制壶边
    DrawParts(pDC, 4, 12);                                     //绘制壶体
    DrawParts(pDC, 12, 16);                                    //绘制壶柄
    DrawParts(pDC, 16, 20);                                    //绘制壶嘴
    DrawParts(pDC, 20, 28);                                    //绘制壶盖
    DrawParts(pDC, 28, 32);                                    //绘制壶底
}
void CTeapot::DrawParts(CDC*pDC, int nPatchStart, int nPatchEnd)  //绘制部件
{
    CP3 P3[4][4];                                              //曲面片控制点
    int n=3;                                                   //递归深度
    for (int nPatch=nPatchStart; nPatch<nPatchEnd; nPatch++)
    {
        for (int i=0; i<4; i++)
            for (int j=0; j<4; j++)
                P3[i][j]=Vertex[Patch[nPatch].ptIndex[i][j]-1];
        patch.ReadControlPoint(P3);                            //读入曲面片16个控制点
        patch.DrawCurvedPatch(pDC, n);                         //绘制递归曲面
    }
}
```

程序说明：打开 Vertices.dat 文件,读入每行字符串。读入使用空格分开的 3 个字符,转换为浮点数后分别赋给控制点的 x、z、y 值。打开 Patches.dat 文件,读入每行字符串。区分使用空格分开的 16 个字符,转换为浮点数后分别赋给曲面的顶点索引号。本段代码可以绘制茶壶的各部件。

（1）绘制壶边函数。壶边是旋转面,由 4 片双三次 Bezier 面拼接而成,编号为 0～3。壶边效果如图 28-2 所示。

（2）绘制壶体函数。壶体是旋转面,由 8 片双三次 Bezier 面拼接而成,编号为 4～11。壶体效果如图 28-3 所示。

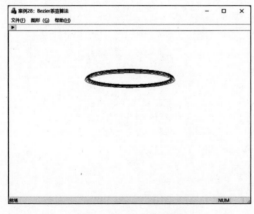
图 28-2　壶边效果图

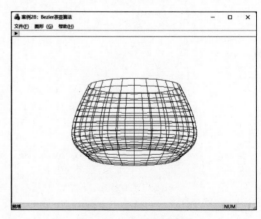
图 28-3　壶体效果图

（3）绘制壶柄函数。壶柄不是旋转面，只能由 4 片双三次 Bezier 面拼接而成，编号为 12～15，效果如图 28-4 所示。

（4）绘制壶嘴函数。壶嘴不是旋转面，只能由 4 片双三次 Bezier 面拼接而成，编号为 16～19，效果如图 28-5 所示。

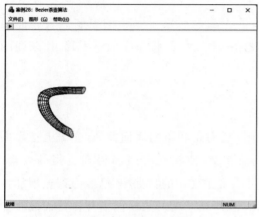

图 28-4　壶柄效果图

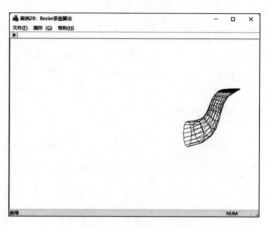

图 28-5　壶嘴效果图

（5）绘制壶盖函数。壶盖是旋转面，由 8 片双三次 Bezier 面拼接而成，编号为 20～27，效果如图 28-6 所示。

（6）绘制壶底函数。壶底是旋转面，由 4 片双三次 Bezier 面拼接而成，编号为 28～31，效果如图 28-7 所示。

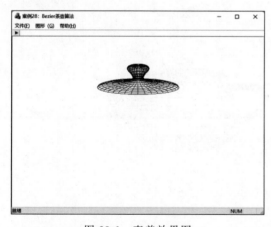

图 28-6　壶盖效果图

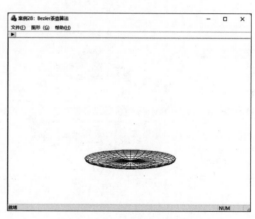

图 28-7　壶底效果图

2. 初始化茶壶函数

```
CTestView::CTestView() noexcept
{
    // TODO: 在此处添加构造代码
    bPlay=FALSE;
    teapot.ReadVertex();
```

```
    teap ot.ReadPatch();
    transform.SetMatrix(teapot.Vertex, 306);
    double scalar=150;                           //比例系数
    transform.Scale(scalar, scalar, scalar);     //比例变换
    transform.Translate(0, -200, 0);             //平移变换
}
```

程序说明：在CTestView类的构造函数内，读入茶壶对象teapot的控制点表和曲面表。使用三维变换类对象transfrom对控制点表按比例放大，并将茶壶向下平移，使茶壶的中心与窗口客户区中心重合。

五、案例小结

（1）Utah茶壶形状是一个特别好的试验对象。它有正和负的表面曲率，壶盖上把手的颈部是一个马鞍形。壶柄和壶嘴都与壶体的表面相交，使相交的表面得到适当的处理。Utah茶壶原始数据只有28个面片，并没有底面。本文中使用的数据中，已经为茶壶增加了壶底的4个面片。这样，一个完整的Utah茶壶由32片双三次Bezier曲面片拼接而成。如果将每个曲面片递归不同的次数，Utah茶壶绘制效果如图28-8所示。

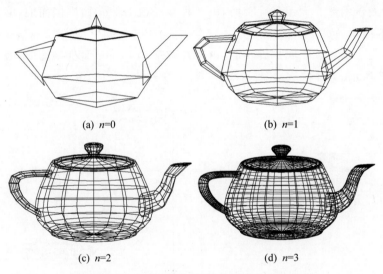

(a) $n=0$　　　　　　　(b) $n=1$

(c) $n=2$　　　　　　　(d) $n=3$

图28-8　Utah茶壶用四边形小平面片逼近表示

（2）复杂模型需要从外部导入。复杂的物体模型由于数据量庞大，需要使用外部文件导入。例如，3D扫描数据，其他工具生成的模型。

（3）原数据文件中，曲面的索引号是1~16，而数组定义中的索引号是0~15。曲面检索顶点时，需要做减一操作。

（4）本案例既可以绘制茶壶部件，也可以绘制整体茶壶。

六、案例拓展

西施壶是中国著名的紫砂壶,如图 28-9 所示。使用双三次 Bezier 曲面片拼接西施壶,制作西施壶的递归网格模型。西施壶线框模型透视投影如图 28-10 所示。

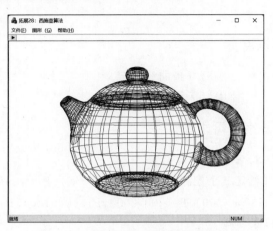

图 28-9　西施壶实物图　　　　图 28-10　西施壶线框模型透视投影效果

案例 29 三次 B 样条曲线算法

知识点

- 三次 B 样条曲线的定义。
- 使用鼠标移动控制点的方法。

一、案例需求

1. 案例描述

给定 9 个控制点：$P_0(-600,-50)$、$P_1(-500,200)$、$P_2(-160,250)$、$P_3(-250,-300)$、$P_4(160,-200)$、$P_5(200,200)$、$P_6(600,180)$、$P_7(700,-60)$、$P_8(500,-200)$，试绘制三次 B 样条曲线。

2. 功能说明

（1）使用黑色实线绘制三次 B 样条曲线的控制多边形。
（2）使用红色实线绘制三次 B 样条曲线。
（3）将鼠标指针移到控制多边形的顶点上，光标变为十字光标并显示点的坐标。
（4）按住鼠标左键移动控制多边形顶点，动态演示 B 样条曲线的局部修改性。

3. 案例效果图

三次 B 样条曲线效果如图 29-1 所示。

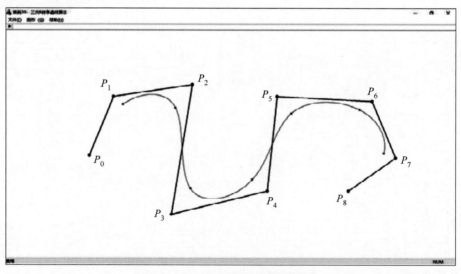

图 29-1 三次 B 样条曲线效果图

二、案例分析

1. 用小圆绘制分段间隔符

4 个控制点可以确定一段三次 B 样条曲线。9 个控制点可以确定 6 段三次 B 样条曲线,各段用小圆符号间隔开。$n+1$ 个控制点确定 $n-2$ 段三次 B 样条曲线。这里,将每段的 4 个三次 B 样条基函数全部规范化到 $t \in [0,1]$ 区间内,表示为

$$F_{0,3}(t) = \frac{1}{6}(-t^3 + 3t^2 - 3t + 1)$$

$$F_{1,3}(t) = \frac{1}{6}(3t^3 - 6t^2 + 4)$$

$$F_{2,3}(t) = \frac{1}{6}(-3t^3 + 3t^2 + 3t + 1)$$

$$F_{3,3}(t) = \frac{1}{6}t^3$$

三次 B 样条曲线的起点坐标为

$$p(0) = \frac{1}{6}(P_0 + 4P_1 + P_2)$$

三次 B 样条曲线的终点坐标为

$$p(1) = \frac{1}{6}(P_1 + 4P_2 + P_3)$$

第 i 段三次 B 样条曲线的计算公式为

$$p(t) = P_{i-3}F_{0,3}(t) + P_{i-2}F_{1,3}(t) + P_{i-1}F_{2,3}(t) + P_i F_{3,3}(t)$$

2. 交互操作

使用鼠标拖动任选一个控制点,演示三次 B 样条曲线的绘图技巧,包括三点重合、三点共线等。

三、算法设计

(1) 根据控制点坐标绘制控制多边形。

(2) 计算三次 B 样条基函数

$$F_{0,3}(t) = \frac{1}{6}(-t^3 + 3t^2 - 3t + 1), \quad F_{1,3}(t) = \frac{1}{6}(3t^3 - 6t^2 + 4),$$

$$F_{2,3}(t) = \frac{1}{6}(-3t^3 + 3t^2 + 3t + 1), \quad F_{3,3}(t) = \frac{1}{6}t^3$$

(3) 将 $i = 3$ 循环到 9,绘制 6 段曲线。

(4) 选取适当步长 t_{Step},进行 $t = 0.0$ 到 1.0 的循环。

(5) 计算 $p(t) = P_{i-3}F_{0,3}(t) + P_{i-2}F_{1,3}(t) + P_{i-1}F_{2,3}(t) + P_i F_{3,3}(t)$,使用直线段连接曲线上的每一点。

(6) 当 $t \leq 1$,返回步骤(4)。

四、案例设计

1. 读入 9 个控制点的二维坐标

```
CTestView::CTestView() noexcept
{
    // TODO: 在此处添加构造代码
    bLBtnDown=FALSE;
    bMove=FALSE;
    CtrlPtNum=-1;
    P[0].x=-600, P[0].y=-50;
    P[1].x=-500, P[1].y=200;
    P[2].x=-160, P[2].y=250;
    P[3].x=-250, P[3].y=-300;
    P[4].x=160, P[4].y=-200;
    P[5].x=200, P[5].y=200;
    P[6].x=600, P[6].y=180;
    P[7].x=700, P[7].y=-60;
    P[8].x=500, P[8].y=-200;
}
```

程序说明：在 CTestView 类的构造函数内读入控制点的二维坐标。控制点坐标使用设备坐标系直接定义。

2. 绘制三次 B 样条曲线函数

```
void CTestView::DrawBSplineCurve(CDC*pDC)               //绘制曲线
{
    CPen redPen, greenPen, * pOldPen;
    redPen.CreatePen(PS_SOLID, 2, RGB(255, 0, 0));      //曲线颜色
    greenPen.CreatePen(PS_SOLID, 2, RGB(0, 255, 0));    //分段点颜色
    CP2 pt;                                             //曲线上的当前点
    pt.x=ROUND((P[0].x+4.0*P[1].x+P[2].x)/6);           //t=0 的起点 x 坐标
    pt.y=ROUND((P[0].y+4.0*P[1].y+P[2].y)/6);           //t=0 的起点 y 坐标
    pOldPen=pDC->SelectObject(&greenPen);
    pDC->Ellipse(ROUND(pt.x)-5, ROUND(pt.y)-5, ROUND(pt.x)+5, ROUND(pt.y)+5);
    pDC->SelectObject(pOldPen);
    pDC->MoveTo(ROUND(pt.x), ROUND(pt.y));
    double tStep=0.01;                                  //步长
    pOldPen=pDC->SelectObject(&redPen);
    for (int i=3; i<9; i++)                             //6 段三次 B 样条曲线
    {
        for (double t=0.0; t<=1.0; t+=tStep)
        {
            double F03=(-t*t*t+3*t*t-3*t+1)/6;          //计算 $F_{0,3}(t)$
            double F13=(3*t*t*t-6*t*t+4)/6;             //计算 $F_{1,3}(t)$
            double F23=(-3*t*t*t+3*t*t+3*t+1)/6;        //计算 $F_{2,3}(t)$
            double F33=t*t*t/6;                         //计算 $F_{3,3}(t)$
            pt=P[i-3]*03+P[i-2]*F13+P[i-1]*F23+P[i]*F33;
            pDC->LineTo(ROUND(pt.x), ROUND(pt.y));
        }
```

```
        pOldPen=pDC->SelectObject(&greenPen);
        pDC->Ellipse(ROUND(pt.x)-5, ROUND(pt.y)-5, ROUND(pt.x)+5, ROUND(pt.y)+5);
        pDC->SelectObject(pOldPen);
    }
    pDC->SelectObject(pOldPen);
}
```

程序说明：在 CTestView 类内添加成员函数 DrawBSplineCurve()，绘制 6 段三次 B 样条曲线。

3. 鼠标移动控制点函数

```
void CTestView::OnMouseMove(UINT nFlags, CPoint point)
{
    // TODO: 在此处添加消息处理程序代码和/或调用默认值
    if (TRUE==bMove)
        P[CtrlPtNum]=Convert(point);
    CtrlPtNum=-1;
    for (int i=0; i<9; i++)
    {
        CP2 CursorPt=Convert(point);
        if ((CursorPt.x-P[i].x)*(CursorPt.x-P[i].x)+
            (CursorPt.y-P[i].y)*(CursorPt.y-P[i].y)<25)
        {
            CtrlPtNum=i;
            bLBtnDown=TRUE;
            SetCursor(LoadCursor(NULL, IDC_SIZEALL));      //改变为十字箭头光标
            break;
        }
    }
    Invalidate(FALSE);
    CView::OnMouseMove(nFlags, point);
}
```

程序说明：如果鼠标位于以某个控制点为中心，半径为 5 的引力域内，则改变鼠标图标。

五、案例小结

本案例基于自定义坐标系给定 9 个控制点，绘制 6 段三次 B 样条曲线及其连接点。各段曲线实现自然连接。第一次计算使用 P_0、P_1、P_2、P_3 这 4 个控制点生成第一段 B 样条曲线，然后向后移动一个控制点，使用 P_1、P_2、P_3、P_4 这 4 个控制点生成第二段 B 样条曲线，两段 B 样条曲线会自然平滑连接。B 样条曲线的其余部分以此类推，直至使用 P_5、P_6、P_7、P_8 这 4 个控制点生成第 6 段 B 样条曲线。

本案例可以使用鼠标移动控制点，动态演示构造特殊 B 样条曲线的效果。两顶点重合后，曲线效果如图 29-2 所示；三顶点重合后，曲线效果如图 29-3 所示，三顶点共线后，曲线效果如图 29-4 所示，四顶点共线后，曲线效果如图 29-5 所示。通过观察，可以得出以下结论。

(1) 改变一个顶点，将影响相邻 4 段曲线的形状。

(2) 在曲线内嵌入一段直线,应用4个顶点共线的技巧。
(3) 为使曲线与特征多边形相切,应用三顶点共线或两顶点重合的技术。
(4) 为使曲线在某一顶点处形成尖角,可在该处使3个顶点重合。
(5) 用二重点或三重点控制曲线的顶点。用二重顶点时,曲线不通过顶点;用三重顶点时,曲线通过顶点。

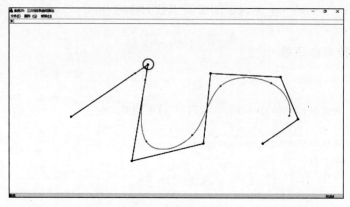

图 29-2　两顶点重合

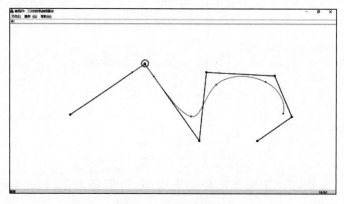

图 29-3　三顶点重合

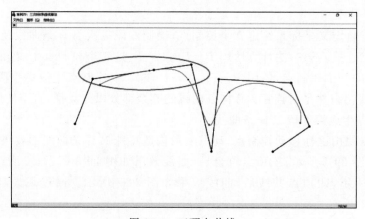

图 29-4　三顶点共线

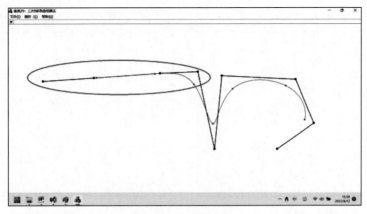

图 29-5　四顶点共线

（6）在本案例三重点技术,给出的首末顶点如下：

P[0]=CP2(−600,−50)、P[1]=CP2(−600,−50)、P[2]=CP2(−600,−50)、P[3]=CP2(−500,200)、P[4]=CP2(−160,250)、P[5]=CP2(−250,−300)、P[6]=CP2(160,−200)、P[7]=CP2(200,200)、P[8]=CP2(600,180)、P[9]=CP2(700,−60)、P[10]=CP2(500,−200)、P[11]=CP2(500,−200)、P[12]=CP2(500,−200)。

所绘曲线通过首末端点,成为退化的分段 Bezier 曲线,如图 29-6 所示。

图 29-6　分段 Bezier 曲线

六、案例拓展

以五边形为控制多边形绘制三次 B 样条曲线。按下鼠标左键,增加控制多边形的边数；按下鼠标右键,减少控制多边形的边数。以窗口客户区中心为原点绘制一个参考圆,调整控制多边形的边数,观察封闭的三次 B 样条曲线逼近圆的情况,试编程实现。在多边形内绘制三次 B 样条曲线,效果如图 29-7 所示。可以看出,使用五边形以上的多边形定义三次 B 样条曲线,可以很好地逼近圆。

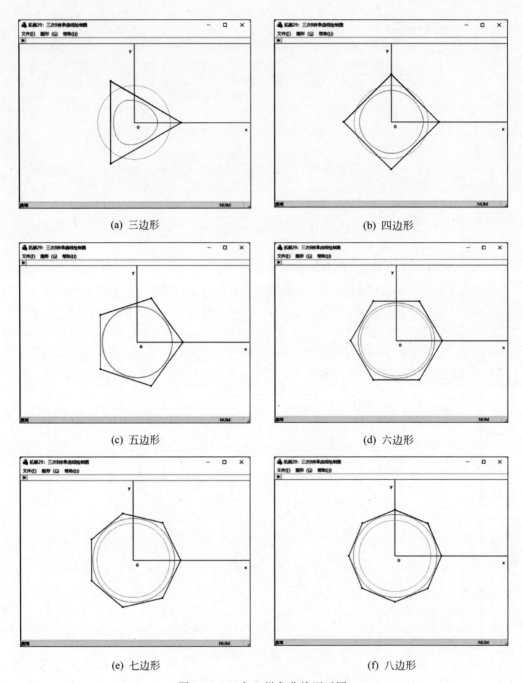

(a) 三边形　　　　　　　　　　　　(b) 四边形

(c) 五边形　　　　　　　　　　　　(d) 六边形

(e) 七边形　　　　　　　　　　　　(f) 八边形

图 29-7　三次 B 样条曲线逼近圆

案例 30　双三次 B 样条曲面算法

知识点
- 计算曲面上一点的三维坐标。
- 曲面递归细分。

一、案例需求

1. 案例描述

如图 30-1 所示,给定 16 个三维控制点:$P_{00}(20,0,200)$、$P_{01}(0,100,150)$、$P_{02}(-130,100,50)$、$P_{03}(-250,50,0)$、$P_{10}(100,100,150)$、$P_{11}(30,100,100)$、$P_{12}(-40,100,50)$、$P_{13}(-110,100,0)$、$P_{20}(280,90,140)$、$P_{21}(110,120,80)$、$P_{22}(30,130,30)$、$P_{23}(-100,150,-50)$、$P_{30}(350,30,150)$、$P_{31}(200,150,50)$、$P_{32}(50,200,0)$、$P_{33}(0,100,-70)$。使用斜等侧投影绘制双三次 B 样条递归曲面。

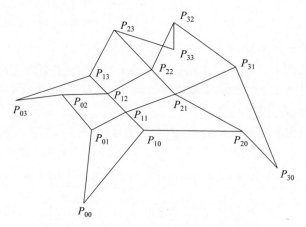

图 30-1　双三次 B 样条曲面片的控制网格

2. 功能说明

(1) 定义三维右手世界坐标系,原点位于客户区中心,x 轴水平向右为正,y 轴垂直向上为正,z 轴指向观察者。

(2) 定义二维屏幕坐标系,原点位于客户区中心,x 轴水平向右为正,y 轴垂直向上为正。

(3) 建立三维右手建模坐标系,原点位于客户区中心,x 轴水平向右为正,y 轴垂直向上为正,z 轴指向观察者。

(4) 绘制基于 16 个控制点的双三次 B 样条网格曲面片,投影形式为斜等侧投影。

（5）绘制双三次 B 样条曲面控制网格。

3. 案例效果图

双三次 B 样条网格曲面斜等侧投影效果如图 30-2 所示。

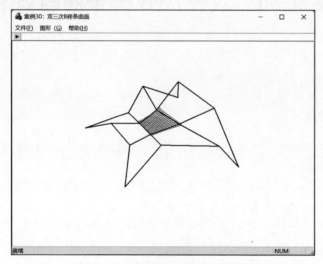

图 30-2　双三次 B 样条网格曲面斜等侧投影效果图

二、案例分析

1. 计算曲面上的一点坐标

双三次 B 样条曲面由三次 B 样条曲线拓广而来，以两组正交的三次 B 样条曲线控制点构造空间网格来生成曲面。依次用线段连接点列 $P_{ij}(i=0,1,2,3;j=0,1,2,3)$ 中相邻两点所形成的空间网格称为控制网格。

双三次 B 样条曲面的矩阵表示为 $S(u,v)=\boldsymbol{UMPM}^\mathrm{T}\boldsymbol{V}^\mathrm{T}$，其中

$$\boldsymbol{U}=[u^3\ u^2\ u\ 1],\quad \boldsymbol{V}=[v^3\ v^2\ v\ 1],\quad \boldsymbol{M}=\frac{1}{6}\begin{bmatrix}-1 & 3 & -3 & 1\\ 3 & -6 & 3 & 0\\ -3 & 0 & 3 & 0\\ 1 & 4 & 1 & 0\end{bmatrix},$$

$$\boldsymbol{P}=\begin{bmatrix}P_{00} & P_{01} & P_{02} & P_{03}\\ P_{10} & P_{11} & P_{12} & P_{13}\\ P_{20} & P_{21} & P_{22} & P_{23}\\ P_{30} & P_{31} & P_{32} & P_{33}\end{bmatrix}。$$

2. 细分曲面

与 Bezier 曲面细分类似，通过对 u、v 参数的定义域细分，以细分曲面。

三、算法设计

（1）读入控制网格三维顶点坐标。

(2) 为矩阵 $M = \dfrac{1}{6}\begin{bmatrix} -1 & 3 & -3 & 1 \\ 3 & -6 & 3 & 0 \\ -3 & 3 & 3 & 0 \\ 1 & 4 & 1 & 0 \end{bmatrix}$ 赋值，计算 $M^{\mathrm{T}} = \dfrac{1}{6}\begin{bmatrix} -1 & 3 & -3 & 1 \\ 3 & -6 & 0 & 4 \\ -3 & 3 & 3 & 1 \\ 1 & 0 & 0 & 0 \end{bmatrix}$。

(3) 计算 $P = MPM^{\mathrm{T}}$。

(4) 为 u 和 v 选择适当步长，对曲面片进行细分。执行 u 为 0～1、v 为 0～1 的二重循环，计算 $S(u,v) = UPV^{\mathrm{T}}$ 的分量坐标 x 和 y 的值，其中，$U = [u^3 \ u^2 \ u \ 1]$，$V = [v^3 \ v^2 \ v \ 1]$。

(5) 对三维等分点实施斜等侧投影得到其二维坐标，使用直线段沿 u、v 方向连接等分点成四边形网格，递归生成所有网格。

(6) 对三维控制点实施斜等侧投影得到其二维坐标，使用直线段绘制控制网格。

四、案例设计

1. 定义双三次 B 样条曲面类

```
class CBicubicBSplinePatch                              //双三次 B 样条曲面类
{
public:
    CBicubicBSplinePatch(void);
    virtual ~CBicubicBSplinePatch(void);
    void ReadControlPoint(CP3 P[4][4]);                 //读入 16 个控制点
    void DrawCurvedPatch(CDC*pDC, int nRecursion);      //绘制递归曲面
    void Draw(CDC*pDC);                                 //绘制四边形
    void DrawControlGrid(CDC*pDC);                      //绘制控制网格
private:
    void Tessellate(CDC*pDC, int nRecursion, CT2*T);    //细分曲面
    void MeshGrid(CDC*pDC, CT2 T[4]);                   //四边形网格
    void LeftMultiplyMatrix(double M[4][4], CP3 P[4][4]); //控制点矩阵左乘系数矩阵
    void TransposeMatrix(double M[4][4]);               //转置矩阵
    void RightMultiplyMatrix(CP3 P[4][4], double M[4][4]);//控制点矩阵右乘系数矩阵
public:
    CP3 P[4][4];                                        //三维控制点
    CP3 gridP[4];                                       //网格点坐标
    CProjection projection;                             //投影
};
CBicubicBSplinePatch::CBicubicBSplinePatch(void)
{}
CBicubicBSplinePatch::~CBicubicBSplinePatch(void)
{}
void CBicubicBSplinePatch::ReadControlPoint(CP3 P[4][4])
{
    for (int i=0; i<4; i++)
        for (int j=0; j<4; j++)
            this->P[i][j]=P[i][j];
}
void CBicubicBSplinePatch::DrawCurvedPatch(CDC*pDC, int nRecursion)
{
```

```
        CT2 T[4];
        T[0]=CT2(0, 0), T[1]=CT2(1, 0);                        //初始化 uv
        T[2]=CT2(1, 1), T[3]=CT2(0, 1);
        Tessellate(pDC, nRecursion, T);                        //递归函数
    }
    void CBicubicBSplinePatch::Tessellate(CDC*pDC, int nRecursion, CT2*T)
    {
        if (0==nRecursion)
        {
            MeshGrid(pDC, T);
            Draw(pDC);
            return;
        }
        else
        {
            CT2 MidP=CT2((T[0].u+T[1].u)/2.0, (T[0].v+T[3].v)/2.0);
            CT2 SubT[4][4];                        //将定义域一分为四
            //左下子曲面
            SubT[0][0]=T[0];
            SubT[0][1]=CT2(MidP.u, T[0].v);
            SubT[0][2]=MidP;
            SubT[0][3]=CT2(T[0].u, MidP.v);
            Tessellate(pDC, nRecursion-1, SubT[0]);
            //右下子曲面
            SubT[1][0]=CT2(MidP.u, T[1].v);
            SubT[1][1]=T[1];
            SubT[1][2]=CT2(T[1].u, MidP.v);
            SubT[1][3]=MidP;
            Tessellate(pDC, nRecursion-1, SubT[1]);
            //右上子曲面
            SubT[2][0]=MidP;
            SubT[2][1]=CT2(T[2].u, MidP.v);
            SubT[2][2]=T[2];
            SubT[2][3]=CT2(MidP.u, T[2].v);
            Tessellate(pDC, nRecursion-1, SubT[2]);
            //左上子曲面
            SubT[3][0]=CT2(T[3].u, MidP.v);
            SubT[3][1]=MidP;
            SubT[3][2]=CT2(MidP.u, T[3].v);
            SubT[3][3]=T[3];
            Tessellate(pDC, nRecursion-1, SubT[3]);
        }
    }
    void CBicubicBSplinePatch::MeshGrid(CDC*pDC, CT2 T[4])
    {
        double M[4][4];                        //系数矩阵 M
        M[0][0]=-1,M[0][1]=3, M[0][2]=-3,M[0][3]=1;
        M[1][0]=3, M[1][1]=-6,M[1][2]=3, M[1][3]=0;
        M[2][0]=-3,M[2][1]=0, M[2][2]=3, M[2][3]=0;
        M[3][0]=1, M[3][1]=4, M[3][2]=1, M[3][3]=0;
        CP3 pTemp[4][4];                        //每次递归需要保证控制点矩阵不改变
```

```cpp
    for (int i=0; i<4; i++)
        for (int j=0; j<4; j++)
            pTemp[i][j]=P[i][j];
    LeftMultiplyMatrix(M, pTemp);                       //控制点矩阵左乘系数矩阵
    TransposeMatrix(M);                                 //系数转置矩阵
    RightMultiplyMatrix(pTemp, M);                      //控制点矩阵右乘系数矩阵
    double u0, u1, u2, u3, v0, v1, v2, v3;              //u,v参数的幂
    for (int i=0; i<4; i++)
    {
        u3=pow(T[i].u, 3.0), u2=pow(T[i].u, 2.0), u1=T[i].u, u0=1.0;
        v3=pow(T[i].v, 3.0), v2=pow(T[i].v, 2.0), v1=T[i].v, v0=1.0;
        CP3 pt= (u3*pTemp[0][0]+u2*pTemp[1][0]+u1*pTemp[2][0]+u0*pTemp[3][0])*v3
            + (u3*pTemp[0][1]+u2*pTemp[1][1]+u1*pTemp[2][1]+u0*pTemp[3][1])*v2+
              (u3*pTemp[0][2]+u2*pTemp[1][2]+u1*pTemp[2][2]+u0*pTemp[3][2])*v1+
              (u3*pTemp[0][3]+u2*pTemp[1][3]+u1*pTemp[2][3]+u0*pTemp[3][3])*v0;
        gridP[i]=pt/36;                                 //B样条曲面常数
    }
}
void CBicubicBSplinePatch::Draw(CDC*pDC)                //绘制四边形
{
    CP2 Point[4];                                       //屏幕三维网格顶点
    for (int i=0; i<4; i++)
    {
        Point[i]=projection.CavalierProjection(gridP[i]);   //斜等侧投影
    }
    pDC->MoveTo(ROUND(Point[0].x), ROUND(Point[0].y));
    pDC->LineTo(ROUND(Point[1].x), ROUND(Point[1].y));
    pDC->LineTo(ROUND(Point[2].x), ROUND(Point[2].y));
    pDC->LineTo(ROUND(Point[3].x), ROUND(Point[3].y));
    pDC->LineTo(ROUND(Point[0].x), ROUND(Point[0].y));
}
void CBicubicBSplinePatch::LeftMultiplyMatrix(double M[4][4], CP3 P[4][4])
{
    CP3 pTemp[4][4];                                    //临时矩阵
    for (int i=0; i<4; i++)
        for (int j=0; j<4; j++)
            pTemp[i][j]=M[i][0]*P[0][j]+M[i][1]*P[1][j]+M[i][2]*P[2][j]+
                M[i][3]*P[3][j];
    for (int i=0; i<4; i++)
        for (int j=0; j<4; j++)
            P[i][j]=pTemp[i][j];
}
void CBicubicBSplinePatch::TransposeMatrix(double M[4][4])
{
    double pTemp[4][4];                                 //临时矩阵
    for (int i=0; i<4; i++)
        for (int j=0; j<4; j++)
            pTemp[j][i]=M[i][j];
    for (int i=0; i<4; i++)
        for (int j=0; j<4; j++)
            M[i][j]=pTemp[i][j];
```

```
}
void CBicubicBSplinePatch::RightMultiplyMatrix(CP3 P[4][4], double M[4][4])
{
    CP3 pTemp[4][4];                                        //临时矩阵
    for (int i=0; i<4; i++)
        for (int j=0; j<4; j++)
            pTemp[i][j]=P[i][0]*M[0][j]+P[i][1]*M[1][j]+P[i][2]*M[2][j]+P[i][3]
                *M[3][j];
    for (int i=0; i<4; i++)
        for (int j=0; j<4; j++)
            P[i][j]=pTemp[i][j];
}
void CBicubicBSplinePatch::DrawControlGrid(CDC*pDC)         //绘制控制网格
{
    CP2 P2[4][4];                                           //二维控制点
    for (int i=0; i<4; i++)
        for (int j=0; j<4; j++)
            P2[i][j]=projection.CavalierProjection(P[i][j]);
    CPen NewPen, * pOldPen;
    NewPen.CreatePen(PS_SOLID, 3, RGB(0, 0, 255));
    pOldPen=pDC->SelectObject(&NewPen);
    for (int i=0; i<4; i++)
    {
        pDC->MoveTo(ROUND(P2[i][0].x), ROUND(P2[i][0].y));
        for (int j=1; j<4; j++)
            pDC->LineTo(ROUND(P2[i][j].x), ROUND(P2[i][j].y));
    }
    for (int j=0; j<4; j++)
    {
        pDC->MoveTo(ROUND(P2[0][j].x), ROUND(P2[0][j].y));
        for (int i=1; i<4; i++)
            pDC->LineTo(ROUND(P2[i][j].x), ROUND(P2[i][j].y));
    }
    pDC->SelectObject(pOldPen);
    NewPen.DeleteObject();
}
```

程序说明：从接口函数 ReadControlPoint() 读入控制网格顶点数组。MeshGrid() 函数用于计算四边形网格的三维点，与双三次 Bezier 曲面计算有两方面不同。

① 系数矩阵 M 不同。

② 计算结果要除以 36。

对三维点类 CP3 重载运算符"＋＝""－＝""＊＝""/＝"，用以计算 pt /= 36。

2. 绘图函数

```
void CTestView::DrawObject(CDC*pDC)
{
    int n=4;                        //递归深度
    patch.DrawCurvedPatch(pDC, n);
    patch.DrawControlGrid(pDC);
}
```

程序说明：定义双三次 B 样条曲面类对象 patch，然后通过该对象绘制曲面片及控制网格。为工程定义应用类，如 CBicubicBSplinePatch，然后在 CTestView 类内调用类对象来绘制图形是现代编程风格。

五、案例小结

（1）双三次 B 样条曲面算法与双三次 Bezier 曲面算法类似，只要将系数矩阵 M 改为

$$M = \frac{1}{6}\begin{bmatrix} -1 & 3 & -3 & 1 \\ 3 & -6 & 3 & 0 \\ -3 & 0 & 3 & 0 \\ 1 & 4 & 1 & 0 \end{bmatrix}$$ 即可。

（2）对比双三次 Bezier 曲面与双三次 B 样条曲面，可以看出，双三次 Bezier 曲面通过控制网格的控制点，而双三次 B 样条曲面一般不通过控制网格的任何顶点，而且面积要小得多。

（3）均匀 B 样条曲面不通过任何控制点。

六、案例拓展

给定托盘的侧面轮廓曲线的 5 个二维控制点：$P_0(-342,-99)$、$P_1(-279,-30)$、$P_2(-145,-128)$、$P_3(28,-128)$、$P_4(116,-128)$，这 5 个控制点构成了两段三次 B 样条曲线。试设计 CRevolution 类，生成由 5 个面片构成的回转曲面，效果如图 30-3 所示。

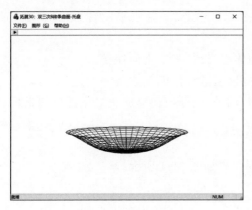 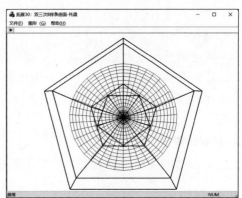

(a) 无控制网格图　　　　　　　　(b) 有控制网格图

图 30-3　托盘透视投影效果图

案例 31　背面剔除算法

知识点

- 正二十面体类。
- 背面剔除算法。

一、案例需求

1. 案例描述

设计正二十面体类,使用背面剔除算法绘制消隐后的正二十面体线框模型透视投影,并使用定时器旋转正二十面体生成动画。

2. 功能说明

(1) 定义三维右手世界坐标系,原点位于客户区中心,x 轴水平向右为正,y 轴垂直向上为正,z 轴指向观察者。

(2) 定义二维左手屏幕坐标系,原点位于客户区中心,x 轴水平向右为正,y 轴垂直向上为正。

(3) 建立三维右手建模坐标系,原点位于客户区中心,x 轴水平向右为正,y 轴垂直向上为正,z 轴指向观察者。

(4) 以建模坐标系的原点为正二十面体的体心,设计正二十面体类。

(5) 使用背面剔除算法,对正二十面体线框模型进行消隐。

(6) 使用键盘上的方向键或者工具栏上的"动画"图标按钮播放正二十面体线框模型的旋转动画。

3. 案例效果图

正二十面体的线框模型背面剔除后的透视效果如图 31-1 所示。

二、案例分析

1. 设计正二十面体

正二十面体(icosahedron)有 20 个面、12 个顶点和 30 条边。每个表面为正三角形。正二十面体的顶点来自 3 个两两正交的黄金矩形,如图 31-2 所示。

1) 正二十面体的顶点表

设黄金矩形的长边半边长为 1,则黄金矩形的短边半边长为 φ。其中,$\varphi = (\sqrt{5}-1)/2 \approx 0.618$。将每个黄金矩形与一个坐标轴对齐,可以得到如表 31-1 所示的顶点表。这里是根据黄金矩形的长边边长计算黄金矩形的短边边长。

2) 正二十面体的面表

根据图 31-3 所示的正二十面体展开图可以得到正二十面体的面表,如表 31-2 所示。

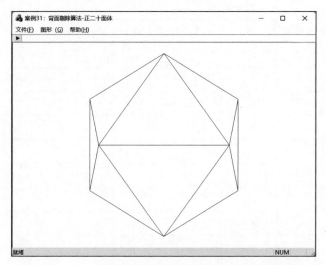

图 31-1 正二十面体的线框模型背面剔除后的透视效果

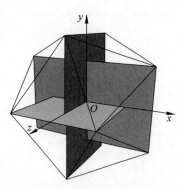

图 31-2 使用黄金矩形定义正二十面体

表 31-1 正二十面体顶点表

顶点	x 坐标	y 坐标	z 坐标	顶点	x 坐标	y 坐标	z 坐标
V_0	$x_0=0$	$y_0=1$	$z_0=\varphi$	V_6	$x_6=\varphi$	$y_6=0$	$z_6=1$
V_1	$x_1=0$	$y_1=1$	$z_1=-\varphi$	V_7	$x_7=-\varphi$	$y_7=0$	$z_7=1$
V_2	$x_2=a$	$y_2=\varphi$	$z_2=0$	V_8	$x_8=\varphi$	$y_8=0$	$z_8=-1$
V_3	$x_3=a$	$y_3=-\varphi$	$z_3=0$	V_9	$x_9=-\varphi$	$y_9=0$	$z_9=-1$
V_4	$x_4=0$	$y_4=-1$	$z_4=-\varphi$	V_{10}	$x_{10}=-1$	$y_{10}=b$	$z_{10}=0$
V_5	$x_5=0$	$y_5=-1$	$z_5=\varphi$	V_{11}	$x_{11}=-1$	$y_{11}=-b$	$z_{11}=0$

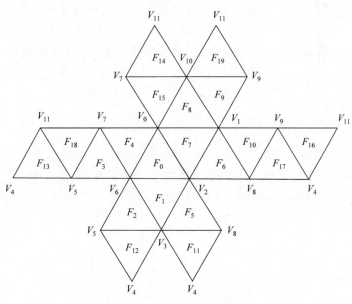

图 31-3 正二十面体展开图

表 31-2　正二十面体面表

面	第1个顶点	第2个顶点	第3个顶点	面	第1个顶点	第2个顶点	第3个顶点
F_0	0	6	2	F_{10}	1	8	9
F_1	2	6	3	F_{11}	3	4	8
F_2	3	6	5	F_{12}	3	5	4
F_3	5	6	7	F_{13}	4	5	11
F_4	0	7	6	F_{14}	7	10	11
F_5	2	3	8	F_{15}	0	10	7
F_6	1	2	8	F_{16}	4	11	9
F_7	0	2	1	F_{17}	4	9	8
F_8	0	1	10	F_{18}	5	7	11
F_9	1	9	10	F_{19}	9	11	10

2. 设计向量类

通过两点构造向量，定义向量的点积与叉积，并能计算向量的模和将向量规范化的单位向量。

3. 背面剔除

物体的表面分为正面与背面，用表面的法向量标识。计算机图形学中，表面的法向量用顶点的排列顺序表示。一般取表面顶点的逆时针排列顺序表示"正面"。

多边形表面的特点是要么完全可见，要么完全不可见。假定视点位于屏幕正前方，取物体表面多边形的一点作为参考点，从参考点指向视点的向量称为视向量，如图 31-4 所示。计算多边形表面的视向量与面法向量的点积，如果大于或等于零，则该多边形为"正面"，否则为"背面"。剔除物体的"背面"，绘制由正面组成的多边形，该算法称为背面剔除算法。

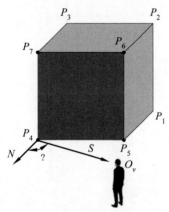

图 31-4　背面剔除算法示意图

三、算法设计

（1）根据多边形的顶点坐标计算表面的法向量，并将法向量规范化。

（2）使用表面第一个索引号对应的顶点与视点计算视向量，并将视向量规范化。

（3）计算法向量与视向量的点积，如果其值大于或等于零，则绘制该表面，否则不绘制该表面。

四、案例设计

1. 设计三维向量

```
#include "P3.h"
class CVector3
```

```cpp
{
public:
    CVector3(void);
    virtual ~CVector3(void);
    CVector3(double x, double y, double z);                    //绝对向量
    CVector3(const CP3 &p);
    CVector3(const CP3 &p0, const CP3 &p1);                    //相对向量
    double Magnitude(void);                                    //计算向量的模
    CVector3 Normalize(void);                                  //规范化向量
    friend CVector3 operator-(const CVector3 &v);              //向量取反
    friend CVector3 operator+(const CVector3 &v0, const CVector3 &v1);   //向量加法
    friend CVector3 operator-(const CVector3 &v0, const CVector3 &v1);   //向量减法
    friend CVector3 operator*(double scalar, const CVector3 &v);         //标量左乘
    friend CVector3 operator*(const CVector3 &v, double scalar);         //标量右乘

    friend CVector3 operator/(const CVector3 &v, double scalar);         //标量除法
    friend CVector3 operator+=(CVector3 &v0, const CVector3 &v1);        //自反运算加法
    friend CVector3 operator-=(CVector3 &v0, const CVector3 &v1);        //自反运算减法
    friend double DotProduct(const CVector3 &v0, const CVector3 &v1);    //向量点积
    friend CVector3 CrossProduct(const CVector3 &v0, const CVector3 &v1);//向量叉积
private:
    double x, y, z;
};
CVector3::CVector3(void)
{
    x=0.0, y=0.0, z=1.0;                                       //指向 z 轴正向
}
CVector3::~CVector3(void)
{}
CVector3::CVector3(double x, double y, double z)               //绝对向量
{
    this->x=x;
    this->y=y;
    this->z=z;
}
CVector3::CVector3(const CP3 &p)
{
    x=p.x;
    y=p.y;
    z=p.z;
}
CVector3::CVector3(const CP3 &p0, const CP3 &p1)               //相对向量
{
    x=p1.x-p0.x;
    y=p1.y-p0.y;
    z=p1.z-p0.z;
}
double CVector3::Magnitude(void)                               //向量的模
{
    return sqrt(x*x+y*y+z*z);
}
```

```cpp
CVector3 CVector3::Normalize(void)                      //规范化为单位向量
{
    CVector3 vector;
    double magnitude=sqrt(x*x+y*y+z*z);
    if (fabs(magnitude)<1e-4)
        magnitude=1.0;
    vector.x=x/magnitude;
    vector.y=y/magnitude;
    vector.z=z/magnitude;
    return vector;
}
CVector3 operator-(const CVector3 &v)                   //向量取反
{
    return CVector3(-v.x,-v.y,-v.z);
}
CVector3 operator+(const CVector3 &v0, const CVector3 &v1)   //向量加法
{
    CVector3 vector;
    vector.x=v0.x+v1.x;
    vector.y=v0.y+v1.y;
    vector.z=v0.z+v1.z;
    return vector;
}
CVector3 operator-(const CVector3 &v0, const CVector3 &v1)   //向量减法
{
    CVector3 vector;
    vector.x=v0.x-v1.x;
    vector.y=v0.y-v1.y;
    vector.z=v0.z-v1.z;
    return vector;
}
CVector3 operator*(const CVector3 &v, double scalar)    //常量右乘
{
    CVector3 vector;
    vector.x=v.x*scalar;
    vector.y=v.y*scalar;
    vector.z=v.z*scalar;
    return vector;
}
CVector3 operator*(double scalar, const CVector3 &v)    //标量左乘
{
    CVector3 vector;
    vector.x=v.x*scalar;
    vector.y=v.y*scalar;
    vector.z=v.z*scalar;
    return vector;
}
CVector3 operator/(const CVector3 &v, double scalar)    //标量除法
{
    if (fabs(scalar)<1e-4)
        scalar=1.0;
```

```
    CVector3 vector;
    vector.x=v.x/scalar;
    vector.y=v.y/scalar;
    vector.z=v.z/scalar;
    return vector;
}
CVector3 operator+=(CVector3 &v0, const CVector3 &v1)        //自反运算符加法
{
    v0.x+=v1.x;
    v0.y+=v1.y;
    v0.z+=v1.z;
    return v0;
}
CVector3 operator-=(CVector3 &v0, const CVector3 &v1)        //自反运算符减法
{
    v0.x-=v1.x;
    v0.y-=v1.y;
    v0.z-=v1.z;
    return v0;
}
double DotProduct(const CVector3 &v0, const CVector3 &v1)    //向量点积
{
    return(v0.x*v1.x+v0.y*v1.y+v0.z*v1.z);
}
CVector3 CrossProduct(const CVector3 &v0, const CVector3 &v1) //向量叉积
{
    CVector3 vector;
    vector.x=v0.y*v1.z-v0.z*v1.y;
    vector.y=v0.z*v1.x-v0.x*v1.z;
    vector.z=v0.x*v1.y-v0.y*v1.x;
    return vector;
}
```

程序说明：三维向量中最重要的是点积与叉积。向量是计算机图形学中的一个重要概念，光照就是基于面的法向量计算的。计算机图形学中的所有向量都需要进行规范化处理。

2. 设计正二十面体类

```
#include"Face.h"
#include"Projection.h"
#include"Vector3.h"

class CIcosahedron                                           //定义正二十面体类
{
public:
    CIcosahedron(void);
    virtual ~CIcosahedron(void);
    void ReadVertex(void);                                   //读入顶点表
    void ReadFace(void);                                     //读入小面表
    void Draw(CDC*pDC);                                      //绘制正二十面体
public:
    CP3 V[12];                                               //顶点数组
```

```cpp
    CFace F[20];                                               //小面数组
    CProjection projection;                                    //投影
};
CIcosahedron::CIcosahedron(void)
{}
CIcosahedron::~CIcosahedron(void)
{}
void CIcosahedron::ReadVertex(void)                            //点表
{
    const double phi=0.618;                                    //黄金数
    V[0].x=0, V[0].y=1, V[0].z=phi;
    V[1].x=0, V[1].y=1, V[1].z=-phi;
    V[2].x=1, V[2].y=phi, V[2].z=0;
    V[3].x=1, V[3].y=-phi, V[3].z=0;
    V[4].x=0, V[4].y=-1, V[4].z=-phi;
    V[5].x=0, V[5].y=-1, V[5].z=phi;
    V[6].x=phi, V[6].y=0, V[6].z=1;
    V[7].x=-phi, V[7].y=0, V[7].z=1;
    V[8].x=phi, V[8].y=0, V[8].z=-1;
    V[9].x=-phi, V[9].y=0, V[9].z=-1;
    V[10].x=-1, V[10].y=phi, V[10].z=0;
    V[11].x=-1, V[11].y=-phi, V[11].z=0;
}
void CIcosahedron::ReadFace(void)                              //小面表
{
    F[0].ptIndex[0]=0, F[0].ptIndex[1]=6, F[0].ptIndex[2]=2;
    F[1].ptIndex[0]=2, F[1].ptIndex[1]=6, F[1].ptIndex[2]=3;
    F[2].ptIndex[0]=3, F[2].ptIndex[1]=6, F[2].ptIndex[2]=5;
    F[3].ptIndex[0]=5, F[3].ptIndex[1]=6, F[3].ptIndex[2]=7;
    F[4].ptIndex[0]=0, F[4].ptIndex[1]=7, F[4].ptIndex[2]=6;
    F[5].ptIndex[0]=2, F[5].ptIndex[1]=3, F[5].ptIndex[2]=8;
    F[6].ptIndex[0]=1, F[6].ptIndex[1]=2, F[6].ptIndex[2]=8;
    F[7].ptIndex[0]=0, F[7].ptIndex[1]=2, F[7].ptIndex[2]=1;
    F[8].ptIndex[0]=0, F[8].ptIndex[1]=1, F[8].ptIndex[2]=10;
    F[9].ptIndex[0]=1, F[9].ptIndex[1]=9, F[9].ptIndex[2]=10;
    F[10].ptIndex[0]=1, F[10].ptIndex[1]=8, F[10].ptIndex[2]=9;
    F[11].ptIndex[0]=3, F[11].ptIndex[1]=4, F[11].ptIndex[2]=8;
    F[12].ptIndex[0]=3, F[12].ptIndex[1]=5, F[12].ptIndex[2]=4;
    F[13].ptIndex[0]=4, F[13].ptIndex[1]=5, F[13].ptIndex[2]=11;
    F[14].ptIndex[0]=7, F[14].ptIndex[1]=10, F[14].ptIndex[2]=11;
    F[15].ptIndex[0]=0, F[15].ptIndex[1]=10, F[15].ptIndex[2]=7;
    F[16].ptIndex[0]=4, F[16].ptIndex[1]=11, F[16].ptIndex[2]=9;
    F[17].ptIndex[0]=4, F[17].ptIndex[1]=9, F[17].ptIndex[2]=8;
    F[18].ptIndex[0]=5, F[18].ptIndex[1]=7, F[18].ptIndex[2]=11;
    F[19].ptIndex[0]=9, F[19].ptIndex[1]=11, F[19].ptIndex[2]=10;
}
void CIcosahedron::Draw(CDC*pDC)
{
    CP2 Point[3];                                              //二维投影点
    CP3 Eye=projection.GetEye();                               //视点
    for (int nFace=0; nFace<20; nFace++)                       //面循环
```

```cpp
        {
            CVector3 ViewVector(V[F[nFace].ptIndex[0]], Eye);        // 面的视向量
            ViewVector=ViewVector.Normalize();                        //视向量单位化
            CVector3 Vector01(V[F[nFace].ptIndex[0]], V[F[nFace].ptIndex[1]]); //边向量
            CVector3 Vector02(V[F[nFace].ptIndex[0]], V[F[nFace].ptIndex[2]]);
            CVector3 FaceNormal=CrossProduct(Vector01, Vector02);    //面法向量
            FaceNormal=FaceNormal.Normalize();                        //法向量规范化
            if (DotProduct(ViewVector, FaceNormal)>=0)                //背面剔除算法
            {
                for (int nPoint=0; nPoint<3; nPoint++)                //顶点循环
                    Point[nPoint]=projection.PerspectiveProjection2(V[F[nFace].
                        ptIndex[nPoint]]);                            //透视投影
                pDC->MoveTo(ROUND(Point[0].x), ROUND(Point[0].y));    //绘制三角形
                pDC->LineTo(ROUND(Point[1].x), ROUND(Point[1].y));
                pDC->LineTo(ROUND(Point[2].x), ROUND(Point[2].y));
                pDC->LineTo(ROUND(Point[0].x), ROUND(Point[0].y));
            }
        }
    }
}
```

程序说明：视点 Eye 来自投影类，视向量是从每个小面的 V_0 点指向视点。法向量是通过边向量做叉积计算的。视向量与法向量均需进行规范化处理。如果二者的点积小于零，则剔除该多边形。

3. 初始化正二十面体

```cpp
CTestView::CTestView() noexcept
{
    // TODO: 在此处添加构造代码
    bPlay=FALSE;
    icosahedron.ReadVertex();
    icosahedron.ReadFace();
    transform.SetMatrix(icosahedron.V, 12);
    int nScale=300;
    transform.Scale(nScale, nScale, nScale);
}
```

程序说明：在 CTestView 类内，将正二十面体的 12 个顶点传给三维变换对象，对正二十面体进行放大。

五、案例小结

（1）在渲染场景前，常使用本算法预先剔除物体的不可见表面，以提高绘制算法的执行效率。

（2）凸多面体与凸曲面体均可使用背面剔除算法。

（3）背面剔除算法不适合处理凹多面体。

六、案例拓展

基于背面剔除算法，绘制球体消隐线框模型，如图 31-5 所示。试编程实现。

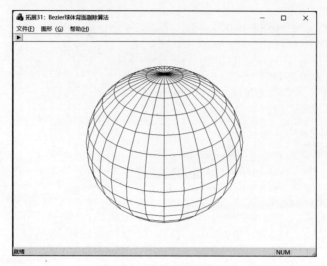

图 31-5 球体消隐线框图

案例 32　zBuffer 算法

知识点

- 计算伪深度。
- CZBuffer 类。

一、案例需求

1. 案例描述

设计 CBar 类绘制每个长方体，交叉条由 4 个长方体彼此交叉构成，如图 32-1 所示。左边长方体的上部的 4 个顶点颜色为黄色、下部的 4 个顶点颜色为蓝色；右边长方体顶点颜色的设置与左条正好相反；上边长方体左部的 4 个顶点颜色设置为绿色、右部的 4 个顶点颜色设置为红色；下边长方体顶点颜色的设置与上条正好相反。试基于 zBuffer 算法制作交叉条透视投影的三维旋转动画。

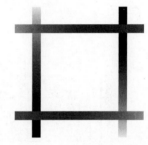

图 32-1　交叉条几何模型（彩插图 4）

2. 功能说明

（1）定义三维右手世界坐标系，原点位于客户区中心，x 轴水平向右为正，y 轴垂直向上为正，z 轴指向观察者。

（2）定义三维左手屏幕坐标系，原点位于客户区中心，x 轴水平向右为正，y 轴垂直向上为正，z 轴指向屏幕内部。屏幕背景色设置为黑色。

（3）建立三维右手建模坐标系，原点位于客户区中心，x 轴水平向右为正，y 轴垂直向上为正，z 轴指向观察者。

（4）设计长方体类，用 4 个长方体对象构造交叉条。左边长方体，自上而下，由黄色变化为蓝色；右边长方体，自上而下，由蓝色变化为黄色；上边长方体，自左而右，由绿色变化为红色；下边长方体，自左而右，由红色变化为绿色。

（5）基于重心坐标，设计 zBuffer 算法进行消隐。

（6）使用键盘上的方向键或者工具栏上的"动画"图标按钮播放交叉条的旋转动画。

3. 案例效果图

交叉条的面消隐效果如图 32-2 所示。

二、案例分析

1. 交叉条几何模型

交叉条由左、右长方体和上、下长方体相交构成。设长方体的长度为 a，高度为 b，宽度为 c，如图 32-3 所示。上下和左右长方体距离原点的位置为 d，如图 32-4 所示。为了避免在同一平面上出现交叉条等高，对于左右长方体，设置收缩宽度为 e，规定 $e<c$，如图 32-5

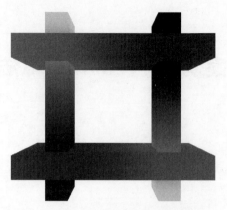

图 32-2 交叉条的面消隐效果(彩插图 5)

所示。

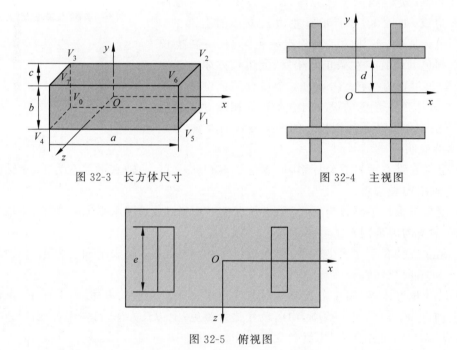

图 32-3 长方体尺寸　　　　图 32-4 主视图

图 32-5 俯视图

2. 计算屏幕坐标系三维点的伪深度

1973 年，Newman 和 Sproull 根据景体的远近剪切面定义，给出了规范化的伪深度计算公式。推导过程基于两项基本原则：第一，在屏幕坐标系中，空间中任意两点相对于视点的前后顺序应与它们在观察坐标系中的情形保持一致；第二，观察坐标系中的直线和平面变换到屏幕坐标系后，应仍为直线和平面，即三角形映射为三角形，四边形映射为四边形。可以证明，要使这两项原则得到满足，观察坐标系的 z_v 到屏幕坐标系的 z_s 的变换，需要采用以下形式：

$$z_s = A + \frac{B}{z_v} \tag{32-1}$$

式中，A、B 为常量，且 $B<0$。这意味着，当 z_v 增大时 z_s 也增大，从而使相对深度关系得以继续保持。

将 z_s 规范化到 $[0,1]$ 区间内处理。当规定 z_v 的取值范围为 $\text{Near} \leqslant z_v \leqslant \text{Far}$ 时，就意味着缩小了观察空间。当 $z_v = \text{Near}$ 时，要求 $z_s = 0$，表示其伪深度最小；当 $z_v = \text{Far}$ 时，要求 $z_s = 1$，表示其伪深度最大。

由式(32-1)有

$$\begin{cases} 0 = A + B/\text{Near} \\ 1 = A + B/\text{Far} \end{cases}$$

解得

$$\begin{cases} A = \dfrac{\text{Far}}{\text{Far} - \text{Near}} \\ B = \dfrac{-\text{Near} \cdot \text{Far}}{\text{Far} - \text{Near}} \end{cases}$$

物体在三维屏幕坐标系中伪深度的计算公式为

$$z_s = \text{Far} \, \frac{1 - \text{Near}/z_v}{\text{Far} - \text{Near}} \tag{32-2}$$

$$\begin{cases} x_s = \text{Near} \, \dfrac{x_v}{z_v} \\ y_s = \text{Near} \, \dfrac{y_v}{z_v} \\ z_s = \text{Far} \, \dfrac{1 - \text{Near}/z_v}{\text{Far} - \text{Near}} \end{cases} \tag{32-3}$$

式中，近剪切面 Near 和远剪切面 Far 为常数。

三、算法设计

(1) 设计长方体类，每端的 4 个顶点共享一种颜色。接口参数为长、宽、高。
(2) 读入长方体的顶点表和面表。
(3) 初始化长方体类对象。通过三维几何变换，构造交叉条。
(4) 访问 4 个长方体，对每个面的顶点进行三维透视投影，得到包含伪深度的三维屏幕坐标点。
(5) 初始化深度缓冲器，设计名为 zBuffer 的算法绘制表面上的可见像素。
(6) 使用定时器改变交叉条的转角生成旋转动画。

四、案例设计

1. 设计长方体类

```
class CBar
{
public:
    CBar(void);
    virtual ~CBar(void);
    void SetParameter(int nLength, int nWidth, int nHeight, CRGB clrLeft, CRGB
```

```cpp
              clrRight);                                         //设置参数
        void ReadVertex(void);                                   //读入点表
        void ReadFace(void);                                     //读入面表
        void Draw(CDC*pDC, CZBuffer*pZBuffer);                   //绘图
    public:
        CP3 V[8];                                                //顶点数组
    private:
        int a, b, c;                                             //长度、宽度、高度
        CRGB clrLeft;                                            //左半部分颜色
        CRGB clrRight;                                           //右半部分颜色
        CFace F[6];                                              //面表
        CProjection projection;                                  //投影
};
CBar::CBar(void)
{}
CBar::~CBar(void)
{}
void CBar::SetParameter(int nLength, int nWidth, int nHeight, CRGB clrLeft, CRGB
        clrRight)                                                //设置参数
{
    a=nLength;                                                   //长度
    b=nWidth;                                                    //宽度
    c=nHeight;                                                   //高度
    this->clrLeft=clrLeft;                                       //左半部分颜色
    this->clrRight=clrRight;                                     //右半部分颜色
}
void CBar::ReadVertex(void)                                      //顶点表
{
    V[0].x=-a/2, V[0].y=-b/2, V[0].z=-c/2; V[0].c=clrLeft;
    V[1].x=+a/2, V[1].y=-b/2, V[1].z=-c/2; V[1].c=clrRight;
    V[2].x=+a/2, V[2].y=+b/2, V[2].z=-c/2; V[2].c=clrRight;
    V[3].x=-a/2, V[3].y=+b/2, V[3].z=-c/2; V[3].c=clrLeft;
    V[4].x=-a/2, V[4].y=-b/2, V[4].z=+c/2; V[4].c=clrLeft;
    V[5].x=+a/2, V[5].y=-b/2, V[5].z=+c/2; V[5].c=clrRight;
    V[6].x=+a/2, V[6].y=+b/2, V[6].z=+c/2; V[6].c=clrRight;
    V[7].x=-a/2, V[7].y=+b/2, V[7].z=+c/2; V[7].c=clrLeft;
}
void CBar::ReadFace(void)                                        //小面表
{
    F[0].ptIndex[0]=4;F[0].ptIndex[1]=5;F[0].ptIndex[2]=6;F[0].ptIndex[3]=7;
    F[1].ptIndex[0]=0;F[1].ptIndex[1]=3;F[1].ptIndex[2]=2;F[1].ptIndex[3]=1;
    F[2].ptIndex[0]=0;F[2].ptIndex[1]=4;F[2].ptIndex[2]=7;F[2].ptIndex[3]=3;
    F[3].ptIndex[0]=1;F[3].ptIndex[1]=2;F[3].ptIndex[2]=6;F[3].ptIndex[3]=5;
    F[4].ptIndex[0]=2;F[4].ptIndex[1]=3;F[4].ptIndex[2]=7;F[4].ptIndex[3]=6;
    F[4].ptIndex[0]=2;F[4].ptIndex[1]=3;F[4].ptIndex[2]=7;F[4].ptIndex[3]=6;
    F[5].ptIndex[0]=0;F[5].ptIndex[1]=1;F[5].ptIndex[2]=5;F[5].ptIndex[3]=4;
}
void CBar::Draw(CDC*pDC, CZBuffer*pZBuffer)
{
    for (int nFace=0; nFace<6; nFace++)
    {
```

```
        CP3 Point[4];
        for (int nPoint=0; nPoint<4; nPoint++)                  //顶点循环
        {
            Point[nPoint]=projection.PerspectiveProjection3(V[F[nFace].
                ptIndex[nPoint]]);                              //投影
        }
        CP3 RDP[3]={Point[0], Point[1], Point[2]};
        pZBuffer->SetPoint(RDP);                                //定义右下三角形
        pZBuffer->FillTriangle(pDC);                            //填充三角形
        CP3 LTP[3]={Point[0], Point[2], Point[3]};
        pZBuffer->SetPoint(LTP);                                //定义左上三角形
        pZBuffer->FillTriangle(pDC);                            //填充三角形
    }
}
```

程序说明：构造长方体类 CBar，长方体的接口参数为长、宽、高。左端 4 个顶点的颜色相同，右端 4 个顶点的颜色相同。长方体表面采用光滑着色模式填充。用 CBar 类定义 4 个长方体对象构成交叉条。

2. 计算伪深度

```
CP3 CProjection::PerspectiveProjection3(CP3 WorldPoint)        //三维透视投影
{
    CP3 ViewPoint;                                             //观察坐标系三维点
    ViewPoint.x=k[2]*WorldPoint.x-k[0]*WorldPoint.z;
    ViewPoint.y=-k[7]*WorldPoint.x+k[1]*WorldPoint.y-k[6]*WorldPoint.z;
    ViewPoint.z=-k[5]*WorldPoint.x-k[3]*WorldPoint.y-k[4]*WorldPoint.z+R;
    ViewPoint.c=WorldPoint.c;
    CP3 ScreenPoint;                                           //屏幕坐标系三维点
    ScreenPoint.x=d*ViewPoint.x/ViewPoint.z;
    ScreenPoint.y=d*ViewPoint.y/ViewPoint.z;
    ScreenPoint.z=Far*(1-Near/ViewPoint.z)/(Far-Near);
    ScreenPoint.c=ViewPoint.c;
    return ScreenPoint;
}
```

程序说明：在 CProjection 类内添加成员函数 PerspectiveProjection3()，使用远近剪切面计算三维透视点的伪深度。

3. 设计 CZBuffer 类

```
class CZBuffer
{
public:
    CZBuffer(void);
    virtual ~CZBuffer(void);
    void SetPoint(CP3*P);                                      //三顶点构造三角形
    void InitialDepthBuffer(int nWidth, int nHeight, double zDepth);  //初始化缓冲区
    void FillTriangle(CDC*pDC);                                //重心坐标填充三角形
private:
    CP3 P0, P1, P2;                                            //三角形的顶点坐标
    double**zBuffer;                                           //深度缓冲区
    int nWidth, nHeight;                                       //缓冲区宽度和高度
```

```cpp
};
CZBuffer::CZBuffer(void)
{}
CZBuffer::~CZBuffer(void)
{
    for (int i=0; i<nWidth; i++)
    {
        delete[] zBuffer[i];
        zBuffer[i]=NULL;
    }
    if (zBuffer!=NULL)
    {
        delete zBuffer;
        zBuffer=NULL;
    }
}
void CZBuffer::SetPoint(CP3*P)
{
    P0=P[0];
    P1=P[1];
    P2=P[2];
}
void CZBuffer::InitialDepthBuffer(int nWidth, int nHeight, double nDepth)
{
    this->nWidth=nWidth, this->nHeight=nHeight;
    zBuffer=new double*[nWidth];
    for (int i=0; i<nWidth; i++)
        zBuffer[i]=new double[nHeight];
    for (int i=0; i<nWidth; i++)                                    //初始化深度缓冲区
        for (int j=0; j<nHeight; j++)
            zBuffer[i][j]=nDepth;
}
void CZBuffer::FillTriangle(CDC*pDC)
{
    int xMin=ROUND(min(min(P0.x, P1.x), P2.x));                     //包围盒左下角点坐标
    int yMin=ROUND(min(min(P0.y, P1.y), P2.y));
    int xMax=ROUND(max(max(P0.x, P1.x), P2.x));                     //包围盒右上角点坐标
    int yMax=ROUND(max(max(P0.y, P1.y), P2.y));
    for (int y=yMin; y<=yMax; y++)
    {
        for (int x=xMin; x<=xMax; x++)
        {
            double Area=P0.x*P1.y+P1.x*P2.y+P2.x*P0.y-P2.x*P1.y-P1.x*P0.y-
                P0.x*P2.y;
            double Area0=x*P1.y+P1.x*P2.y+P2.x*y-P2.x*P1.y-P1.x*y-x*P2.y;
            double Area1=P0.x*y+x*P2.y+P2.x*P0.y-P2.x*y-x*P0.y-P0.x*P2.y;
            double Area2=P0.x*P1.y+P1.x*y+x*P0.y-x*P1.y-P1.x*P0.y-P0.x*y;
            double alpha=Area0/Area, beta=Area1/Area, gamma=Area2/Area;
                                                                    //重心坐标
            if (alpha>=0&&beta>=0&&gamma>=0)
            {
                CRGB crColor=alpha*P0.c+beta*P1.c+gamma*P2.c;
                                                         //计算三角形内任意一点的颜色
```

```
            double zDepth=alpha*P0.z+beta*P1.z+gamma*P2.z;
                                         //计算三角形内任意一点的深度
            if (zDepth<=zBuffer[x+nWidth/2][y+nHeight/2])
            {
                zBuffer[x+nWidth/2][y+nHeight/2]=zDepth;
                pDC->SetPixelV(x, y, CRGBtoRGB(crColor));
            }
        }
    }
}
```

程序说明：基于三角形重心坐标填充算法的基础，设计 zBuffer 算法。通过对三角形顶点的颜色和深度进行重心坐标插值，使用深度缓冲区存储了可见像素点。

五、案例小结

（1）交叉条是典型的凹多面体，使用 zBuffer 算法可以进行像素级消隐。
（2）三维透视投影的伪深度使用远近剪切面计算。
（3）基于三角形的重心坐标设计颜色插值、深度插值非常简单易懂，提高了程序的可读性。

六、案例拓展

三角形的颜色分别为红、绿、蓝，3 个顶点的深度各不相同，试基于 zBuffer 算法绘制交叉三角形，效果如图 32-6 所示。

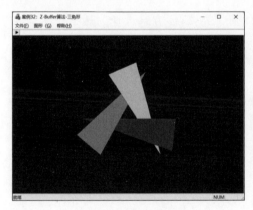
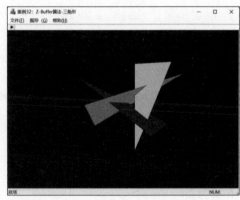

(a) 平三角形(彩插图6)　　　　　　　　(b) 斜三角形

图 32-6　交叉三角形

案例 33　画　家　算　法

知识点

- 深度排序算法。
- 设计 CPainter 类。

一、案例需求

1. 案例描述

茶壶由 32 个曲面片组成，用 4 种颜色区分相邻曲面。试绘制茶壶的表面模型，消隐方法为画家算法。要求绘制出茶壶细分小平面的轮廓线。

2. 功能说明

（1）定义三维右手世界坐标系，原点位于客户区中心，x 轴水平向右为正，y 轴垂直向上为正，z 轴指向观察者。

（2）定义三维左手屏幕坐标系，原点位于客户区中心，x 轴水平向右为正，y 轴垂直向上为正，z 轴指向屏幕内部。屏幕背景色设置为黑色。

（3）建立三维右手建模坐标系，原点位于客户区中心，x 轴水平向右为正，y 轴垂直向上为正，z 轴指向观察者。

（4）以建模坐标系的原点为茶壶体心，设计茶壶类，投影方式选择为透视投影。茶壶曲面用递归法细分为小平面片。

（5）设计画家算法类，根据小平面离视点的远近进行消隐，绘制可见小平面及其轮廓线。

（6）使用键盘上的方向键旋转茶壶表面模型。

（7）使用键盘上的方向键或者工具栏上的"动画"图标按钮播放茶壶表面的旋转动画。

3. 案例效果图

不同递归深度的茶壶如图 33-1 所示。

二、案例分析

1. 画家算法

深度排序算法是同时属于物体空间和图像空间的消隐算法。在物体空间中按照表面距离视点的远近构造一个深度优先级表。若该表是完全确定的，则任意两个表面在深度上均不重叠。算法执行时，在图像空间中从离视点最远的表面开始，依次将各个表面写入帧缓冲器。表中离视点较近的表面覆盖帧缓冲器中原有的内容，于是隐藏面得到消除。这种消隐算法通常称为画家算法。

2. 表面排序

茶壶小平面网格为四边形。小平面中心点到视点的距离代表面的深度，使用冒泡排序

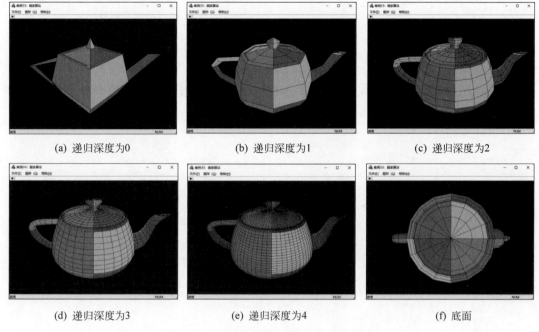

(a) 递归深度为0　　　　(b) 递归深度为1　　　　(c) 递归深度为2

(d) 递归深度为3　　　　(e) 递归深度为4　　　　(f) 底面

图 33-1　不同递归深度的茶壶（彩插图 7）

算法对小平面进行排序。

3. 绘制茶壶表面模型

根据四色定理，可以用 4 种颜色给茶壶的 32 个曲面染色，使得每两个邻接区域染的颜色都不一样。对于每个小平面，按照排序后的顺序绘制轮廓线。

三、算法设计

（1）读入茶壶的 306 个控制点表和 32 片曲面表。

（2）先设置每个曲面片的颜色，再将曲面片递归细分为平面四边形。每个四边形存储其 4 个顶点的三维坐标。

（3）将所有四边形加入队列内，并将中心到视点的距离作为其深度值。

（4）使用冒泡算法，按深度值从大到小的顺序对每个四边形进行排序。离视点远的四边形深度大，位于表头；离视点近的四边形深度小，位于表尾。

（5）按照从表头到表尾的顺序绘制四边形。首先计算每个四边形顶点的透视投影，然后用重心坐标算法，按照曲面给定的颜色填充四边形并绘制边界线。

四、案例设计

1. 设计小面类

```
class CFace
{
public:
    CFace(void);
    virtual ~CFace(void);
```

```cpp
public:
    CP3 pt[4];                                  //小面的顶点坐标
    double fDepth;                              //小面的深度值
    CRGB fColor;                                //小面的颜色
};
```

程序说明：小面表改变了以前存储顶点索引号的惯例,直接存储三维顶点坐标,同时增加了小面的深度和颜色。

2. 设计茶壶类

```cpp
class CTeapot
{
public:
    CTeapot(void);
    virtual ~CTeapot(void);
    void ReadVertex(void);          //读入控制点表
    void ReadPatch(void);           //读入曲面表
    void GetFacet(void);            //获得小平面表
public:
    CP3 Vertex[306];                //茶壶控制点
    CPatch Patch[32];               //茶壶曲面片
    CBicubicBezierPatch patch;      //Bezier曲面
    CFace*LocalF;                   //茶壶小平面数组
    CRGB Color[4];                  //颜色数组
    int nRecursion;                 //递归深度
};
CTeapot::CTeapot(void)
{
    nRecursion=3;                   //茶壶的递归深度
    Color[0]=CRGB(74.0/255, 150.0/255, 199.0/255);
    Color[1]=CRGB(211.0/255, 206.0/255, 104.0/255);
    Color[2]=CRGB(220.0/255, 106.0/255, 105.0/255);
    Color[3]=CRGB(60.0/255, 197.0/255, 125.0/255);
    LocalF=new CFace[pow(4, nRecursion)*32];
}
void CTeapot::GetFacet(void)        //得到细分后的平面片
{
    CP3 P3[4][4];                   //曲面片控制点
    patch.Initialize();             //重新读取茶壶
    for (int nPatch=0; nPatch<32; nPatch++)
    {
        for (int i=0; i<4; i++)
            for (int j=0; j<4; j++)
                P3[i][j]=Vertex[Patch[nPatch].ptIndex[i][j]-1];
        CRGB PatchColor;            //曲面片颜色
        if (nPatch==3||nPatch==5||nPatch==11||nPatch==15||
            nPatch==17||nPatch==21||nPatch==27||nPatch==30)
        {
            PatchColor=Color[0];
        }
        else if (nPatch==1||nPatch==7||nPatch==9||nPatch==13||
```

```
            nPatch==19||nPatch==23||nPatch==25||nPatch==28)
        {
            PatchColor=Color[1];
        }
        else if (nPatch==0||nPatch==6||nPatch==8||nPatch==12||
            nPatch==18||nPatch==22||nPatch==24||nPatch==29)
        {
            PatchColor=Color[2];
        }
        else
        {
            PatchColor=Color[3];
        }
        patch.ReadControlPoint(P3, LocalF, PatchColor);     //接口函数
        patch.ReadFacet(nRecursion);                        //读取每个曲面片细分后的小面信息
    }
}
```

程序说明：ReadVertex()和 ReadPatch()函数前面案例已经给出，不再重复。茶壶类将茶壶的 32 个曲面片，按照递归深度细分为小平面片。例如，如果递归深度为 3，则茶壶细分为 2048 个小平面。

3. 设计曲面类

```
class CBicubicBezierPatch
{
public:
    CBicubicBezierPatch(void);
    virtual ~CBicubicBezierPatch(void);
    void ReadControlPoint(CP3 P[4][4], CFace*LocalF, CRGB PatchColor);//读入参数
    void ReadFacet(int ReNumber);                   //读入小面细分后的平面片
    void Initialize(void);                          //初始化平面片索引号
private:
    void Tessellate(int nRecursion, CT2*T);         //细分曲面
    void MeshGrid(CT2 T[4], CP3 P3[4]);             //四边形网格
    void LeftMultiplyMatrix(double M[4][4], CP3 P[4][4]); //控制点矩阵左乘系数矩阵
    void TransposeMatrix(double M[4][4]);           //转置矩阵
    void RightMultiplyMatrix(CP3 P[4][4], double M[4][4]); //控制点矩阵右乘系数矩阵
public:
    CP3 P[4][4];                                    //三维控制点
    int nIndex;                                     //平面片索引号
    CFace*LocalF;                                   //茶壶的所有平面片数组
    CRGB PatchColor;                                //曲面片颜色
};
CBicubicBezierPatch::CBicubicBezierPatch(void)
{
    nIndex=0;
}
CBicubicBezierPatch::~CBicubicBezierPatch(void)
{}
void CBicubicBezierPatch:: ReadControlPoint ( CP3 P[4][4], CFace * LocalF, CRGB
```

```cpp
PatchColor)
{
    for (int i=0; i<4; i++)
        for (int j=0; j<4; j++)
            this->P[i][j]=P[i][j];
    this->LocalF=LocalF, this->PatchColor=PatchColor;
}
void CBicubicBezierPatch::Initialize(void)
{
    nIndex=0;
}
void CBicubicBezierPatch::ReadFacet(int nRecursion)
{
    CT2 T[4];
    T[0]=CT2(0, 0), T[1]=CT2(1, 0);                    //初始化 u、v
    T[2]=CT2(1, 1), T[3]=CT2(0, 1);
    Tessellate(nRecursion, T);                         //递归函数
}
void CBicubicBezierPatch::Tessellate(int nRecursion, CT2*T)
{
    if (0==nRecursion)
    {
        CP3 P3[4];
        MeshGrid(T, P3);
        LocalF[nIndex].pt[0]=P3[0];
        LocalF[nIndex].pt[1]=P3[1];
        LocalF[nIndex].pt[2]=P3[2];
        LocalF[nIndex].pt[3]=P3[3];
        LocalF[nIndex].fColor=PatchColor;
        nIndex++;
        return;
    }
    else
    {
        CT2 MidP=(T[0]+T[1]+T[2]+T[3])/4.0;
        CT2 SubT[4][4];                                //将曲面一分为四
        //左下子曲面
        SubT[0][0]=T[0];
        SubT[0][1]=CT2(MidP.u, T[0].v);
        SubT[0][2]=MidP;
        SubT[0][3]=CT2(T[0].u, MidP.v);
        Tessellate(nRecursion-1, SubT[0]);
        //右下子曲面
        SubT[1][0]=CT2(MidP.u, T[1].v);
        SubT[1][1]=T[1];
        SubT[1][2]=CT2(T[1].u, MidP.v);
        SubT[1][3]=MidP;
        Tessellate(nRecursion-1, SubT[1]);
        //右上子曲面
        SubT[2][0]=MidP;
        SubT[2][1]=CT2(T[2].u, MidP.v);
```

```cpp
            SubT[2][2]=T[2];
            SubT[2][3]=CT2(MidP.u, T[2].v);
            Tessellate(nRecursion-1, SubT[2]);
            //左上子曲面
            SubT[3][0]=CT2(T[3].u, MidP.v);
            SubT[3][1]=MidP;
            SubT[3][2]=CT2(MidP.u, T[3].v);
            SubT[3][3]=T[3];
            Tessellate(nRecursion-1, SubT[3]);
        }
}
void CBicubicBezierPatch::MeshGrid(CT2 T[4], CP3 P3[4])
{
    double M[4][4];                                    //系数矩阵 M
    M[0][0]=-1, M[0][1]=3, M[0][2]=-3, M[0][3]=1;
    M[1][0]=3, M[1][1]=-6, M[1][2]=3, M[1][3]=0;
    M[2][0]=-3, M[2][1]=3, M[2][2]=0, M[2][3]=0;
    M[3][0]=1, M[3][1]=0, M[3][2]=0, M[3][3]=0;
    CP3 pTemp[4][4];
    for (int i=0; i<4; i++)
        for (int j=0; j<4; j++)
            pTemp[i][j]=P[i][j];
    LeftMultiplyMatrix(M, pTemp);
    TransposeMatrix(M);
    RightMultiplyMatrix(pTemp, M);
    double u0, u1, u2, u3, v0, v1, v2, v3;             //u,v参数的幂
    for (int i=0; i<4; i++)
    {
        u3=pow(T[i].u, 3.0), u2=pow(T[i].u, 2.0), u1=T[i].u, u0=1.0;
        v3=pow(T[i].v, 3.0), v2=pow(T[i].v, 2.0), v1=T[i].v, v0=1.0;
        P3[i]=(u3*pTemp[0][0]+u2*pTemp[1][0]+u1*pTemp[2][0]+u0*pTemp[3][0])*v3
             +(u3*pTemp[0][1]+u2*pTemp[1][1]+u1*pTemp[2][1]+u0*pTemp[3][1])*v2
             +(u3*pTemp[0][2]+u2*pTemp[1][2]+u1*pTemp[2][2]+u0*pTemp[3][2])*v1
             +(u3*pTemp[0][3]+u2*pTemp[1][3]+u1*pTemp[2][3]+u0*pTemp[3][3])
             * v0;
    }
}
```

程序说明：使用递归细分算法，将曲面分为小平面，记录每个小平面的4个顶点坐标。我们把记录顶点坐标的小平面称为局部小平面。

4. 设计画家算法类

```cpp
class CPainter                                         //画家算法
{
public:
    CPainter(void);
    virtual ~CPainter(void);
    void InQueue(CTeapot*teapot);                      //添加队列
    void SortQueue(void);                              //队列排序
    void OutQueue(CDC*pDC);                            //输出队列
private:
```

```cpp
    double GetFacetDepth(CFace face);                //计算小平面深度
    double CalculateDistance(CP3 pt0, CP3 pt1);      //计算两点距离
private:
    CFace*GlobalFacet;                               //小平面数组
    int nIndex;                                      //小面索引号
    CProjection projection;                          //投影
};
CPainter::CPainter(void)
{
    nIndex=0;
}
CPainter::~CPainter(void)
{
    delete[]GlobalFacet;
    GlobalFacet=NULL;
}
void CPainter::InQueue(CTeapot*teapot)
{
    const int NumberofFacet=int(pow(4, teapot->nRecursion)*32);
    GlobalFacet=new CFace[NumberofFacet];
    for (int i=0; i<NumberofFacet; i++)
    {
        for (int j=0; j<4; j++)
        {
            GlobalFacet[nIndex].pt[j]=teapot->LocalF[i].pt[j];   //读入顶点坐标
        }
        GlobalFacet[nIndex].fColor=teapot->LocalF[i].fColor;
        GlobalFacet[nIndex].fDepth=GetFacetDepth(GlobalFacet[nIndex]);//计算小面深度
        nIndex++;
    }
}
double CPainter::GetFacetDepth(CFace facet)          //计算小面深度
{
    CP3 facetCenter=(facet.pt[0]+facet.pt[1]+facet.pt[2]+facet.pt[3])/4.0;//面的中心
    return CalculateDistance(facetCenter, projection.GetEye());
}
double CPainter::CalculateDistance(CP3 p0, CP3 p1)   //计算两点距离
{
    return sqrt((p0.x-p1.x)*(p0.x-p1.x)+(p0.y-p1.y)*(p0.y-p1.y)+(p0.z-p1.z)*
        (p0.z-p1.z));                                //获取面心到视点的距离
}
void CPainter::SortQueue(void)                       //冒泡算法排序
{
    for (int i=0; i<nIndex; i++)
    {
        for (int j=0; j<nIndex-i; j++)
        {
            if (GlobalFacet[j].fDepth<GlobalFacet[j+1].fDepth)
            {
                CFace Temp;
                Temp=GlobalFacet[j];
```

```cpp
                GlobalFacet[j]=GlobalFacet[j+1];
                GlobalFacet[j+1]=Temp;
            }
        }
    }
}
void CPainter::OutQueue(CDC*pDC)                    //输出队列
{
    CP2 Point[4];
    CTriangle*pFill=new CTriangle;                  //申请内存
    for (int nFace=0; nFace<=nIndex; nFace++)
    {
        for (int nPoint=0; nPoint<4; nPoint++)      //顶点循环
            Point[nPoint]=projection.PerspectiveProjection2(GlobalFacet[nFace].
                pt[nPoint]);
        CP2 DRP[3]={ Point[0], Point[1], Point[2] };
        pFill->SetPoint(DRP);                       //填充右下三角形
        pFill->Fill(pDC, GlobalFacet[nFace].fColor);
        CP2 LTP[3]={ Point[0], Point[2], Point[3] };
        pFill->SetPoint(LTP);                       //填充左上三角形
        pFill->Fill(pDC, GlobalFacet[nFace].fColor);
        //绘制小面边界线
        pDC->MoveTo(ROUND(Point[0].x), ROUND(Point[0].y));
        pDC->LineTo(ROUND(Point[1].x), ROUND(Point[1].y));
        pDC->LineTo(ROUND(Point[2].x), ROUND(Point[2].y));
        pDC->LineTo(ROUND(Point[3].x), ROUND(Point[3].y));
        pDC->LineTo(ROUND(Point[0].x), ROUND(Point[0].y));
    }
    delete pFill;                                   //撤销内存
}
```

程序说明：CPainter 类代表一个队列。局部小平面进入队列后，称为全局小平面。对全局小平面，将其中心点到视点的距离作为深度值。按照深度值进行排序，然后输出排序后的小平面。

5．画家算法

```cpp
void CTestView::DrawObject(CDC*pDC)
{
    teapot.GetFacet();                              //读入茶壶细分后的小平面片
    CPainter*pPainter=new CPainter;                 //创建队列
    pPainter->InQueue(&teapot);                     //入队
    pPainter->SortQueue();                          //排序
    pPainter->OutQueue(pDC);                        //出队
    delete pPainter;                                //销毁队列
}
```

程序说明：在 CTestView 三维场景类中，建立队列，使用队列将小平面片排序并输出。

五、案例小结

(1) 画家算法是同时属于物体空间和图像空间的消隐算法，即物体空间排序，图像空间绘制。

（2）由于画家算法是面元级消隐算法，所以可以绘制小面的边界线。

（3）曲面用递归法细分，统计小平面数量需要从递归深度入手。

（4）画家算法是 1972 年由 Newell 兄弟提出的。1973 年，Catmull 提出了 zBuffer 算法。现在 zBuffer 算法已经取代画家算法成为最常用的面消隐算法。

六、案例拓展

在窗口客户区中心绘制一个彩色茶壶，前、后、左、右各绘制一个大小为彩色茶壶一半的纯色小茶壶。要求所有茶壶均绘制小面的黑色边界线。试基于画家算法制作茶壶群绕 y 轴旋转的动画，效果如图 33-2 所示。

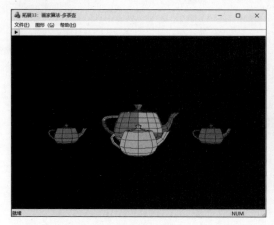

(a) 前视图　　　　　　　　　　　(b) 俯视图(彩插图8)

图 33-2　多个茶壶

案例 34　Blinn-Phong 光照模型算法

知识要点

- 设计光源类、材质类、光照类。
- 用中点算法绘制光滑直线。
- 根据点法向量计算光强。

一、案例需求

1. 案例描述

在场景的右上角与左下角各布置一个白色光源，视点位于屏幕正前方。茶壶材质为"铜"，如表 34-1 所示。试基于画家消隐算法，制作茶壶光照线框模型旋转动画。

表 34-1　"铜"材质属性

RGB 分量	环境反射率	漫反射率	镜面反射率	高光指数
R	0.45	0.614	0.8	
G	0.212	0.341	0.8	30
B	0.212	0.041	0.8	

2. 功能说明

（1）定义三维右手世界坐标系，原点位于客户区中心，x 轴水平向右为正，y 轴垂直向上为正，z 轴指向观察者。

（2）定义二维屏幕坐标系，原点位于客户区中心，x 轴水平向右为正，y 轴垂直向上为正。屏幕背景色为黑色。

（3）建立三维右手建模坐标系，原点位于客户区中心，x 轴水平向右为正，y 轴垂直向上为正，z 轴指向观察者。

（4）以建模坐标系的原点为中心，基于双三次 Bezier 曲面建立茶壶的三维几何模型。

（5）茶壶使用双点光源照射，光源分别位于屏幕前方的右上方和左下方。视点位于屏幕正前方，球面材质为"铜"。

（6）茶壶线框模型使用画家算法进行消隐。

（7）使用键盘上的方向键或者工具栏上的"动画"图标按钮播放茶壶的旋转动画。

3. 案例效果图

茶壶光照线框模型效果如图 34-1 所示。

二、案例分析

光照模型主要基于物体的表面模型进行讲解。表面模型绘制涉及多边形填充算法，理

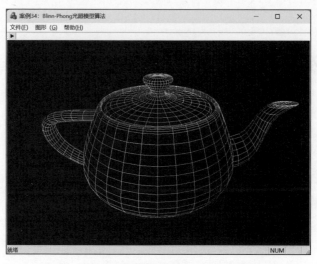

图 34-1　茶壶光照线框模型效果图（彩插图 9）

解与实现都有较大的难度。为了将注意力集中到光照模型本身，使用茶壶的线框模型表示光照效果。

1. 颜色渐变直线

茶壶的线框模型由多段直线连接而成。需要说明的是，使用 CDC 类的绘制直线函数不能绘制颜色渐变直线，需要通过自定义直线类实现。基于直线的中点算法自定义 CLine 类，对直线浮点类型的起点与终点的颜色进行线性插值，绘制颜色渐变直线。直线两端点通过调用光照模型来获得光强。

2. 光照模型

Blinn-Phong 光照模型分为环境光模型、漫反射光模型和镜面反射光模型。Blinn-Phong 模型又称 ADS 模型，属于经验模型。

简单光照模型表示为

$$I = I_e + I_d + I_s \tag{34-1}$$

环境光的反射光强 I_e 可表示为

$$I_e = k_a I_a, \quad 0 \leqslant k_a \leqslant 1.0 \tag{34-2}$$

式中，I_a 表示来自周围环境的光强；k_a 为材质的环境反射率。

漫反射光的反射光强 I_d 可表示为

$$I_d = k_d I_p \max(\boldsymbol{LN}, 0) \tag{34-3}$$

式中，I_p 为点光源所发出的入射光强；k_d 为材质的漫反射率。

镜面反射光的反射光强 I_s 可表示为

$$I_s = k_s I_p \max(\boldsymbol{HN}, 0)^n \tag{34-4}$$

式中，I_p 为入射光强；k_s 为材质的镜面反射率，n 为高光指数。

综合考虑环境光、漫反射光和镜面反射光，有多个点光源的简单光照模型为

$$I = K_a I_a + \sum_{i=1}^{n} f(d_i) [k_d I_{P,i}(L_i \boldsymbol{N}) + k_s I_{P,i} \max(H_i \boldsymbol{N}, 0)^n] \tag{34-5}$$

计算多个点光源照射下物体表面 P 点所获得的光强的红、绿、蓝光强分量的公式为

$$\begin{cases} I_R = k_{aR}I_{aR} + \sum_{i=1}^{n} f(d_i)[k_{dR}I_{dR,i}^p \max(L_iN,0) + k_{sR}I_{sR,i}^p \max(H_iN,0)^n] \\ I_G = k_{aG}I_{aG} + \sum_{i=1}^{n} f(d_i)[k_{dG}I_{dG,i}^p \max(L_iN,0) + k_{sG}I_{sG,i}^p \max(H_iN,0)^n] \\ I_B = k_{aB}I_{aB} + \sum_{i=1}^{n} f(d_i)[k_{dB}I_{dB,i}^p \max(L_iN,0) + k_{sB}I_{sB,i}^p \max(H_iN,0)^n] \end{cases} \quad (34\text{-}6)$$

三、算法设计

（1）定义 CLightSource 类，设置光源的漫反射光和镜面反射光。设置光源的位置、开关状态和衰减因子。

（2）定义 CMaterial 类，设置材质的环境光反射率、漫反射光反射率和镜面反射光反射率属性。设置材质的高光指数。

（3）定义 CLighting 类，计算光源照射到材质上所得到的光强。设置光源数量。设置环境光。

（4）定义茶壶类 CTeapot，读入茶壶的控制点表和曲面片表。

（5）定义 CPainter 类，将茶壶曲面细分为四边形小面。对四边形小面顶点进行透视投影，使用画家算法进行消隐。四边形小面内部填充为背景色。

（6）根据光源和材质计算四边形顶点的光强。

（7）自定义 CLine 类，根据两个端点的光强，使用线性插值算法计算直线上各个像素点的颜色。

四、案例设计

1. 光源类

```
class CLightSource
{
public:
    CLightSource(void);
    virtual ~CLightSource(void);
    void SetDiffuse(CRGB diffuse);                               //设置光源的漫反射光
    void SetSpecular(CRGB specular);                             //设置光源的镜面反射光
    void SetPosition(double x, double y, double z);              //设置光源的位置
    void SetAttenuationFactor(double c0, double c1, double c2);  //设置光源的衰减因子
    void SetOnOff(BOOL onoff);                                   //设置光源的开关状态
public:
    CRGB L_Diffuse;          //漫反射光颜色
    CRGB L_Specular;         //镜面反射光颜色
    CP3 L_Position;          //光源位置
    double L_C0;             //常数衰减因子
    double L_C1;             //线性衰减因子
    double L_C2;             //二次衰减因子
    BOOL L_OnOff;            //光源开启或关闭
};
```

程序说明：CLightSource 类中设置了光源的漫反射光分量、镜面反射光分量、光源位

置、光源的开关状态等参数。

2. 材质类

```
class CMaterial
{
public:
    CMaterial(void);
    virtual ~CMaterial(void);
    void SetAmbient(CRGB c);                              //设置环境反射率
    void SetDiffuse(CRGB c);                              //设置漫反射率
    void SetSpecular(CRGB c);                             //设置镜面反射率
    void SetExponent(double n);                           //设置高光指数
public:
    CRGB M_Ambient;                                       //环境反射率
    CRGB M_Diffuse;                                       //漫反射率
    CRGB M_Specular;                                      //镜面反射率
    double M_n;                                           //高光指数
};
```

程序说明：CMaterial 类中设置了材质对环境光的反射率、对漫反射光的反射率、对镜面光的反射率、高光指数等。

3. 光照类

```
class CLighting
{
public:
    CLighting(void);
    CLighting(int nLightNumber);
    virtual ~CLighting(void);
    CRGB Illuminate(CP3 Eye, CP3 Point, CVector3 ptNormal, CMaterial*Material);
public:
    int nLightNumber;                                     //光源数量
    CLightSource*pLightSource;                            //光源数组
    CMaterial*pMaterial;                                  //材质属性
    CRGB Ambient;                                         //环境光
};
CRGB CLighting::Illuminate(CP3 Eye, CP3 Point, CVector3 ptNormal, CMaterial
    *pMaterial)
{
    CRGB ReflectedIntensity=CRGB(0.0, 0.0, 0.0);          //总反射光强
    for (int loop=0; loop<nLightNumber; loop++)           //检查光源开关状态
    {
        if (LightSource[loop].L_OnOff)                    //光源开
        {
            CRGB I=CRGB(0.0, 0.0, 0.0);                   //初始化光强
            CVector3 L(Point, pLightSource[loop].L_Position);  // L 为光向量
            double d=L.Magnitude();                       //d 为光传播的距离
            L=L.Normalize();                              //规范化光向量
            CVector3 N=ptNormal;
            N=N.Normalize();                              //规范化法向量
            //第 1 步，加入漫反射光
```

```
            double NdotL=max(DotProduct(N, L), 0);
            I+=pMaterial->M_Diffuse*pLightSource[loop].L_Diffuse*NdotL;
            //第 2 步,加入镜面反射光
            CVector3 V(Point, Eye);                          //V 为视向量
            V=V.Normalize();                                 //规范化视向量
            CVector3 H=(L+V)/(L+V).Magnitude();              //H 为中分向量
            double NdotH=max(DotProduct(N, H), 0);
            double Rs=pow(NdotH, Material->M_n);
            I+=pMaterial->M_Specular*pLightSource[loop].L_Specular*Rs;
            //第 3 步,光强衰减
            double c0=pLightSource[loop].L_C0;               //c0 为常数衰减因子
            double c1=pLightSource[loop].L_C1;               //c1 为线性衰减因子
            double c2=pLightSource[loop].L_C2;               //c2 为二次衰减因子
            double f=(1.0/(c0+c1*d+c2*d*d));                 //光强衰减函数
            f=min(1.0, f);
            ReflectedIntensity+=I*f;                         //对光源衰减
        }
        else
            ReflectedIntensity+=Point.c;                     //物体自身颜色
    }
    //第 4 步,加入环境光
    ReflectedIntensity+=pMaterial->M_Ambient*Ambient;
    //第 5 步,光强规范化到[0,1]区间
    ReflectedIntensity.Normalize();
    //第 6 步,返回所计算顶点的最终的光强颜色
    return ReflectedIntensity;
}
```

程序说明：设计光照类 CLighting，设置光源数量、环境光属性。由于环境光与光源无关，所以在光照类内设置。计算一点的光强时，分为 6 步。光源衰减函数只对光源的漫反射光和镜面反射光起作用。

4. 配置光照环境

```
void CTestView::InitializeLightingScene(void)
{
    //设置光源属性
    int nLightSourceNumber=2;                                //光源数量
    pScene=new CLighting(nLightSourceNumber);                //一维光源动态数组
    pScene->LightSource[0].SetPosition(1000, 1000, 1000);    //设置光源 1 位置
    pScene->LightSource[1].SetPosition(-1000, -1000, 1000);  //设置光源 2 位置
    for (int i=0; i<nLightSourceNumber; i++)
    {
        pScene->pLightSource[i].L_Diffuse=CRGB(1.0, 1.0, 1.0);   //光源漫反射颜色
        pScene->pLightSource[i].L_Specular=CRGB(1.0, 1.0, 1.0); //光源镜面高光颜色
        pScene->pLightSource[i].L_C0=1.0;                    //常数衰减系数
        pScene->pLightSource[i].L_C1=0.0000001;              //线性衰减系数
        pScene->pLightSource[i].L_C2=0.00000001;             //二次衰减系数
        pScene->pLightSource[i].L_OnOff=TRUE;                //光源开启
    }
    //设置材质属性
```

```
pScene->pMaterial->SetAmbient(CRGB(0.475, 0.212, 0.212));  //材质环境反射率
pScene->pMaterial->SetDiffuse(CRGB(0.614, 0.341, 0.041));  //材质漫反射率
pScene->pMaterial->SetSpecular(CRGB(0.8, 0.8, 0.8));       //材质镜面反射率
pScene->pMaterial->SetExponent(30);                        //高光指数
}
```

程序说明：在 CTestView 类的 InitializeLightingScene() 函数内，设置光源位置、数量、漫反射光和镜面高光属性。设置"铜"材质环境反射率、漫反射率、镜面反射率以及高光指数等属性。

五、案例小结

1. Blinn-Phong 模型

Blinn-Phong 光照模型的反射光由环境光、漫反射光和镜面反射光组成。其中，镜面反射光对所合成的图像的真实感有很大影响。Phong 模型是第一个实现镜面反射光的模型，认为物体上一点所获得的镜面反射光与反射光方向 **R** 和观察方向 **V** 有关。Blinn-Phong 模型对 Phong 模型进行了修正，认为镜面反射光仅与中分向量 **H** 和法向量 **N** 有关。假定光源位置与视点位置固定，则镜面反射光仅与该点的法向量有关。

Blinn-Phong 光照模型是经验模型，在渲染对真实感要求不高的场景时，快速而有效。Blinn-Phong 模型假定镜面反射光的颜色与入射光相同，所绘制的物体看上去更像塑料。

2. 搭建三维场景

三维场景确定了视点、光源以及物体在世界坐标系中的相对位置，如图 34-2 所示。默认情况下，视点位于世界坐标系的 z 轴正向，即显示器正前方；屏幕（观察平面）垂直于 z 轴；光源位于观察平面的右上方。本案例中，假定视点位于场景的右上方和左下方，根据光照模型计算了球面网格顶点在三维场景中所获得的光强。使用光滑着色直线绘制了茶壶网格的光照模型。

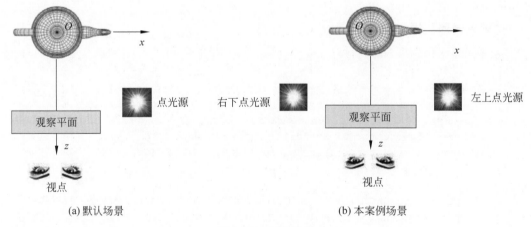

(a) 默认场景　　　　　　　　　　(b) 本案例场景

图 34-2　三维场景

3. 画家算法消隐

为了绘制边界线，茶壶的消隐使用了画家算法。小面的边界线构成了茶壶的轮廓。小面的填充色与背景色一致，小面的边界线采用中点算法绘制。直线端点的颜色，也就是小面

顶点的颜色,调用 Blinn-Phong 光照模型计算得到。

4. 改进效率

为了提高画家算法渲染后茶壶的旋转速度,做了两点改进。

(1) 茶壶的四边形小面使用路径层函数填充,不必调用三角形填充算法。

(2) 使用背面剔除算法,去除了一半不可见的表面。

六、案例拓展

(1) 球体使用 Bezier 曲面设计,材质为"红宝石",球面消隐采用背面剔除算法。试制作球面线框模型光照动画,如图 34-3 所示。

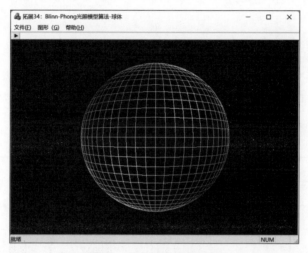

图 34-3　光照球体线框图

(2) 三维场景设置同案例拓展 1。设直线段的宽度为 8,试修改直线类,制作宽度直线球面线框模型光照动画,如图 34-4 所示。观察图形时,网格交叉点处会出现模糊的灰点;注视观察网格交叉点时,灰点会消失,这种现象称为赫尔曼错觉。试解释赫尔曼错觉产生的原因。

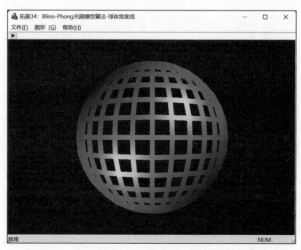

图 34-4　宽度线光照球体

案例 35 Gouraud 明暗处理算法

知识点

- 顶点的法向量。
- 光强线性插值算法。

一、案例需求

1. 案例描述

在三维场景的右上方和左下方各布置一个白色光源。假设视点位于屏幕正前方，茶壶的材质为不透明的"铜"，如表 35-1 所示。试基于 Gouraud 明暗处理算法制作茶壶的表面模型着色动画。

表 35-1 "铜"材质属性

RGB 分量	环境反射率	漫反射率	镜面反射率	高光指数
R	0.45	0.614	0.8	
G	0.212	0.341	0.8	30
B	0.212	0.041	0.8	

2. 功能说明

（1）定义三维右手世界坐标系，原点位于客户区中心，x 轴水平向右为正，y 轴垂直向上为正，z 轴指向观察者。

（2）定义三维屏幕坐标系，原点位于客户区中心，x 轴水平向右为正，y 轴垂直向上为正，z 轴背离观察者。屏幕背景色设置为黑色。

（3）建立三维右手建模坐标系，原点位于客户区中心，x 轴水平向右为正，y 轴垂直向上为正，z 轴指向观察者。

（4）以建模坐标系的原点为中心，基于双三次 Bezier 曲面建立茶壶的三维几何模型。

（5）茶壶的表面模型使用双点光源照射，视点位于场景的正前方。茶壶的材质为"铜"。

（6）使用 Gouraud 明暗处理算法，计算光源照射下茶壶表面网格顶点所获得的光强。

（7）使用键盘上的方向键或者工具栏上的"动画"图标按钮播放光照茶壶的旋转动画。

3. 案例效果图

茶壶的 Gouraud 光照效果如图 35-1 所示。

二、案例分析

1. 光照模型

Blinn-Phong 光照模型是 Phong 提出的光照模型，但由 Blinn 进行了改进，指出高光位

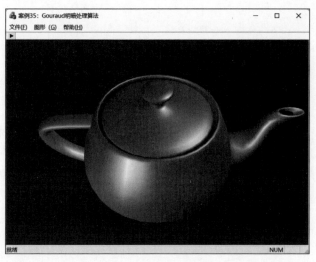

图 35-1　茶壶的 Gouraud 光照效果(彩插图 10)

于中分向量方向。

2. 顶点法向量

使用小面顶点法向量计算该点所获得的光强。顶点法向量取自共享该顶点的所有小面法向量的平均值。正是顶点法向量,才使得小面之间过渡光滑,不会留下折痕。

计算顶点法向量是很麻烦的事情,既需要考虑内点法向量的平均,也需要考虑边界点法向量的平均。对于双三次 Bezier 曲面,计算方法可以简化。假定曲面上的点为 $P(u_0,v_0)$,该点的切向量为参数曲面的偏导数 $\dfrac{\partial P(u,v)}{\partial u}\bigg|_{\substack{u=u_0\\v=v_0}}, \dfrac{\partial P(u,v)}{\partial v}\bigg|_{\substack{u=u_0\\v=v_0}}$。该点处的法向量为 $\dfrac{\partial P(u,v)}{\partial u}\bigg|_{\substack{u=u_0\\v=v_0}} \times \dfrac{\partial P(u,v)}{\partial v}\bigg|_{\substack{u=u_0\\v=v_0}}$,如图 35-2 所示。

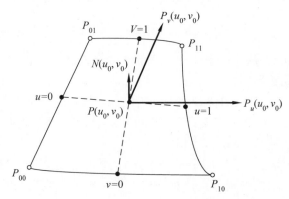

图 35-2　曲面的切向量与法向量

已经知道,双三次 Bezier 曲面的公式为

$$p(u,v)=\boldsymbol{UMPM}^\mathrm{T}\boldsymbol{V}^\mathrm{T} \tag{35-1}$$

则双三次 Bezier 曲面的切向量为

$$p'_u(u,v) = [3u^2 \quad 2u \quad 1 \quad 0] \mathbf{MPM}^T \mathbf{V}^T \quad (35\text{-}2)$$

$$p'_v(u,v) = \mathbf{UMPM}^T [3v^2 \quad 2v \quad 1 \quad 0]^T \quad (35\text{-}3)$$

双三次 Bezier 曲面上一点 $P(u_0,v_0)$ 的法向量为

$$\mathbf{N} = \frac{p'_u(u,v) \times p'_v(u,v)}{|p'_u(u,v) \times p'_v(u,v)|} \quad (35\text{-}4)$$

将 $P(u_0,v_0)$ 代入,可以得到当前点的点法向量(vertex normal)。对于切向量不存在的点,如茶壶的壶顶中心和壶底中心,可以使用该点的位置向量代替法向量。

3. 光强线性插值

已经计算出小面的顶点光强,采用双线性插值算法计算三角形内一点的光强,如图 35-3 所示。

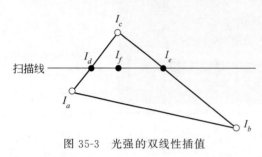

图 35-3 光强的双线性插值

$$\begin{cases} I_d = (1-t)I_a + tI_c \\ I_e = (1-t)I_b + tI_c , 0 \leqslant t \leqslant 1 \\ I_f = (1-t)I_d + tI_e \end{cases} \quad (35\text{-}5)$$

假定三角形三个顶点的坐标为 (x_a, y_a)、(x_b, y_b)、(x_c, y_c)。将线性插值与三角形顶点坐标联系起来,有

$$\begin{cases} I_d = \dfrac{y_c - y_d}{y_c - y_a}I_a + \dfrac{y_d - y_a}{y_c - y_a}I_c \\ I_e = \dfrac{y_c - y_e}{y_c - y_b}I_b + \dfrac{y_e - y_b}{y_c - y_b}I_c \\ I_f = \dfrac{x_e - x_f}{x_e - x_d}I_d + \dfrac{x_f - x_d}{x_e - x_d}I_e \end{cases} \quad (35\text{-}6)$$

如果用重心坐标算法计算三角形内部的光强,则插值计算简化为

$$I = \alpha I_a + \beta I_b + \gamma I_c \quad (35\text{-}7)$$

其中,α、β、γ 为三角形的重心坐标,I_a、I_b、I_c 为顶点光强,I 为小面内任一点的光强。

三、算法设计

(1) 定义 CTeapot 类,从文件中读入茶壶的 306 个控制点表和 32 片曲面表。使用递归法将曲面细分为平面四边形网格。

(2) 根据光源的位置、视点的位置、"铜"的材质属性,构造三维光照场景。

(3) 使用 Blinn-Phong 光照模型计算网格的顶点光强。网格顶点的光强与顶点的位置、视点位置、顶点的法向量、材质属性相关。

(4) 使用透视投影算法,将三维网格顶点投影为屏幕坐标系的三维点。

(5) 基于 Gouraud 明暗处理算法计算网格内任一点的颜色,使用重心坐标算法将四边形分为两个三角形进行填充。

(6) 使用 zBuffer 算法对茶壶表面模型进行消隐。

四、案例设计

1. 配置光照环境

```
void CTestView::InitializeLightingScene(void)
{
    //设置光源属性
    int nLightSourceNumber=2;                                      //光源数量
    pScene=new CLighting(nLightSourceNumber);                      //一维光源动态数组
    pScene->LightSource[0].SetPosition(1000, 1000, 1000);          //设置光源1位置
    pScene->LightSource[1].SetPosition(-1000, -1000, 1000);        //设置光源2位置
    for (int i=0; i<nLightSourceNumber; i++)
    {
        pScene->LightSource[i].L_Diffuse=CRGB(1.0, 1.0, 1.0);      //光源的漫反射颜色
        pScene->LightSource[i].L_Specular=CRGB(1.0, 1.0, 1.0);     //光源的镜面高光颜色
        pScene->LightSource[i].L_C0=1.0;                           //常数衰减系数
        pScene->LightSource[i].L_C1=0.0000001;                     //线性衰减系数
        pScene->LightSource[i].L_C2=0.00000001;                    //二次衰减系数
        pScene->LightSource[i].L_OnOff=TRUE;                       //光源开启
    }
    //设置材质属性
    pScene->pMaterial->SetAmbient(CRGB(0.475, 0.212, 0.212));//材质的环境反射率
    pScene->pMaterial->SetDiffuse(CRGB(0.614, 0.341, 0.041));//材质的漫反射率
    pScene->pMaterial->SetSpecular(CRGB(0.8, 0.8, 0.8));     //材质的镜面反射率
    pScene->pMaterial->SetExponent(30);                      //高光指数
}
```

程序说明：在 CTestView 类的 InitializeLightingScene() 函数内，设置双光源位置、漫反射光颜色和镜面高光颜色。设置"铜"材质的漫环境反射率、漫反射率、镜面反射率与高光指数等属性。

2. 计算网格顶点的法向量

```
void CBicubicBezierPatch::MeshGrid(CDC*pDC, CT2 T[4])
{
    double M[4][4];                              //系数矩阵M
    M[0][0]=-1, M[0][1]=3, M[0][2]=-3, M[0][3]=1;
    M[1][0]=3, M[1][1]=-6, M[1][2]=3, M[1][3]=0;
    M[2][0]=-3, M[2][1]=3, M[2][2]=0, M[2][3]=0;
    M[3][0]=1, M[3][1]=0, M[3][2]=0, M[3][3]=0;
    CP3 pTemp[4][4];                             //每次递归需要保证控制点矩阵不改变
    for (int i=0; i<4; i++)
        for (int j=0; j<4; j++)
            pTemp[i][j]=P[i][j];
    LeftMultiplyMatrix(M, pTemp);                //控制点矩阵左乘系数矩阵
    TransposeMatrix(M);                          //系数矩阵转置
    RightMultiplyMatrix(pTemp, M);               //控制点矩阵右乘系数矩阵
    double u0, u1, u2, u3, v0, v1, v2, v3;       //u,v参数的幂
    for (int i=0; i<4; i++)
    {
        u3=pow(T[i].u, 3.0), u2=pow(T[i].u, 2.0), u1=T[i].u, u0=1.0;
```

```
    v3=pow(T[i].v, 3.0), v2=pow(T[i].v, 2.0), v1=T[i].v, v0=1.0;
    //计算网格点三维坐标
    gridP[i]=(u3*pTemp[0][0]+u2*pTemp[1][0]+u1*pTemp[2][0]+u0*pTemp[3][0])
        *v3+(u3*pTemp[0][1]+u2*pTemp[1][1]+u1*pTemp[2][1]+u0*pTemp[3][1])*
        v2+(u3*pTemp[0][2]+u2*pTemp[1][2]+u1*pTemp[2][2]+u0*pTemp[3][2])*
        v1+(u3*pTemp[0][3]+u2*pTemp[1][3]+u1*pTemp[2][3]+u0*pTemp[3][3])
        *v0;
    //计算网格点法向量
    CVector3 uTangent, vTangent;         //u向切向量、v向切向量
    double pdu3, pdu2, pdu1, pdu0;        //u方向的偏导数(partial derivative)
    pdu3=3.0*pow(T[i].u, 2.0), pdu2=2.0*T[i].u, pdu1=1, pdu0=0.0;
    uTangent=(pdu3*pTemp[0][0]+pdu2*pTemp[1][0]+pdu1*pTemp[2][0]+pdu0*
        pTemp[3][0])*v3+(pdu3*pTemp[0][1]+pdu2*pTemp[1][1]+pdu1*pTemp[2][1]
        +pdu0*pTemp[3][1])*v2+(pdu3*pTemp[0][2]+pdu2*pTemp[1][2]+pdu1*
        pTemp[2][2]+pdu0*pTemp[3][2])*v1+(pdu3*pTemp[0][3]+pdu2*pTemp[1][3]
        +pdu1*pTemp[2][3]+pdu0*pTemp[3][3])*v0;
    double pdv3, pdv2, pdv1, pdv0;        //v方向的偏导数
    pdv3=3.0*pow(T[i].v, 2.0), pdv2=2.0*T[i].v, pdv1=1.0, pdv0=0.0;
    vTangent=(u3*pTemp[0][0]+u2*pTemp[1][0]+u1*pTemp[2][0]+u0*pTemp[3][0])
        *pdv3+(u3*pTemp[0][1]+u2*pTemp[1][1]+u1*pTemp[2][1]+u0*pTemp[3][1])*
        pdv2+(u3*pTemp[0][2]+u2*pTemp[1][2]+u1*pTemp[2][2]+u0*pTemp[3][2])
        *pdv1+(u3*pTemp[0][3]+u2*pTemp[1][3]+u1*pTemp[2][3]+u0*pTemp[3][3])
        *pdv0;
    gridN[i]=CrossProduct(uTangent, vTangent).Normalize();   //规范化顶点法向量
}
if (fabs(gridP[0].x-gridP[1].x)<1e-4)       //处理特殊区域法向量
    gridN[0]=gridN[1]=CVector3(gridP[0]).Normalize();
if (fabs(gridP[2].x-gridP[3].x)<1e-4)
    gridN[2]=gridN[3]=CVector3(gridP[2]).Normalize();
}
```

程序说明：使用曲面的 u 向和 v 向偏导数的叉乘计算曲面上点的法向量。由于偏导数可能在 $x=0$ 处不存在，所以使用该点的位置向量代替。如果注释了本段代码的最后 4 行，则所绘制的茶壶在壶顶和壶底都会有黑点，如图 35-4 所示。

(a) 壶顶(彩插图11)　　　　　　　　　　　(b) 壶底

图 35-4　法向量不存在点处

3. 填充三角形网格

```
void CBicubicBezierPatch::Draw(CDC*pDC)
{
    CP3 Eye=projection.GetEye();
    CP3 Point[4];                                    //屏幕三维网格顶点
    for (int i=0; i<4; i++)
    {
        Point[i]=projection.PerspectiveProjection3(gridP[i]);
        Point[i].c=pScene->Illuminate(Eye, gridP[i], gridN[i], pScene->pMaterial);
    }
    CP3 DRP[3]={ Point[0], Point[1], Point[2] };     //右下三角形顶点数组
    pZBuffer->SetPoint(DRP);
    pZBuffer->GouraudShader(pDC);
    CP3 TLP[3]={ Point[0], Point[2], Point[3] };     //左上三角形顶点数组
    pZBuffer->SetPoint(TLP);
    pZBuffer->GouraudShader(pDC);
}
```

程序说明：在CBicubicBezierPatch类的Draw()函数内绘制茶壶表面模型。基于光照模型和"铜"材质属性，先计算光源照射下茶壶表面四边形网格顶点所获得的光强，再将平面四边形分为"右下"和"左上"两个三角形，分别使用重心坐标算法进行填充。

五、案例小结

（1）Gouraud明暗处理（也称为GouraudShader），是对多边形的顶点进行光强的线性插值。GouraudShader属于顶点着色算法，光照模型仅计算顶点的光强。

（2）GouraudShader不能正确表示高光。高光只能在多边形周围生成，不能在多边形内部生成。

（3）GouraudShader可以绘制颜色连续过渡的曲面，但是多边形边界处会出现马赫带，如图35-5所示。

图35-5　马赫带

六、案例拓展

（1）对每个四边形网格，使用网格的面法向量计算网格顶点的颜色，称为 Flat 明暗处理。试绘制图 35-6 所示的效果图。

图 35-6　平面着色茶壶（彩插图 12）

（2）试基于双三次 Bezier 曲面构造球体，球体材质为"红宝石"。点光源位于场景的右前方。试使用 Gouraud 明暗处理算法为球体着色，效果如图 35-7 所示。

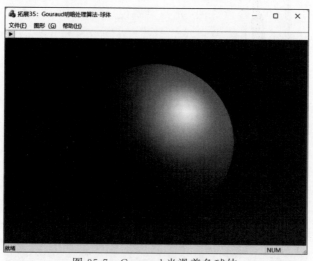

图 35-7　Gouraud 光滑着色球体

案例 36　Phong 明暗处理算法

知识点

- 向量双线性插值算法。
- 三维屏幕像素点的光强。

一、案例需求

1. 案例描述

在三维场景的左下方和右上方各布置一个白色光源。假设视点位于屏幕前方，茶壶的材质为不透明的"铜"，如表 35-1 所示。试基于 Phong 明暗处理算法制作茶壶的光滑模型动画。

2. 功能说明

（1）定义三维右手世界坐标系，原点位于客户区中心，x 轴水平向右为正，y 轴垂直向上为正，z 轴指向观察者。

（2）定义三维屏幕坐标系，原点位于客户区中心，x 轴水平向右为正，y 轴垂直向上为正，z 轴背离观察者。屏幕背景色设置为黑色。

（3）建立三维右手建模坐标系，原点位于客户区中心，x 轴水平向右为正，y 轴垂直向上为正，z 轴指向观察者。

（4）以建模坐标系的原点为中心，基于双三次 Bezier 曲面建立茶壶的三维几何模型。

（5）茶壶的表面模型使用双点光源照射，视点位于场景的正前方。茶壶的材质为"铜"。

（6）使用 Phong 明暗处理算法，计算光源照射下茶壶表面网格顶点所获得的光强。

（7）使用键盘上的方向键或者工具栏上的"动画"图标按钮播放光照茶壶的旋转动画。

3. 案例效果图

茶壶的 Phong 明暗处理光照模型效果如图 36-1 所示。

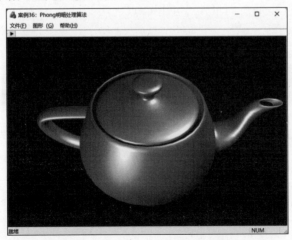

图 36-1　茶壶的 Phong 明暗处理光照模型效果图（彩插图 13）

二、案例分析

1. 法向量线性插值

Phong 明暗处理首先计算多边形表面的每个顶点的平均法向量,然后使用双线性插值计算多边形内部各点的法向量,最后才使用表面内各点的法向量调用简单光照模型,计算所获得的光强。Phong 明暗处理的步骤如下。

(1) 计算多边形顶点的平均法向量。

$$N = \frac{\sum_{i=0}^{n-1} N_i}{\left| \sum_{i=0}^{n-1} N_i \right|}$$

式中,N_i 为共享顶点的多边形面片的法向量,N 为平均法向量。

(2) 线性插值计算多边形内部各点的法向量。

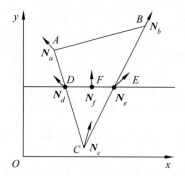

图 36-2 Phong 双线性法矢插值模型

在图 36-2 中,三角形的顶点坐标为 $A(x_a, y_a)$,法向量为 N_a;$B(x_b, y_b)$,法向量为 N_b;$C(x_c, y_c)$,法向量为 N_c。任意一条扫描线与三角形边 AC 的交点为 $D(x_d, y_d)$,法向量为 N_d;与边 BC 的交点为 $E(x_e, y_e)$,法向量为 N_e;$F(x_f, y_f)$ 为 DE 内的任意一点,法向量为 N_f。Phong 明暗处理是根据三角形顶点 A、B、C 的法向量进行双线性插值计算三角形内点 F 的法向量。

边 AC 上任意一点 D 的法向量 N_d,可由 A 点的法向量 N_a 和 C 点的法向量 N_c 使用拉格朗日线性插值得到

$$N_d = \frac{y_d - y_c}{y_a - y_c} N_a + \frac{y_d - y_a}{y_c - y_a} N_c \tag{36-1}$$

边 BC 上任意一点 E 的法向量 N_e,可由 C 点的法向量 N_c 和 B 点的法向量 N_b 使用拉格朗日线性插值得到

$$N_e = \frac{y_e - y_c}{y_b - y_c} N_b + \frac{y_e - y_b}{y_c - y_b} N_c \tag{36-2}$$

扫描线 DE 上 F 点的法向量 N_f 可由 D 点的法向量 N_d 和 E 点的法向量 N_e 使用拉格朗日线性插值得到

$$N_f = \frac{x_f - x_e}{x_d - x_e} N_d + \frac{x_f - x_d}{x_e - x_d} N_e \tag{36-3}$$

注意,插值后的法向量也需要规范化为单位向量,才能用于光强计算中。使用重心坐标法计算小面内任意一点的法向量

$$N = \alpha N_a + \beta N_b + \gamma N_c \tag{36-4}$$

式中,α、β、γ 为三角形的重心坐标,N_a、N_b、N_c 为三角形顶点的法向量,N 为小面内任一点

的法向量。

2. 计算屏幕坐标系内的三维像素点

使用重心坐标,根据小面顶点的伪深度,计算任意一点的伪深度。

$$Z = \alpha Z_a + \beta Z_b + \gamma Z_c \tag{36-5}$$

式中,Z 为伪深度。

有了伪深度,就可以定义屏幕坐标系内的三维像素点,进而调用光照模型计算该点的光强。

三、算法设计

(1) 定义 CTeapot 类,从文件中读入茶壶的 306 个控制点表和 32 片曲面表。使用递归法将曲面细分为平面四边形网格。

(2) 根据光源的位置、视点的位置、"铜"的材质属性,构造三维光照场景。

(3) 计算四边形网格顶点的法向量,使用透视投影算法,将三维网格顶点投影为屏幕坐标系的三维点。使用重心坐标算法将四边形分为两个三角形进行填充。

(4) 基于 Phong 明暗处理算法,计算三角形内任意一点的法向量和伪深度,使用 Blinn-Phong 光照模型计算三维像素点的光强。

(5) 使用 zBuffer 算法对茶壶表面模型进行消隐。

四、案例设计

1. 定义 PhongShader 函数

```
void CZBuffer::PhongShader(CDC*pDC, CP3 Eye, CLighting*pScene)
{
    int xMin=ROUND(min(min(P0.x, P1.x), P2.x));      //包围盒左下角点坐标
    int yMin=ROUND(min(min(P0.y, P1.y), P2.y));
    int xMax=ROUND(max(max(P0.x, P1.x), P2.x));      //包围盒右上角点坐标
    int yMax=ROUND(max(max(P0.y, P1.y), P2.y));
    for (int y=yMin; y<=yMax; y++)
    {
        for (int x=xMin; x<=xMax; x++)
        {
            double Area=P0.x*P1.y+P1.x*P2.y+P2.x*P0.y-P2.x*P1.y -P1.x*P0.y-P0.x
                *P2.y;
            double Area0=x*P1.y+P1.x*P2.y+P2.x*y-P2.x*P1.y -P1.x*y-x*P2.y;
            double Area1=P0.x*y+x*P2.y+P2.x*P0.y-P2.x*y -x*P0.y -P0.x*P2.y;
            double Area2=P0.x*P1.y+P1.x*y+x*P0.y-x*P1.y-P1.x*P0.y-P0.x*y;
            double alpha=Area0/Area, beta=Area1/Area, gamma=Area2/Area;    //重心坐标
            if (alpha>=0&&beta>=0&&gamma>=0)
            {
                //计算三角形内任意一点的法向量
                CVector3 ptNormal=alpha*N0+beta*N1+gamma*N2;
                //计算三角形内任意一点的深度
                double zDepth=alpha * P0.z+beta*P1.z+gamma*P2.z;
                CRGB Intensity=pScene->Illuminate(Eye, CP3(x, y, zDepth),
```

```
                ptNormal, pScene->pMaterial);
            if (zDepth<=zBuffer[x+nWidth/2][y+nHeight/2])
            {
                zBuffer[x+nWidth/2][y+nHeight/2]=zDepth;
                pDC->SetPixelV(x, y, CRGBtoRGB(Intensity));
            }
        }
    }
}
```

程序说明：程序在双三次 Bezier 曲面类的 Draw()函数内，使用重心坐标算法计算任意一点的光强。

2. 调用 PhongShader 函数

```
void CBicubicBezierPatch::Draw(CDC*pDC)
{
    CP3 Eye=projection.GetEye();                              //视点
    CP3 Point[4];                                             //顶点坐标
    CVector3 Normal[4];                                       //顶点法向量
    for (int i=0; i<4; i++)
    {
        Point[i]=projection.PerspectiveProjection3(gridP[i]);
        Normal[i]=gridN[i];
    }
    CP3 DRP[3]={ Point[0], Point[1], Point[2] };
    CVector3 DRN[3]={ Normal[0], Normal[1], Normal[2] };
    pZBuffer->SetPoint(DRP, DRN);                             //右下三角形
    pZBuffer->PhongShader(pDC, Eye, pScene);
    CP3 TLP[3]={ Point[0], Point[2], Point[3] };
    CVector3 TLN[3]={ Normal[0], Normal[2], Normal[3] };
    pZBuffer->SetPoint(TLP, TLN);                             //左上三角形
    pZBuffer->PhongShader(pDC, Eye, pScene);
}
```

程序说明：透视投影的网格依然是三维顶点网格。将四边形网格分为"右下"和"左上"两个三角形绘制。

五、案例小结

(1) Phong 明暗处理（又称 PhongShader），属于面元着色算法，先对多边形的顶点法向量进行线性插值，然后调用光照模型计算小面内任意一点的光强。

(2) PhongShader 是纹理映射的基础算法，本案例中材质属性是常数；如果材质属性来自一幅图像，由于 PhongShader 实时计算每个像素点的光强，就可以将纹理图像映射到物体表面。

(3) PhongShader 由于计算了每个像素点的光强，计算量远大于 GouraudShader。Phong Shader 可以有效减弱马赫带效应，并正确绘制了高光。

六、案例拓展

（1）基于双三次 Bezier 曲面构造球体，球体材质为"红宝石"。点光源位于场景的右前方。试使用 Phong 明暗处理算法为球体着色，效果如图 36-3 所示。

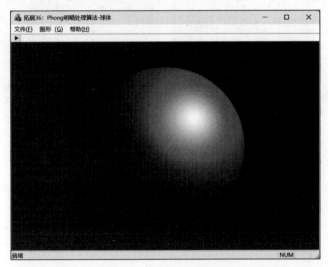

图 36-3　Phong 光滑着色球体

（2）基于双三次 Bezier 曲面构造西施壶，球体材质为"金色"。双点光源位于场景的左下方和右前方。试使用 Phong 明暗处理算法为西施壶着色，效果如图 36-4 所示。

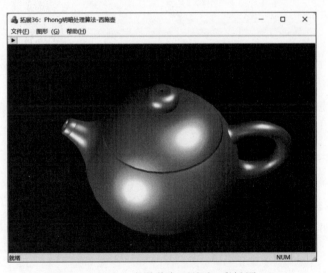

图 36-4　Phong 光滑着色西施壶（彩插图 14）

（3）法向量是计算 Blinn-Phong 光照的主要影响因素，试为本案例中的茶壶添加法线，绘制"带刺"的茶壶，如图 36-5 所示。

 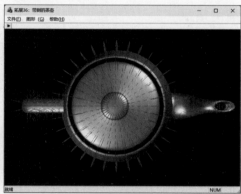

(a) 状态1(彩插图15)　　　　　　　　　　(b) 状态2

图 36-5　添加了法线的茶壶

案例 37　Cook-Torrance 光照模型算法

知识点

- 微平面理论。
- 表面粗糙度。

一、案例需求

1. 案例描述

在三维场景的左下方和右上方各布置一个白色光源。假设视点位于屏幕正前方,茶壶的材质为不透明的"铜"。试基于 Cook-Torrance 光照模型,绘制双光源照射下的茶壶旋转动画。

2. 功能说明

(1) 定义三维右手世界坐标系,原点位于客户区中心,x 轴水平向右为正,y 轴垂直向上为正,z 轴指向观察者。

(2) 定义三维左手屏幕坐标系,原点位于客户区中心,x 轴水平向右为正,y 轴垂直向上为正,z 轴指向屏幕内部。

(3) 建立三维右手建模坐标系,原点位于客户区中心,x 轴水平向右为正,y 轴垂直向上为正,z 轴指向观察者。

(4) 设计 Cook-Torrance 微平面光照模型,根据材质的粗糙度计算顶点所获得的高光。

(5) 基于 Phong 明暗处理算法,计算多边形网格内各点的光强。

(6) 使用键盘上的方向键或者工具栏上的"动画"图标按钮播放茶壶光照模型的旋转动画。

3. 案例效果图

Cook-Torrance 光照模型简称 C-T 光照模型,Blinn-Phong 光照模型简称 B-P 光照模型。C-T 光照模型绘制效果如图 37-1(a) 所示。在同样光照环境下,B-P 光照模型绘制效果如图 37-1(b) 所示。

二、案例分析

1. 微平面理论

C-T 模型仍然把反射光分为漫反射光和平面反射光,但注意力完全集中到镜面反射部分。从微观角度看,相对于很小的入射光波长,物体表面是粗糙不平的,类似于 V 形凹槽。微平面理论将粗糙物体表面看作由无数微小的镜面组成。这些镜面朝向各异,随机分布,镜面反射光的颜色与物体表面的材质属性有关。Cook-Torrance 模型表示为

$$I_{c-t} = I_d + I_s = k_d I_p R_d + k_s I_p R_s \tag{37-1}$$

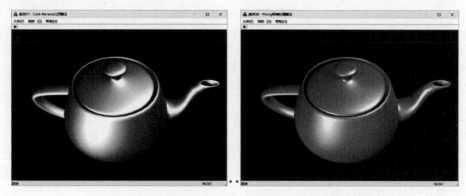

(a) C-T光照模型（彩插图16）　　　　　　(b) B-P光照模型

图 37-1　Cook-Torrance 局部光照模型效果图

式中，I_{c-t} 是 Cook-Torrance 模型的反射光强；I_d 是漫反射光强，其中 $R_d=\max(\boldsymbol{NL},0)$，计算方法仍沿用 Blinn-Phong 模型；$I_s$ 是镜面反射光强，其中 R_s 是镜面反射项。

2. 计算平面反射项

$$R_s = \frac{F}{\pi} \times \frac{D \times G}{(\boldsymbol{NL})(\boldsymbol{NV})} \tag{37-2}$$

式中，F 为 Fresnel 项，描述光线如何从光滑微镜面反射。D(distribution function) 为分布函数项，微镜面的法线方向只有沿着 $\boldsymbol{H}$ 方向才对光照有贡献，微镜面的朝向用斜率 k 描述。G(geometrical attenuation) 为几何衰减因子项，描述微镜面之间的遮挡效果，包括阴影（shadow，遮挡入射光线）和（mask，遮挡反射光线）两种情况。

(1) 计算 F。描述如下：

$$F = f_0 + (1-f_0)(1-\cos\theta)^5 = f_0 + (1-f_0)(1-\boldsymbol{VH})^5 \tag{37-3}$$

式中，f_0 为入射角度接近 0° 时（光线垂直反射时）的 Fresnel 反射率，即 $\cos\theta=1$。$\boldsymbol{V}$ 为视向量。$\boldsymbol{H}$ 为中分向量，即视向量和光向量的中间向量。

(2) 计算 D。Cook 和 Torrance 使用 Beckmann 分布函数描述微面元的分布。描述如下：

$$D = \frac{1}{k^2\cos^4\alpha} e^{-[\tan\alpha/k]^2} \tag{37-4}$$

式中，k 是用于度量表面的粗糙程度的微镜面的斜率。α 是顶点法向量 $\boldsymbol{N}$ 和中分向量 $\boldsymbol{H}$ 的夹角，其中

$$-\left[\frac{\tan\alpha}{k}\right]^2 = -\frac{\frac{1-\cos^2\alpha}{\cos^2\alpha}}{k^2} = \frac{\cos^2\alpha-1}{k^2\cos^2\alpha} = \frac{(\boldsymbol{NH})^2-1}{k^2(\boldsymbol{NH})^2} \tag{37-5}$$

Backmann 分布函数的最终数学表达为

$$D = \frac{1}{k^2(\boldsymbol{NH})^4} e^{\frac{(\boldsymbol{NH})^2-1}{k^2(\boldsymbol{NH})^2}} \tag{37-6}$$

(3) 计算 G。微镜面上的光线可能出现 3 种情况：入射光线和反射光线都未被遮挡；反

射光线无法正常到达人眼,称为 mask;入射光线部分被遮挡,称为 shadow。

对于光线没有被遮挡的情况,$G=1$。

对于部分反射光线被遮挡的情况,有

$$G_m = \frac{2(\boldsymbol{NH})(\boldsymbol{NV})}{\boldsymbol{VH}} \tag{37-7}$$

对于部分入射光线被遮挡的情况,有

$$G_s = \frac{2(\boldsymbol{NH})(\boldsymbol{NL})}{\boldsymbol{VH}} \tag{37-8}$$

G 取为 3 种情况中的衰减因子的最小值

$$G = \min\{1, G_m, G_s\} = \min\left(1, \frac{2(\boldsymbol{NH})(\boldsymbol{NV})}{\boldsymbol{VH}}, \frac{2(\boldsymbol{NH})(\boldsymbol{NL})}{\boldsymbol{VH}}\right) \tag{37-9}$$

将 F、D 和 G 代入式(37-2),有

$$R_s = \frac{f_0 + (1-f_0)(1-\boldsymbol{VH})^5}{\pi} \times \frac{\dfrac{1}{k^2(\boldsymbol{NH})^4} e^{\frac{(\boldsymbol{NH})^2-1}{k^2(\boldsymbol{NH})^2}}}{(\boldsymbol{VN})} \\ \times \frac{\min\left(1, \dfrac{2(\boldsymbol{NH})(\boldsymbol{NV})}{\boldsymbol{VH}}, \dfrac{2(\boldsymbol{NH})(\boldsymbol{NL})}{\boldsymbol{VH}}\right)}{\boldsymbol{NV}} \tag{37-10}$$

输入参数为材质的 Fresnel 反射率 f_0 和表面粗糙度 k。对于金属,f_0 为 0.1~1.0;对于非金属,f_0 为 0.02~0.05。

三、算法设计

(1) 设置材质的菲涅耳反射率和表面粗糙度。

(2) 修改光照类,根据菲涅耳项 F、分布函数项 D 和几何衰减因子项 G,计算镜面反射项。

(3) 基于光源与视点的位置,调用 C-T 模型计算网格顶点的反射光强。

(4) 调用 Phong 明暗处理算法对小面进行着色。

四、案例设计

1. 修改材质类

```
class CMaterial
{
public:
    CMaterial(void);
    virtual~CMaterial(void);
    void SetAmbient(CRGB c);      //设置环境反射率
    void SetDiffuse(CRGB c);      //设置漫反射率
    void SetSpecular(CRGB c);     //设置镜面反射率
    void SetFresnel(double f);    //设置材质的 Fresnel 反射率
    void SetRoughness(double k);  //设置材质的粗糙度
public:
```

```cpp
    CRGB M_Ambient;                  //环境反射率
    CRGB M_Diffuse;                  //漫反射率
    CRGB M_Specular;                 //镜面反射率
    double M_f;                      //Fresnel 反射率
    double M_k;                      //斜率描述的粗糙度
};
```

程序说明：增加反射率和粗糙度两个数据成员。

2. 设计 C-T 光照模型

```cpp
//第 2 步,加入镜面反射光
CVector3 V(Point, Eye);              //V 为视向量
V=V.Normalize();                     //规范化视向量
CVector3 H=(L+V).Normalize();        //H 为中分向量
double NdotH=max(DotProduct(N, H), 0); //N 与 H 的点积
double NdotV=max(DotProduct(N, V), 0); //N 与 V 的点积
double VdotH=max(DotProduct(V, H), 0); //V 与 H 的点积
if (NdotL>0.0&&NdotV>0.0)
{
    double F=pMaterial->M_f+(1.0-pMaterial->M_f)*pow(1-VdotH, 5.0); //Fresnel 项
    double r1=1.0/(pMaterial->M_k*pMaterial->M_k*pow(NdotH, 4.0));
    double r2=(NdotH*NdotH-1.0)/(pMaterial->M_k*pMaterial->M_k*NdotH*NdotH);
    double D=r1*exp(r2);             //Beckmann 分布函数
    double Gm=(2.0*NdotH*NdotV)/VdotH;  //几何衰减
    double Gs=(2.0*NdotH*NdotL)/VdotH;
    double G=min(min(1.0, Gm), Gs);
    double Rs=(F*D*G)/(PI*NdotL*NdotV);
    I+=pLightSource[loop].L_Specular*pMaterial->M_Specular*Rs;
}
```

程序说明：将简单光照模型修改为局部光照模型，保留环境光和漫反射光算法，给定 Fresnel 反射率 M_f 和粗糙度 M_k 后，使用了 Cook-Torrance 模型计算顶点的高光。

3. 初始化光照函数

```cpp
void CTestView::InitializeLightingScene(void)                //初始化光照环境
{
    //设置光源属性
    int nLightSourceNumber=2;                                //光源数量
    pScene=new CLighting(nLightSourceNumber);                //一维光源动态数组
    pScene->pLightSource[0].SetPosition(1000, 1000, 1000);   //设置光源 1 位置
    pScene->pLightSource[1].SetPosition(-1000, -1000, 1000); //设置光源 2 位置
    for (int i=0; i<nLightSourceNumber; i++)
    {
        pScene->pLightSource[i].L_Diffuse=CRGB(1.0, 1.0, 1.0);  //光源的漫反射颜色
        pScene->pLightSource[i].L_Specular=CRGB(1.0, 1.0, 1.0); //光源的镜面高光颜色
        pScene->pLightSource[i].L_C0=1.0;                       //常数衰减系数
        pScene->pLightSource[i].L_C1=0.0000001;                 //线性衰减系数
```

```
            pScene->pLightSource[i].L_C2=0.00000001;              //二次衰减系数
            pScene->pLightSource[i].L_OnOff=TRUE;                 //光源开启
    }
    //设置材质属性
    pScene->pMaterial->SetAmbient(CRGB(0.175, 0.012, 0.012));  //材质的环境反射率
    pScene->pMaterial->SetDiffuse(CRGB(0.614, 0.341, 0.041));  //材质的漫反射率
    pScene->pMaterial->SetSpecular(CRGB(0.386, 0.659, 0.959)); //材质的镜面反射率
    pScene->pMaterial->SetFresnel(0.2);                        //Fresnel 反射率
    pScene->pMaterial->SetRoughness(0.4);                      //粗糙度
}
```

程序说明：在 CTestView 类的成员函数 InitializeLightingScene()中，初始化材质的菲涅耳反射系数和粗糙度。当微面元的粗糙度为 0 时，平面反射光最大，表面为全反射表面；随着微面元粗糙度的增加，漫反射光逐渐增加，平面反射光逐渐减少，直到成为完全漫反射表面。

五、案例小结

（1）C-T 光照模型假设物体的表面是粗糙的，看作由多个只反射平面反射光的微平面组成。B-P 模型认为镜面是光滑的。

（2）B-P 模型认为平面反射光是光源的颜色，C-T 模型认为平面反射光是材质的颜色，所绘制的高光呈现金属的光泽。

（3）B-P 模型用一个法向量描述平面高光，而 C-T 模型是用双向反射函数描述。显然，C-T 模型绘制的效果更真实可信。

六、案例拓展

（1）用回转类设计一个铜壶。在本案例的光照环境下，编码实现 Cook-Torrance 光照模型，渲染效果如图 37-2 所示。

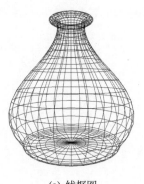  

　　(a) 线框图　　　　　　(b) B-P模型渲染效果图　　　(c) C-T模型渲染效果图

图 37-2　铜壶渲染效果图

（2）在本案例的光照环境下，用 C-T 模型渲染西施壶，效果如图 37-3 所示。试编程实现。

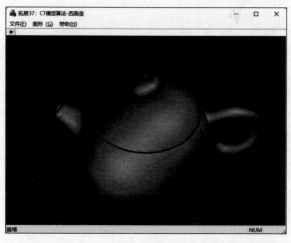

图 37-3 西施壶 C-T 光照模型渲染效果图(彩插图 17)

案例 38　简单透明算法

知识点

- 修改颜色类为 CRGBA，添加透明度 Alpha 分量。
- 为 CZBuffer 类添加颜色缓冲区 cBuffer 成员。

一、案例需求

1. 案例描述

在三维场景中放置一把 Utah 茶壶，背景为棋盘纹理图案，如图 38-1 所示。茶壶的材质为半透明铜材质。试绘制双光源照射下的透明茶壶。

图 38-1　背景为棋盘图案的半透明铜材质 Utah 茶壶（彩插图 18）

2. 功能说明

（1）定义三维右手世界坐标系，原点位于客户区中心，x 轴水平向右为正，y 轴垂直向上为正，z 轴指向观察者。

（2）定义三维屏幕左手坐标系，原点位于客户区中心，x 轴水平向右为正，y 轴垂直向上为正，z 轴指向屏幕内部。

（3）建立三维右手建模坐标系，原点位于客户区中心，x 轴水平向右为正，y 轴垂直向上为正，z 轴指向观察者。

（4）设置屏幕背景色为黑色，先绘制棋盘图案，棋盘图案不透明；再绘制茶壶，茶壶的透明度设为 0.4。

（5）棋盘图案与茶壶使用 Phong 明暗处理算法着色。

（6）为 CZBuffer 类建立颜色缓冲区，使用光强线性插值公式对棋盘图案和茶壶表面颜色进行线性插值，生成半透明茶壶。

（7）使用键盘上的方向键或者工具栏上的"动画"图标按钮播放或停止双光源照射下的透明茶壶旋转动画。

3. 案例效果图

在国际象棋棋盘背景下，基于线性透明算法绘制的半透明茶壶效果如图 38-2 所示。

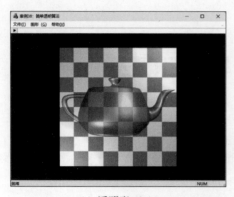
(a) 透明度t=0.4

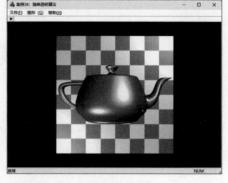
(b) 透明度t=0.0

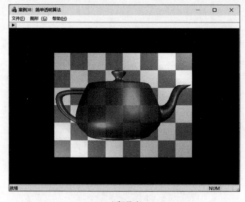
(c) 透明度t=1.0

图 38-2　线性透明算法效果图

二、案例分析

简单光照模型假定物体不透明,而透明的物体在生活中随处可见。本案例试图基于线性透明算法绘制透明茶壶。光穿过透明物体会发生透射和折射,透射采用光强的线性插值算法研究,而折射的研究则比较复杂。事实上,准确研究折射的方法是光线跟踪算法。所谓光线跟踪算法,是从视点发出视线,穿过屏幕与透明物体求交,直到遇到不透明物体。虽然光线跟踪算法可以准确计算折射,但运算费时且不在本书光栅化教学范畴。

简单透明算法(simple transparency algorithm)使用颜色的 α 分量控制透明度,也称为 α 混合(alpha blending)算法,包括线性透明算法与非线性透明算法。

1. 线性透明算法

(1) 线性透明算法不考虑折射引起的背景图案变形,只是通过对曲面物体表面的光强与背景光强进行线性插值来获得透明效果。

$$I=(1-t)I_A+tI_B, \quad t\in[0,1] \tag{38-1}$$

式中,I_A 为物体表面上一点的光强,I_B 为背景的光强。t 是透明度,取自 CRGBA 类的 alpha 分量。当 $t=0.0$ 时,茶壶完全不透明,如图 38-2(b)所示;当 $t=1.0$ 时,物体完全透明,只能显示不透明的背景,如图 38-2(c)所示。当 t 的取值位于[0,1]时,如 $t=0.4$,最终光强是物体的光强与背景光强融合的结果,如图 38-2(a)所示。

（2）简单的线性透明算法需要改造 zBuffer 算法，添加颜色缓冲区 cBuffer。绘制时从背景开始由后向前处理，直到视点。图 38-3 所示示例，从背景 B 开始计算表面 1 的背面与 B 的颜色插值，结果为 I_1。然后计算表面 1 的正面与 I_1 的颜色插值，得到 I_2……计算直到 I_4。由于传统的 zBuffer 算法只保留离视点最近的一层表面，而颜色插值需要至少两组表面，这样就需要改进 zBuffer 算法。

2. 非线性透明算法

非线性透明算法中将透明度设为定值，这对于曲面茶壶是不准确的。透明度应该与光传播的距离相关，在茶壶的边界处应保证透明度急剧下降。非线性透明算法使用下面的公式计算透明度：

$$t = (t_{\max} - t_{\min})(1 - (1 - z_{\text{norm}})^{t_{\text{pwr}}}) + t_{\min} \tag{38-2}$$

式中，t 为透明度；$t_{\max}$ 为任意点的最大透明度；$t_{\min}$ 为任意一点的最小透明度；z_{norm} 为表面单位法向量的 z 值；t_{pwr} 为指数。

这里的 z_{norm} 就是表面计算光强的点法向量的 z 值，要求 z_{norm} 是正值。t_{pwr} 的取值一般为 2 或者 3。对大多数物体而言，式(38-2)产生一个相对不变的透明度，并且在边界处快速减小为 0，相当于为物体描边。事实上，透明物体是通过突出边界表示的，参见图 38-4。

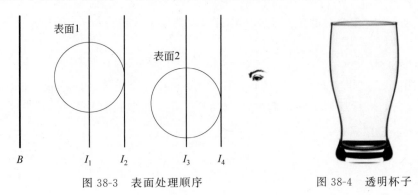

图 38-3　表面处理顺序　　　　　图 38-4　透明杯子

三、算法设计

（1）改造颜色类 CRGB 为 CRGBA 类，添加 alpha 透明度因子，并为该因子设置透明度。

（2）设置背景类，使用 PhongShader 绘制光照的棋盘图案。

（3）设计茶壶类，使用 PhongShader 绘制光照的茶壶。

（4）修改 CZBuffer 类，添加颜色缓冲区 cBuffer，对背景色与棋盘图案的颜色进行线性插值，再将计算结果与茶壶的颜色进行线性插值。

四、案例设计

1. 设计颜色类

```
class CRGBA
{
public:
```

```cpp
    CRGBA(void);
    CRGBA(double red, double green, double blue, double alpha=0.4);//这里改变透明度
    virtual ~CRGBA(void);
    friend CRGBA operator+(const CRGBA &c0, const CRGBA &c1);      //运算符重载
    friend CRGBA operator-(const CRGBA &c0, const CRGBA &c1);
    friend CRGBA operator*(const CRGBA &c0, const CRGBA &c1);
    friend CRGBA operator*(const CRGBA &c, double scalar);
    friend CRGBA operator*(double scalar,const CRGBA &c);
    friend CRGBA operator/(const CRGBA &c1, double scalar);
    friend CRGBA operator+=(CRGBA &c0, CRGBA &c1);
    friend CRGBA operator-=(CRGBA &c0, CRGBA &c1);
    friend CRGBA operator * = (CRGBA &c0, CRGBA &c1);
    friend CRGBA operator /= (CRGBA &c, double scalar);
    void   Normalize(void);                                        //颜色分量归一化到[0,1]区间
public:
    double red;                                                    //红色分量
    double green;                                                  //绿色分量
    double blue;                                                   //蓝色分量
    double alpha;                                                  //alpha 分量
};
```

程序说明：CRGBA 类的定义类似 CRGB 类，添加了颜色分量 α，表示透明度，在此设置 $\alpha=0.4$。

2. 设计背景类

背景类用于绘制棋盘图案。所谓棋盘图案，就是在一个正方形内绘制指定数目（默认为 8）的黑白方块，如果行加列之和是偶数，则显示为白色，否则显示为黑色。

```cpp
class CBackGround
{
public:
    CBackGround(void);
    virtual ~CBackGround(void);
    void SetScene(CLighting*pScene);                    //设置光照场景
    void Draw(CDC*pDC, CZBuffer*pZBuffer);              //绘制背景
private:
    CP3 leftPoint;                                      //大正方形左下角坐标
    int nLength;                                        //大正方形边长
    CProjection projection;                             //投影
    CLighting*pScene;                                   //光照
};
void CBackGround::Draw(CDC*pDC, CZBuffer*pZBuffer)      //绘制背景
{
    CP3 Eye=projection.GetEye();
    CP3 Point[4];                                       //投影顶点
    CP3 BWP[4];                                         //黑白顶点
    const int n=32;                                     //黑白块数目
    int nBWL=nLength/n;                                 //黑白块边长
    double d=-200;                                      //深度
    leftPoint.x=-400, leftPoint.y=-400, leftPoint.z=d;  //大正方形左下角坐标
    for (int i=0; i<n; i++)
```

```
    {
        for (int j=0; j<n; j++)
        {
            BWP[0]=CP3(leftPoint.x+i*nBWL, leftPoint.y+j*nBWL, d);
            BWP[1]=CP3(leftPoint.x+(i+1)*nBWL, leftPoint.y+j*nBWL, d);
            BWP[2]=CP3(leftPoint.x+(i+1)*nBWL, leftPoint.y+(j+1)*nBWL, d);
            BWP[3]=CP3(leftPoint.x+i*nBWL, leftPoint.y+(j+1)*nBWL, d);
            for (int nPoint=0; nPoint<4; nPoint++)
            {
                if ((i+j)%2==0)
                {
                    BWP[nPoint].c=CRGBA(0.6, 0.6, 0.6);
                }
                else
                {
                    BWP[nPoint].c=CRGBA(0.4, 0.4, 0.4);
                }
                Point[nPoint]=projection.PerspectiveProjection3(BWP[nPoint]);
            }
            CVector3 N=CVector3(0, 0, 1);
            CP3 DRP[3]={ Point[0], Point[1], Point[2] };    //分两个三角形填充黑白块
            CVector3 DRN[3]={ N, N, N };
            pZBuffer->SetPoint(DRP, DRN);                   //右下三角形
            pZBuffer->PhongShader(pDC, Eye, pScene,false);
            CP3 TLP[3]={ Point[0], Point[2], Point[3] };
            CVector3 TLN[3]={ N, N, N };
            pZBuffer->SetPoint(TLP, TLN);                   //左上三角形
            pZBuffer->PhongShader(pDC, Eye, pScene, false);
        }
    }
}
```

程序说明：调节 n 可以改变正方形内绘制的黑白块数目。棋盘图案中的黑白方块分解为三角形后，使用重心坐标算法填充。

3. 初始化深度与颜色缓冲区

在 CZBuffer 类内添加颜色缓存 cBuffer 来保存颜色。函数参数中增加了背景色 BkClr。

```
void CZBuffer::InitialBuffer(int nWidth, int nHeight, double zDepth, CRGBA BkClr)
{
    this->nWidth=nWidth, this->nHeight=nHeight;
    zBuffer=new double*[nWidth];                    //深度缓冲区数组
    cBuffer=new CRGBA*[nWidth];                     //颜色缓冲区数组
    for (int i=0;i<nWidth;i++)
    {
        zBuffer[i]=new double[nHeight];
        cBuffer[i]=new CRGBA[nHeight];
    }
    for (int i=0;i<nWidth;i++)                      //初始化缓冲区
    {
        for (int j=0;j<nHeight;j++)
```

```
            {
                zBuffer[i][j]=zDepth;
                cBuffer[i][j]=BkClr;
            }
        }
    }
```

程序说明：在成员函数 InitialBuffer() 中，对颜色缓冲区 cBuffer、深度缓冲区 zBuffer 进行初始化。先开辟深度缓冲区数组和颜色缓冲区数组，然后再使用数组。

4. 计算透明度函数

在 CZBuffer 类内添加成员函数 GetTransparentColor()，计算两种颜色融合后产生的新颜色。

```
CRGBA CZBuffer::GetTransparentColor(CRGBA c0, CRGBA c1)//计算透明度
{
    CRGBA color;
    double t=c0.alpha;                              //透明度
    color=(1-t)*c0+t*c1;
    return color;
}
```

程序说明：透明度取自顶点颜色的 α 分量。

5. 透明处理函数

```
void CZBuffer::PhongShader(CDC*pDC, CP3 Eye, CLighting*pScene, bool bTransparent)
{
    int xMin=ROUND(min(min(P0.x, P1.x), P2.x));     //包围盒左下角点坐标
    int yMin=ROUND(min(min(P0.y, P1.y), P2.y));
    int xMax=ROUND(max(max(P0.x, P1.x), P2.x));     //包围盒右上角点坐标
    int yMax=ROUND(max(max(P0.y, P1.y), P2.y));
    for (int y=yMin; y<=yMax; y++)
    {
        for (int x=xMin; x<=xMax; x++)
        {
            double Area=P0.x*P1.y+P1.x*P2.y+P2.x*P0.y-P2.x*P1.y-P1.x*P0.y-P0.x*
                P2.y;
            double Area0=x*P1.y+P1.x*P2.y+P2.x*y-P2.x*P1.y-P1.x*y-x*P2.y;
            double Area1=P0.x*y+x*P2.y+P2.x*P0.y-P2.x*y-x*P0.y-P0.x*P2.y;
            double Area2=P0.x*P1.y+P1.x*y+x*P0.y-x*P1.y-P1.x*P0.y-P0.x*y;
            double alpha=Area0/Area,beta=Area1/Area,gamma=Area2/Area;   //重心坐标
            if (alpha>=0&&beta>=0&&gamma>=0)
            {
                CVector3 ptNormal=alpha*N0+beta*N1+gamma*N2;    //计算任意一点的法向量
                double zDepth=alpha*P0.z+beta*P1.z+gamma*P2.z;  //计算任意一点的深度
                CRGBA Intensity;                                //光强
                CRGBA diffuse=pScene->pMaterial->M_Diffuse;
                CRGBA ambient=pScene->pMaterial->M_Ambient;
                if (bTransparent)
                {
                    Intensity=pScene->Illuminate(Eye,CP3(x,y,zDepth),ptNormal,
```

```
                    pScene->pMaterial);
            }
            else
            {
                CRGBA c=alpha*P0.c+beta*P1.c+gamma*P2.c;//计算任意一点的颜色
                pScene->pMaterial->SetDiffuse(c);    //纹理颜色设置材质的漫反射率
                pScene->pMaterial->SetAmbient(c);    //纹理颜色设置材质的环境反射率
                Intensity=pScene->Illuminate(Eye,CP3(x,y,zDepth),ptNormal,
                    pScene->pMaterial);
                pScene->pMaterial->M_Diffuse=diffuse;
                pScene->pMaterial->M_Ambient=ambient;
            }
            if (zDepth<=zBuffer[x+nWidth/2][y+nHeight/2])//zBuffer算法
            {
                if (bTransparent)                              //开启透明
                {
                    Intensity=GetTransparentColor(Intensity,
                        cBuffer[x+nWidth/2][y+nHeight/2]);  //计算透明颜色
                }
                else
                {
                    cBuffer[x+nWidth/2][y+nHeight/2]=GetTransparentColor
                        (Intensity, cBuffer[x+nWidth/2][y+nHeight/2]);
                }
                zBuffer[x+nWidth/2][y+nHeight/2]=zDepth;    //更新深度缓冲区
                pDC->SetPixelV(x, y, CRGBAtoRGB(Intensity));
            }
        }
    }
}
```

程序说明：使用参数 bTransparent 区分透明茶壶和不透明棋盘图案。棋盘图案的颜色直接写入颜色缓冲区，茶壶的颜色需要与棋盘图案的颜色进行融合。

6. 绘制图形函数

在 CTestView 类内，定义 DrawObject() 函数，绘制棋盘图案与茶壶。

```
void CTestView::DrawObject(CDC*pDC)
{
    CZBuffer*pZBuffer=new CZBuffer;
    pZBuffer->InitialBuffer(800, 800, 1000, CRGBA(0.0, 0.0, 0.0));//初始化深度缓冲区
    checkboard.Draw(pDC, pZBuffer);
    teapot.Draw(pDC, pZBuffer);
    delete pZBuffer;
}
```

程序说明：缓冲区背景色设置为黑色，此颜色影响与棋盘图案的融合效果。

五、案例小结

(1) 改造 CRGB 类为 CRGBA 类，增加 α 分量来表示透明度。

（2）简单透明算法不考虑折射，常用于模拟"厚平板玻璃"的透明效果。

（3）由于 zBuffer 算法不支持透明处理，所以进行了物体透明的判断。

六、案例拓展

基于非线性透明算法，在棋盘图案上绘制透明茶壶并突出茶壶的边界，效果如图 38-5 所示。

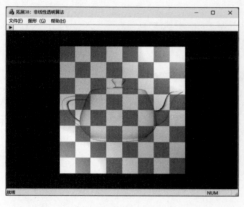 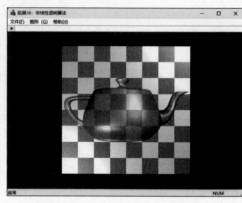

(a) max t=1，min t=0　　　　　　(b) max t=0.4，min t=0.2

图 38-5　非线性透明算法效果图

案例 39　投影阴影算法

知识点

- 光源消隐。
- 空间直线与平面的求交公式。

一、案例需求

1. 案例描述

茶壶悬浮在空中,并没有放在地面上。视点位于屏幕正前方,光源位于茶壶的右上方。茶壶绕世界坐标系的 y 轴旋转,阴影随之发生改变。试基于投影阴影算法绘制茶壶的阴影动画。

2. 功能说明

(1) 定义三维右手世界坐标系,原点位于客户区中心,x 轴水平向右为正,y 轴垂直向上为正,z 轴指向观察者。

(2) 定义三维左手屏幕坐标系,原点位于客户区中心,x 轴水平向右为正,y 轴垂直向上为正,z 轴指向屏幕内部。设置屏幕背景色为黑色。

(3) 建立三维右手建模坐标系,原点位于客户区中心,x 轴水平向右为正,y 轴垂直向上为正,z 轴指向观察者。

(4) 设计 CPlane 类制作地面,地面有长度、宽度和深度 3 个参数,使用路径层函数填充地面。

(5) 设计 CTeapot 类绘制茶壶,光照茶壶使用 Phong Shader 绘制,阴影使用 Gouraud Shader 绘制。

(6) 使用键盘上的方向键或者工具栏上的"动画"图标按钮播放茶壶及阴影的旋转动画。

3. 案例效果图

光照茶壶及其阴影效果图如图 39-1 所示。

二、案例分析

阴影增加了三维场景的真实感。对于单点光源,投影阴影(projective shadow)算法原理如图 39-2 所示,光源与三角形顶点连接的投影线与地面相交,形成阴影三角形,使用较深的灰度表示。投影阴影算法与背面剔除算法相似。背面剔除算法确定哪些表面从视点看过去是不可见的;阴影算法确定哪些表面从光源看过去是不可见的,成为阴影区域。计算阴影相当于两步消隐过程。

1. 设计地面

地面是位于 xOz 面内的二维平面,茶壶沿 x 轴方向的长度(n_{length})、沿 y 轴方向的深度

图 39-1 光照茶壶及其阴影效果图(彩插图 19)

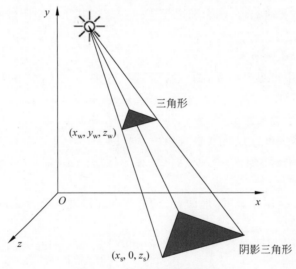

图 39-2 投影阴影算法原理

(n_{depth})和沿 z 轴方向的宽度(n_{width})的定义如图 39-3 所示。如果设置地面的 n_{depth} 与茶壶的底面的 y 坐标一致,才能保证茶壶放到地面上,如图 39-3 所示。

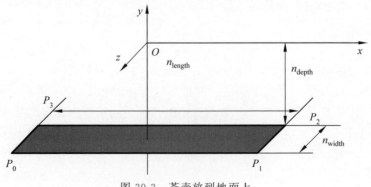

图 39-3 茶壶放到地面上

2. 光线与地面求交

已知光源的位置 P_0、背光面的一个顶点 P_1 位置,交点为 P,如图 39-4 所示。

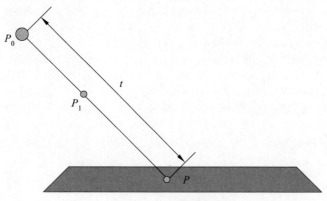

图 39-4　计算交点

投影光线的参数方程为

$$P = P_0 + t(P_1 - P_0)$$

代入"地面"的平面方程 $Ax + By + Cz + D = 0$ 内解得

$$t = -\frac{AP_0x + BP_0y + CP_0z + D}{A(P_1x - P_0x) + B(P_1y - P_0y) + C(P_1z - P_0z)}$$

根据背光面的投影点 P,可以绘制出投射阴影。阴影的灰度要比地面的灰度黑。

三、算法设计

(1) 绘制由 4 个顶点定义的且平行于 xOz 平面的地面,设置某一灰度值,使用路径层函数填充地面。

(2) 根据视点原来的观察位置,对物体实施背面剔除算法,使用正常的光照模型计算光强来绘制可见表面。

(3) 将视点移到光源的位置,剔除正面。从光源处向物体所有背光面投射光线,建立光线的参数方程,计算该光线与投影面(地面)的交点,使用比地面灰度深的灰度填充投影交点所构成的投影阴影多边形。

(4) 对于背光面,仅使用环境光着色。

四、案例设计

1. 设计平面类

用平面类定义地面,使用路径层函数填充透视投影后的地面。

```
class CPlane
{
public:
    CPlane(void);
    virtual ~CPlane(void);
    void Draw(CDC*pDC);                              //绘制地面
public:
```

```cpp
    CP3 V[4];                                           //地面顶点数组
    CProjection projection;                             //投影对象
};
CPlane::CPlane(void)
{
    int nLength=2000, nWidth=1600, nDepth=200;
    V[0].x=-nLength/2, V[0].y=-nDepth, V[0].z=-nWidth/2;    //左下角
    V[1].x=-nLength/2, V[1].y=-nDepth, V[1].z=nWidth/2;     //右下角
    V[2].x=nLength/2, V[2].y=-nDepth, V[2].z=nWidth/2;      //右上角
    V[3].x=nLength/2, V[3].y=-nDepth, V[3].z=-nWidth/2;     //左上角
}
CPlane::~CPlane(void)
{ }
void CPlane::Draw(CDC*pDC)
{
    CP2 GroundPoint[4];                                 //地面投影点
    for (int i=0; i<4; i++)
        GroundPoint[i]=projection.PerspectiveProjection2(V[i]);
    CBrush NewBrush;
    NewBrush.CreateSolidBrush(RGB(150, 150, 150));
    CBrush*pOldBrush=pDC->SelectObject(&NewBrush);
    pDC->BeginPath();
    pDC->MoveTo(ROUND(GroundPoint[0].x), ROUND(GroundPoint[0].y));
    pDC->LineTo(ROUND(GroundPoint[1].x), ROUND(GroundPoint[1].y));
    pDC->LineTo(ROUND(GroundPoint[2].x), ROUND(GroundPoint[2].y));
    pDC->LineTo(ROUND(GroundPoint[3].x), ROUND(GroundPoint[3].y));
    pDC->LineTo(ROUND(GroundPoint[0].x), ROUND(GroundPoint[0].y));
    pDC->EndPath();
    pDC->FillPath();                                    //FillPath函数填充路径层
    pDC->SelectObject(pOldBrush);
    NewBrush.DeleteObject();
}
```

程序说明：地面是垂直于 z 轴，并位于 z 轴方向的 xOy 平面。地面使用路径层函数填充，灰度为 0.558。

2. 计算投影光线与地面的交点

```cpp
CP3 CBicubicBezierPatch::Intersect(CP3 p0, CP3 p1)
{
    double A, B, C, D;          //平面方程 Ax+By+Cz+D=0 的系数
    CVector3 V01(plane.V[0], plane.V[1]), V02(plane.V[0], plane.V[2]);
    CVector3 VN=CrossProduct(V01, V02);
    A=VN.x; B=VN.y; C=VN.z;
    D=-A*plane.V[0].x-B*plane.V[0].y-C*plane.V[0].z;
    double t;                   //计算直线参数方程的公共系数 t
    t=-(A*p0.x+B*p0.y+C*p0.z+D)/(A*(p1.x-p0.x)+B*(p1.y-p0.y)+C*(p1.z-p0.z));
    CP3 p=p0+t*(p1-p0);         //计算交点坐标
    return p;
}
```

程序说明：计算光线和地面的交点 P（参数 P_0 是光源，参数 P_1 是物体顶点）。在光线

的参数方程中,先计算出光线与地面的交点参数 t,然后代入光线参数方程计算交点 P。

3. 绘制阴影

```
void CBicubicBezierPatch::DrawShadow(CDC*pDC) //绘制阴影
{
    CP3 Point[4];                                           //投影后的平面四边形顶点数组
    //光源作为视点
    CVector3 LightVector(gridP[0], pScene->pLightSource[0].L_Position);
    LightVector=LightVector.Normalize();                    //规范化视向量
    CVector3 Vector01(gridP[0], gridP[1]);                  //0-1 边向量
    CVector3 Vector02(gridP[0], gridP[2]);                  //0-2 边向量
    CVector3 Vector03(gridP[0], gridP[3]);                  //0-3 边向量
    CVector3 FaceNormalA=CrossProduct(Vector01, Vector02);  //面法向量 A
    CVector3 FaceNormalB=CrossProduct(Vector02, Vector03);  //面法向量 B
    CVector3 FaceNormal=(FaceNormalA+FaceNormalB).Normalize(); //法向量规范化
    if (DotProduct(LightVector, FaceNormal)<0)              //正面剔除算法
    {
        for (int i=0; i<4; i++)
        {
            //计算顶点与光线连线和地面的交点
            Point[i]=projection.PerspectiveProjection3(Intersect(
                pScene->pLightSource[0].L_Position, gridP[i]));
            Point[i].c=CRGB(0.2, 0.2, 0.2);                 //阴影颜色
        }
        CP3 DRP[3]={ Point[0], Point[1], Point[2] };
        pZBuffer->SetPoint(DRP);                            //右下三角形
        pZBuffer->GouraudShader(pDC);
        CP3 TLP[3]={ Point[0], Point[2], Point[3] };
        pZBuffer->SetPoint(TLP);                            //左上三角形
        pZBuffer->GouraudShader(pDC);
    }
}
```

程序说明:投射阴影灰度应该大于地面灰度,才能在地面上显示出物体的轮廓。为了提高阴影绘制速度,阴影采用 Gouraud Shader 进行绘制。Draw Shadow()函数中的语句将光源位置设置为视点位置。

```
Intersect(pScene->pLightSource[0].L_Position, gridP[i]);
```

4. 绘制物体及阴影

```
void CTestView::DrawObject(CDC*pDC)
{
    CPlane plane;                                           //定义地面
    plane.Draw(pDC);                                        //绘制地面
    CZBuffer*pZBuffer=new CZBuffer;
    pZBuffer->InitialDepthBuffer(2000, 2000, 2000);         //初始化深度缓冲区
    teapot.Draw(pDC, pZBuffer);                             //绘制茶壶及阴影
    delete pZBuffer;
}
```

程序说明:地面没有使用 CZBuffer 类消隐,所以先绘制,然后绘制茶壶。

五、案例小结

（1）投影阴影算法的优点是简单且易于实现，缺点是适用于平面投影，无法投影到曲面上。

（2）以光源为视点，先从光源角度计算背面网格顶点，然后计算光线与地面的交点，这些交点闭合形成投射阴影。

（3）物体使用 Phong Shader 绘制，阴影使用 Gouraud Shader 绘制，综合使用二者可以提高绘制效率。

（4）如果光源与视点位于同一位置，则不需要绘制阴影。

（5）如果能从光源出发确定茶壶的边界轮廓线，则可提高绘制效率。

六、案例拓展

立方体放在地面上。视点位于屏幕正前方。光源位于立方体的右上方。立方体绕世界坐标系的 y 轴旋转，阴影随之发生改变。试基于两步阴影算法绘制立方体的阴影动画，如图 39-5 所示。

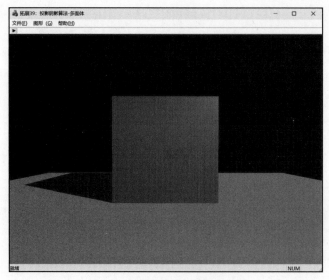

图 39-5　多面体投影阴影

案例 40　阴影贴图算法

知识点

- 光源位置渲染场景。
- 视点位置渲染场景。

一、案例需求

1. 案例描述

圆环、茶壶和三面墙构成三维场景,如图 40-1 所示。假定光源位于屏幕正前方,视点位于整个场景的右上方。圆环的阴影投射到地面和茶壶上(曲面阴影),茶壶的阴影投射到地面和墙上(平面阴影)。试基于阴影贴图算法绘制带阴影的三维光照场景。

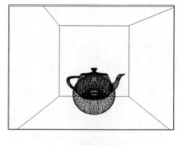 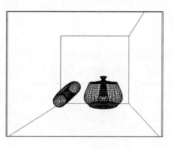 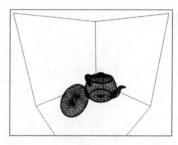

(a) 前视图　　　　　　　　(b) 右视图　　　　　　　　(c) 任意向视图

图 40-1　三维场景设计

2. 功能说明

(1) 定义三维右手世界坐标系,原点位于客户区中心,x 轴水平向右为正,y 轴垂直向上为正,z 轴指向观察者。

(2) 定义三维左手屏幕坐标系,原点位于客户区中心,x 轴水平向右为正,y 轴垂直向上为正,z 轴指向屏幕内部。设置屏幕背景色为黑色。

(3) 建立三维右手建模坐标系,原点位于客户区中心,x 轴水平向右为正,y 轴垂直向上为正,z 轴指向观察者。

(4) 光源位置位于屏幕正前方,视点位置位于三维场景的右侧,二者不重叠。

(5) 设计 CCorner 类用 3 个彼此的正交平面构造墙角,其中水平面看作地面。设计 CTeapot 类构造茶壶,设计 CTorus 类构造圆环。

(6) 使用工具栏上的"动画"图标按钮播放三维场景的旋转动画。

3. 案例效果图

三维光照场景中,圆环、茶壶及其阴影效果如图 40-2 所示。

图 40-2 三维场景的阴影贴图效果（彩插图 20）

二、案例分析

为物体添加阴影是真实感图形绘制的重要技术。阴影描述了物体之间的相对位置，加深了人们对场景的理解。上一案例介绍了投影阴影技术，将阴影绘制到平面多边形上。真实感图形绘制中最常用，是将阴影绘制到曲面体上，这就是阴影贴图（shadow mapping）技术。

1. 构建三维场景

1）设计墙角

墙角由 3 个平面正交组成，可以看作使用立方体内部一角来描述。图 40-3 中，立方体的左面、底面和后面表达了一个墙角。注意，墙角使用的是立方体的内部，也就是这 3 个表面的正面，需要修改立方体面表的索引顺序，使得面法向量指向立方体内部，从而绘制"里面"。从光源角度看三维场景。立方体顶点如表 40-1 所示。表面的定义如表 40-2 所示，其中存储的是顶点索引号。墙角效果如图 40-4 所示。

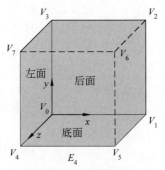

图 40-3 墙角设计图

表 40-1 立方体顶点

顶点	x 坐标	y 坐标	z 坐标	顶点	x 坐标	y 坐标	z 坐标
V_0	$x_0=0$	$y_0=0$	$z_0=0$	V_4	$x_4=0$	$y_4=0$	$z_4=1$
V_1	$x_1=1$	$y_1=0$	$z_1=0$	V_5	$x_5=1$	$y_5=0$	$z_5=1$
V_2	$x_2=1$	$y_2=1$	$z_2=0$	V_6	$x_6=1$	$y_6=1$	$z_6=1$
V_3	$x_3=0$	$y_3=1$	$z_3=0$	V_7	$x_7=0$	$y_7=1$	$z_7=1$

表 40-2 表面的定义

面	第 1 个顶点	第 2 个顶点	第 3 个顶点	第 4 个顶点	说明
F_0	0	3	7	4	左面
F_1	0	4	5	1	底面
F_2	0	1	2	3	后面

图 40-4 墙角效果

2) 设计茶壶与圆环

茶壶和圆环都是使用双三次 Bezier 曲面绘制。从光源角度看,圆环离光源近,茶壶次之,二者间隔一段距离,如图 40-5 所示。

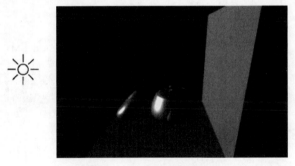

图 40-5 三维场景示意图

2. Shadow Map 原理

1) 两步走原理

阴影贴图算法利用了 zBuffer 算法绘制可见表面的原理。阴影贴图具体分两步(两个 Pass)实现。

第 1 步,从光源的角度渲染场景。在光源坐标系中,仅计算 z 深度值,不计算光照参数,所生成的 zBuffer 数据称为深度图。深度图每个像素点的深度值(z-depth)也就是距离光源最近的对象距离记录在 zBuffer 中,可以输出为图像,称为阴影贴图,如图 40-6 所示。

第 2 步,从视点的角度正常渲染场景。将每个可见像素(fragement)到光源的距离和阴影贴图中保存的深度值进行比较,如果大于后者,则说明被其他物体遮挡处于阴影中。如

图 40-6 阴影贴图

果该点光源可见,则计算正常光照;否则,该点处于阴影中,用环境光颜色绘制阴影。

图 40-7 中,给出球面上两个点 a 和 b,判断其是否位于阴影中。从光源角度看,a 点可见,写入阴影贴图,b 点不可见,未写入阴影贴图,阴影贴图中实际存储的是 a 点的深度;从视点角度,a 点和 b 点都可见,用阴影贴图判断其是否处于阴影中。a 点正常计算该点的光强;b 点在阴影贴图中的深度大于 a 点的深度,被认为处于阴影中,忽略 b 点的漫反射光强和镜面反射光强,仅用环境光强绘制 b 点。事实上,图 40-7 的红色三角区域就是球体的阴影。

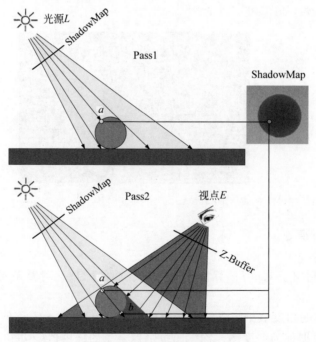

图 40-7 确定阴影区域

2) 偏差问题

由于深度的数值精度和阴影贴图分辨率都有限,所以进行深度比较时,有可能出现深度交叉的现象,需要在比较时添加偏差,称为深度偏差(depth bias)。深度偏差效果图如图40-8所示。bias 需要人为设定,往往会出现过小或者过大的情况,会分别出现深度交叉和阴影漂移的现象。

(a) bias=0　　　　　　　　(b) bias=0.1　　　　　　　　(c) bias=0.2

图 40-8　深度偏差效果图

三、算法设计

(1) 设计由立方体 3 个相互垂直表面定义的墙角。
(2) 在墙角内布置圆环和茶壶,圆环的位置更靠近光源。
(3) 将光源作为视点,保存可见表面各点的深度信息,形成阴影贴图。
(4) 从正常的视点位置对整个场景进行渲染,将可见表面各点转换为光源位置的观察点,用深度贴图判断光源的可见性。
(5) 如果当前点不可见,位于阴影内,则用环境光绘制,否则用正常光照模型绘制。

四、案例设计

1. 阴影贴图

```
void CZBuffer::ShadowMap(CDC*pDC)                          //Pass1:仅存储 z 值
{
    …
    double alpha=Area0/Area, beta=Area1/Area, gamma=Area2/Area;
    if (alpha>=0&&beta>=0&&gamma>=0)
    {
        double zDepth=alpha*LightP[0].z+beta*LightP[1].z+gamma*LightP[2].z;
                                                           //插值深度
        if (zDepth<=sBuffer[x+nWidth/2][y+nHeight/2])
            sBuffer[x+nWidth/2][y+nHeight/2]=zDepth;
    }
}
```

程序说明:从光源角度,将可见面的像素点保存到阴影贴图 sBuffer 中,得到深度贴图。

2. 绘制物体以及阴影

```
void CZBuffer::PhongShader(CDC*pDC, CP3 Eye, CLighting*pScene)
{
```

```
    ...
    double alpha=Area0/Area, beta=Area1/Area, gamma=Area2/Area;
    if (alpha>=0&&beta>=0&&gamma>=0)
    {
        double zDepth=alpha*EyeP[0].z+beta*EyeP[1].z+gamma*EyeP[2].z;
        CVector3 ptNormal=alpha*N[0]+beta*N[1]+gamma*N[2];
        CP3 ptWorld=(alpha*WorldP[0]+beta*WorldP[1]+gamma*WorldP[2]);
        CP3 CurrentPoint(x, y, zDepth);                          //当前三维像素点
        if (zDepth<=zBuffer[x+nWidth/2][y+nHeight/2])//zBuffer
        {
            zBuffer[x+nWidth/2][y+nHeight/2]=zDepth;
            CProjection lightSource;                              //光源
            lightSource.SetRectangleCoordinateEye(pScene->pLightSource->L_
                Position);                                        //设置光源位置为视点
            CP3 lightScreenPoint=lightSource.PerspectiveProjection3(ptWorld);
                                                                  //光源透视投影
            int X=ROUND(lightScreenPoint.x), Y=ROUND(lightScreenPoint.y);
            double bias=0.01;                                     //bias是偏差
            if (lightScreenPoint.z>sBuffer[X+nWidth/2][Y+nHeight/2]+bias)
            {
                CRGB Intensity=pScene->Shadow();                  //阴影
                pDC->SetPixelV(x, y, CRGBtoRGB(Intensity));
            }
            else
            {
                CRGB Intensity=pScene->Illuminate(Eye, CurrentPoint, ptNormal,
                    pScene->pMaterial);                           //正常绘制
                pDC->SetPixelV(x, y, CRGBtoRGB(Intensity));
            }
        }
    }
```

程序说明：将当前点 CurrentPoint 从观察坐标系转换到光源坐标系，用阴影贴图判断光源的可见性。如果该点不在阴影内，则使用 PhongShader 绘制；如果像素点在阴影内，则调用 Shadow 函数仅绘制环境光。

五、案例小结

(1) 阴影贴图算法解决曲面阴影投影到曲面上的问题，分两步实现：第 1 步，从光源角度存储阴影贴图；第 2 步，从视点角度，借助阴影贴图判断可见点是否处于阴影中。

(2) 阴影贴图算法会产生摩尔纹，可以通过微调偏差（bias）数值进行改善。本案例中，bias 的试验取值范围为[0.01,0.1]。

(3) 可以验证，当光源与视点位于同一位置，场景中不产生阴影，如图 40-9 所示。

(4) 阴影贴图算法常用在游戏中，阴影效果明显且消耗资源少。

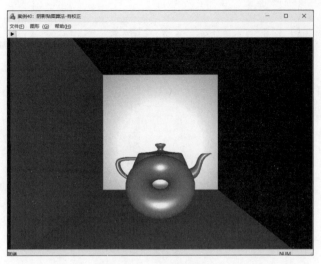

图 40-9　无阴影场景

六、案例拓展

（1）假定光源位于屏幕正前方，试从光源视角绘制三维场景的阴影贴图，如图 40-10 所示。

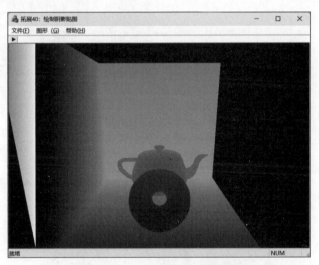

图 40-10　三维场景的阴影贴图

（2）假定光源位于屏幕正前方，视点位于整个三维场景的右上方。在墙角放置一个球体，位置如图 40-11(a)所示。试基于阴影贴图算法绘制球体投影到墙面和地面的阴影，如图 40-11(b)所示。

（3）假定光源位于屏幕正上方，视点位于整个三维场景的右侧。在墙角放置一个平行于地面的圆环，位置如图 40-12(a)所示。图 40-12(b)所示为圆环体投影到地面的阴影，可以发现阴影发生了透视变形，如图 40-12(c)所示。请学习完案例 43 后对圆环阴影进行透视校正。

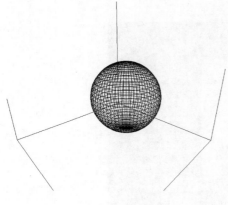
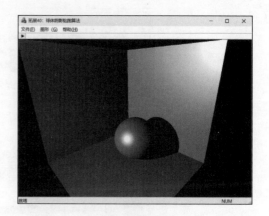

(a) 设计图　　　　　　　　　　　　(b) 效果图

图 40-11　球体的阴影

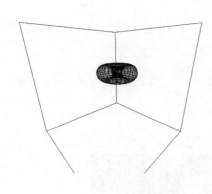
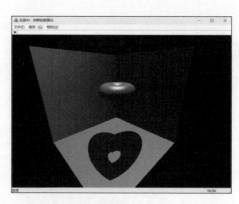

(a) 设计图　　　　　　　　　　　　(b) 阴影走样

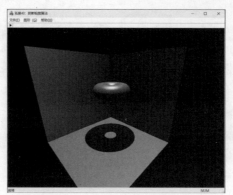

(c) 校正阴影

图 40-12　圆环体的阴影

案例 41　函数纹理算法

知识点

- 过程纹理。
- 曲面纹理绑定。

一、案例需求

1. 案例描述

使用函数生成国际象棋棋盘纹理。试基于 PhongShader 绘制棋盘纹理茶壶的旋转动画。

2. 功能说明

（1）定义三维右手世界坐标系，原点位于客户区中心，x 轴水平向右为正，y 轴垂直向上为正，z 轴指向观察者。

（2）定义三维左手屏幕坐标系，原点位于客户区中心，x 轴水平向右为正，y 轴垂直向上为正，z 轴指向屏幕内部。设置屏幕背景色为黑色。

（3）建立三维右手建模坐标系，原点位于客户区中心，x 轴水平向右为正，y 轴垂直向上为正，z 轴指向观察者。

（4）根据公式生成二维国际象棋棋盘纹理，并将其绑定到茶壶的每个表面上。

（5）使用 PhongShader 为茶壶的 32 个曲面分别添加纹理。

（6）使用键盘上的方向键或者工具栏上的"动画"图标按钮播放纹理茶壶的旋转动画。

3. 案例效果图

将棋盘函数纹理映射到茶壶上的效果如图 41-1 所示。

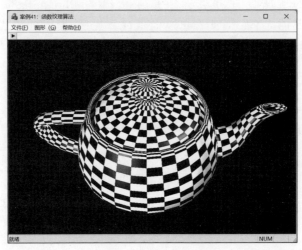

图 41-1　函数纹理效果图

二、案例分析

1. 棋盘纹理函数

棋盘纹理函数模拟了国际象棋棋盘的黑白相间方格,如图 41-2 所示。

$$g(u,v)=\begin{cases}a, & \lfloor u\times 8\rfloor+\lfloor v\times 8\rfloor\text{为偶数}\\ b, & \lfloor u\times 8\rfloor+\lfloor v\times 8\rfloor\text{为奇数}\end{cases}$$

式中,a 和 b 是 RGB 宏的颜色分量,$0\leqslant a<b\leqslant 1$,$\lfloor x\rfloor$ 表示小于 x 的最大整数。

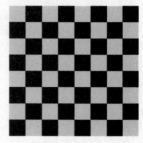

图 41-2　棋盘纹理函数效果图

2. 纹理绑定

双三次 Bezier 曲面的每个曲面片上有 4 个控制点落到曲面上,可以看作曲面四边形。茶壶由 32 片双三次 Bezier 曲面组成,约定每片曲面绑定一幅棋盘纹理图案。这样,每片曲面的定义域将与棋盘纹理的坐标相同,如图 41-3 所示。

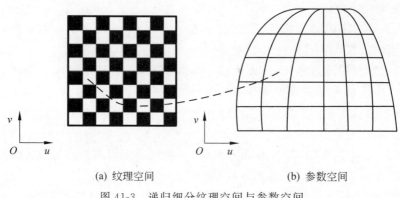

(a) 纹理空间　　　　　　　　　(b) 参数空间

图 41-3　递归细分纹理空间与参数空间

3. 明暗处理

纹理映射采用的明暗处理方法必须是像素级的 PhongShader,而不是顶点级的 GouraudShader。这是因为 PhongShader 逐像素计算光照,所以如果表面每个像素点的材质漫反射率取自纹理函数,就会将纹理映射到物体上。

三、算法设计

(1) 制作二维棋盘函数纹理。
(2) 将函数纹理绑定到茶壶的每个表面上。
(3) 根据纹理坐标读取纹理颜色,设置为材质的漫反射率和环境光反射率。
(4) 使用 PhongShader 绘制光照棋盘纹理茶壶。

四、案例设计

1. 制作纹理

在 CZBuffer 类内,根据 UV 坐标生成纹理。

```
CRGB CZBuffer::SampleTexture(CT2 t)                    //获取纹理颜色
```

```
{
    if (0==(int(floor(t.u*8))+int(floor(t.v*8)))%2)
        return CRGB(0, 0, 0);
    else
        return CRGB(1, 1, 1);
}
```

程序说明：SampleTexture()函数根据一点的纹理坐标使用公式生成过程纹理。

2. 绑定纹理

在双三次 Bezier 曲面片内，声明四边形网格的纹理坐标 gridT 数组。在 MeshGrid() 函数中，将网格纹理坐标的 UV 和曲面定义域的 UV 取为相等。

```
CT2 gridT[4];        /网格点纹理坐标
void CBicubicBezierPatch::MeshGrid(CDC*pDC, CT2 T[4])
{
    ...
    gridT[i]=T[i];
}
```

程序说明：曲面的 UV 定义域是 $[0,1]^2$，网格纹理的 UV 定义域也是 $[0,1]^2$。

3. 绘制曲面

绘制曲面时，将纹理坐标传入 CZBuffer 类内。

```
void CBicubicBezierPatch::Draw(CDC*pDC)
{
    CP3 Eye=projection.GetEye();
    CP3 Point[4];            //屏幕三维网格顶点
    CVector3 Normal[4];      //顶点的法向量
    CT2 Texture[4];          //顶点的纹理坐标
    for (int i=0; i<4; i++)
    {
        Point[i]=projection.PerspectiveProjection3(gridP[i]);
        Normal[i]=gridN[i];
        Texture[i]=gridT[i];
    }
    CP3 DRP[3]={ Point[0], Point[1], Point[2] };          //右下三角形的顶点数组
    CVector3 DRN[3]={ Normal[0], Normal[1], Normal[2] };  //右下三角形的法向量数组
    CT2 DRT[3]={ Texture[0], Texture[1], Texture[2] };    //右下三角形的纹理坐标数组
    pZBuffer->SetPoint(DRP, DRN, DRT);
    pZBuffer->PhongShader(pDC, Eye, pScene);
    CP3 TLP[3]={ Point[0], Point[2], Point[3] };          //左上三角形的顶点数组
    CVector3 TLN[3]={ Normal[0], Normal[2], Normal[3] };  //左上三角形的法向量数组
    CT2 TLT[3]={ Texture[0], Texture[2], Texture[3] };    //左上三角形的纹理坐标数组
    pZBuffer->SetPoint(TLP, TLN, TLT);
    pZBuffer->PhongShader(pDC, Eye, pScene);
}
```

程序说明：gridT 数组是网格 4 个网格顶点的纹理坐标。

4. 纹理映射

PhongShader 处理每个三维像素点时，根据三角形顶点的纹理坐标插值出面内任意点

的纹理坐标,然后用该纹理坐标采样纹理颜色,将该颜色设置为材质的漫反射率和环境反射率。

```
void CZBuffer::PhongShader(CDC*pDC, CP3 Eye, CLighting*pScene)
{
    int xMin=ROUND(min(min(P0.x, P1.x), P2.x));        //包围盒左下角点坐标
    int yMin=ROUND(min(min(P0.y, P1.y), P2.y));
    int xMax=ROUND(max(max(P0.x, P1.x), P2.x));        //包围盒右上角点坐标
    int yMax=ROUND(max(max(P0.y, P1.y), P2.y));
    for (int y=yMin; y<=yMax; y++)
    {
        for (int x=xMin; x<=xMax; x++)
        {
            double Area=P0.x*P1.y+P1.x*P2.y+P2.x*P0.y-P2.x*P1.y-P1.x*P0.y-
                P0.x*P2.y;
            double Area0=x*P1.y+P1.x*P2.y+P2.x*y-P2.x*P1.y-P1.x*y-x*P2.y;
            double Area1=P0.x*y+x*P2.y+P2.x*P0.y-P2.x*y-x*P0.y-P0.x*P2.y;
            double Area2=P0.x*P1.y+P1.x*y+x*P0.y-x*P1.y-P1.x*P0.y-P0.x*y;
            double alpha=Area0/Area,beta=Area1/Area,gamma=Area2/Area;//重心坐标
            if (alpha>=0 && beta>=0&&gamma>=0)
            {
                double zDepth=alpha*P0.z+beta*P1.z+gamma*P2.z;    //计算深度
                CVector3 ptNormal=alpha*N0+beta*N1+gamma*N2;      //计算法向量
                CT2 ptTexture=alpha*T0+beta*T1+gamma*T2;          //计算纹理坐标
                CRGB diffuseColor=SampleTexture(ptTexture);       //读取纹理颜色
                pScene->pMaterial->SetDiffuse(diffuseColor);      //漫反射率
                pScene->pMaterial->SetAmbient(diffuseColor);      //环境反射率
                CRGB Intensity=pScene->Illuminate(Eye, CP3(x, y, zDepth),
                    ptNormal, pScene->pMaterial);
                if (zDepth<=zBuffer[x+nWidth/2][y+nHeight/2])     //zBuffer
                {
                    zBuffer[x+nWidth/2][y+nHeight/2]=zDepth;
                    pDC->SetPixelV(x, y, CRGBtoRGB(Intensity));
                }
            }
        }
    }
}
```

程序说明:SetDiffuse()函数和 SetAmbient()函数分别设置材质的漫反射率和环境反射率。如果不将纹理颜色设置为材质的环境反射率,纹理效果差异不大。

五、案例小结

(1) 使用函数生成的棋盘纹理图案具有无限分辨率,而直接用棋盘图像仅有有限分辨率。函数纹理映射的曲面不需要进行反走样处理。

(2) 棋盘图案绑定到每个曲面上,而不是绑定到整体茶壶表面上。这样,曲面片的定义域与纹理的定义域对应。

(3) PhongShader 计算曲面内每个三维像素的光强。如果该点的材质取自一幅图像,

就会将一幅纹理映射到曲面上。

六、案例拓展

将棋盘函数纹理映射到圆环的每个曲面上,共需要 16 幅纹理图像,要求纹理中的黑白块数目取 8×8 和 16×8,绘制效果如图 41-4 所示,试编程实现。

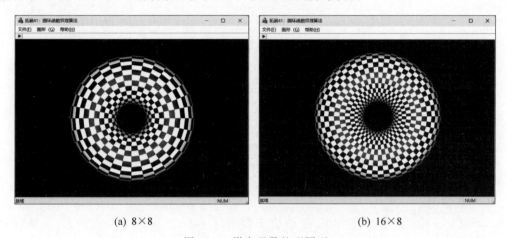

(a) 8×8　　　　　　(b) 16×8

图 41-4　棋盘函数纹理圆环

案例 42　三维纹理算法

知识点
- 体纹理。
- 三维过程纹理。

一、案例需求

1. 案例描述

在三维纹理空间内,编程建立木纹纹理场。将三维纹理空间与三维物体空间重合,为茶壶添加木纹纹理。

2. 功能说明

(1) 定义三维右手世界坐标系,原点位于客户区中心,x 轴水平向右为正,y 轴垂直向上为正,z 轴指向观察者。

(2) 定义三维左手屏幕坐标系,原点位于客户区中心,x 轴水平向右为正,y 轴垂直向上为正,z 轴指向屏幕内部。设置屏幕背景色为黑色。

(3) 建立三维右手建模坐标系,原点位于客户区中心,x 轴水平向右为正,y 轴垂直向上为正,z 轴指向观察者。

(4) 建立三维木纹纹理场。用共轴圆柱面模拟树木的年轮圈,然后扰动、扭曲和倾斜使之随机化。木纹纹理颜色取为深黄色和浅黄色。

(5) 将木纹纹理绑定到茶壶顶点上,使用 PhongShader 绘制木纹纹理茶壶。

(6) 使用键盘上的方向键或者工具栏上的"动画"图标按钮播放旋转木纹茶壶的旋转动画。

3. 案例效果图

三维木纹茶壶效果如图 42-1 所示。可以看出,在部件边界连接处,木纹纹理自然过渡,这是使用二维纹理图像难以模拟的。

二、案例分析

三维纹理就是一个三维纹理场,又称体纹理(solid texture)。与可以从图像构造的二维纹理不同,三维纹理通常是由程序生成的。

就像雕刻家可以从一块大理石上雕刻出一个人物一样,三维纹理木纹茶壶的制作过程可以认为是截取一块大小合适的木头,然后从这块木头中雕刻出一把茶壶。这样,茶壶自然就拥有了天然木纹。

1. 构造纹理场

1) 共轴圆柱面

在三维纹理空间内,取共轴圆柱面的轴向为 v 轴,横截面为 u 和 w 轴,如图 42-2 所示。

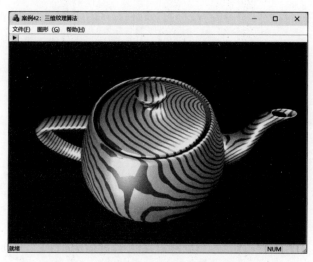

图 42-1 三维木纹茶壶效果图(彩插图 21)

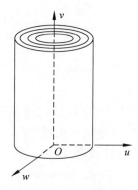

图 42-2 共轴圆柱面

对于半径为 r_1 的圆柱面,参数方程为

$$r_1 = \sqrt{u^2 + w^2}$$

2) 随机扰动

若使用 $2\sin\alpha\theta$ 作为木纹的不规则生长扰动函数,并在 v 轴方向附加 $\dfrac{v}{b}$ 的扭曲量,则得到

$$r_2 = r_1 + 2\sin\left(a\theta + \dfrac{v}{b}\right)$$

式中,a、b 为常数,$\theta = \arctan\left(\dfrac{u}{w}\right)$。

2. 物体空间与纹理空间重合

使用三维几何变换将纹理倾斜一个角度添加到长方体上,使木纹更加自然。

$$(x,y,z) = \mathrm{tilt}(u,v,w)$$

三、算法设计

(1) 建立三维物体空间,读入茶壶的三维模型。

(2) 建立三维纹理空间。选取共轴圆柱面方程,对其进行扰动、扭曲和倾斜来模拟木材。计算随机共轴圆柱面上每一点的颜色。

(3) 三维纹理空间与三维物体空间重合。将三维纹理空间内木纹纹理的颜色值作为三维物体空间对应点的材质漫反射率和环境反射率,使用 PhongShader 为茶壶模型添加三维纹理。

四、案例设计

1. 设置三维纹理类

在二维纹理类 CT2 的基础上,通过添加 w 参数定义三维纹理类。

```
#include "T2.h"
class CT3 :public CT2
{
public:
    CT3(void);
    CT3(double u, double v, double w);
    virtual ~CT3(void);
public:
    double w;
};
```

程序说明：三维纹理点为(u,v,w)，对应物体点(x,y,z)。注意，这里的 w 不是齐次坐标点，而是三维纹理坐标。

2. 设计纹理类

在 CBicubicBezierPatch 类的绘制函数 Draw() 中，将三维纹理绑定到曲面四边形网格的顶点上。

```
void CBicubicBezierPatch::Draw(CDC*pDC)
{
    CP3 Eye=projection.GetEye();
    CP3 Point[4];                //屏幕三维网格顶点
    CVector3 Normal[4];          //顶点的法向量
    CT3 Texture[4];              //顶点的纹理坐标
    for (int i=0; i<4; i++)
    {
        Point[i]=projection.PerspectiveProjection3(gridP[i]);
        Normal[i]=gridN[i];
        //物体空间与纹理空间重合
        Texture[i].u=gridP[i].x;
        Texture[i].v=gridP[i].y;
        Texture[i].w=gridP[i].z;
    }
    CP3 DRP[3]={ Point[0], Point[1], Point[2] };         //右下三角形的顶点数组
    CVector3 DRN[3]={ Normal[0], Normal[1], Normal[2] }; //右下三角形的法向量数组
    CT3 DRT[3]={ Texture[0], Texture[1], Texture[2] };   //右下三角形的纹理坐标数组
    pZBuffer->SetPoint(DRP, DRN, DRT);
    pZBuffer->PhongShader(pDC, Eye, pScene);
    CP3 TLP[3]={ Point[0], Point[2], Point[3] };         //左上三角形的顶点数组
    CVector3 TLN[3]={ Normal[0], Normal[2], Normal[3] }; //左上三角形的法向量数组
    CT3 TLT[3]={ Texture[0], Texture[2], Texture[3] };   //左上三角形的纹理坐标数组
    pZBuffer->SetPoint(TLP, TLN, TLT);
    pZBuffer->PhongShader(pDC, Eye, pScene);
}
```

程序说明：将三维纹理绑定到每个面片的细分网格点上，可以实现纹理随壶体的旋转而旋转。

3. 读取三维纹理

通过对三维纹理地址进行线性插值访问网格片元中的每个点的纹理地址，然后查找三维纹理颜色。

```
void CZBuffer::PhongShader(CDC*pDC, CP3 Eye, CLighting*pScene)
{
    int xMin=ROUND(min(min(P0.x, P1.x), P2.x));        //包围盒左下角点坐标
    int yMin=ROUND(min(min(P0.y, P1.y), P2.y));
    int xMax=ROUND(max(max(P0.x, P1.x), P2.x));        //包围盒右上角点坐标
    int yMax=ROUND(max(max(P0.y, P1.y), P2.y));
    for (int y=yMin; y<=yMax; y++)
    {
        for (int x=xMin; x<=xMax; x++)
        {
            double Area=P0.x*P1.y+P1.x*P2.y+P2.x*P0.y-P2.x*P1.y -P1.x*P0.y-
                P0.x*P2.y;
            double Area0=x*P1.y+P1.x*P2.y+P2.x*y-P2.x*P1.y-P1.x*y-x*P2.y;
            double Area1=P0.x*y+x*P2.y+P2.x*P0.y-P2.x*y-x*P0.y-P0.x*P2.y;
            double Area2=P0.x*P1.y+P1.x*y+x*P0.y-x*P1.y-P1.x*P0.y-P0.x*y;
            double alpha=Area0/Area,beta=Area1/Area,gamma=Area2/Area;
            if (alpha>=0 && beta>=0 && gamma>=0)
            {
                double zDepth=alpha*P0.z+beta*P1.z+gamma*P2.z;//计算深度
                CVector3 ptNormal=alpha*N0+beta*N1+gamma*N2;    //计算法向量
                CT3 ptTexture=alpha*T0+beta*T1+gamma*T2;        //计算纹理坐标
                CRGB DiffuseColor=Sample3dTexture(ptTexture);   //查找三维纹理
                pScene->pMaterial->SetDiffuse(DiffuseColor);//设置材质的漫反射率
                pScene->pMaterial->SetAmbient(DiffuseColor);//设置材质的环境反射率
                CRGB Intensity=pScene->Illuminate(Eye, CP3(x, y, zDepth),
                    ptNormal, pScene->pMaterial);
                if (zDepth<=zBuffer[x+nWidth/2][y+nHeight/2])  //ZBuffer
                {
                    zBuffer[x+nWidth/2][y+nHeight/2]=zDepth;
                    pDC->SetPixelV(x, y, CRGBtoRGB(Intensity));
                }
            }
        }
    }
}
```

程序说明：用Sample3dTexture()函数获取点颜色时,假定纹理空间与物体空间重合。将纹理颜色作为材质的漫反射率就可以绘制木纹茶壶,但是颜色偏暗,所以将纹理颜色也作为材质的环境反射率来改善光照效果。

4. 查找三维纹理场

生成三维变换对纹理场,并进行简单的几何变换,以保证纹理坐标位于[0,1]区间。

```
CRGB CZBuffer::Sample3dTexture(CT3 t)
{
    CP3 pt(t.u, t.v, t.w);                              //旋转纹理空间
    CTransform3 transform;
    transform.SetMatrix(&pt, 1);
    transform.RotateY(70);
```

```
    transform.RotateX(50);
    transform.RotateZ(40);
    double scale=5;                                           //纹理放大
    transform.Scale(scale, scale, scale);
    t.u=pt.x, t.v=pt.y, t.w=pt.z;
    double r1=sqrt(t.u*t.u+t.w*t.w);
    double Theta;
    if (0==t.w)
        Theta=PI/2;
    else
        Theta=atan(t.u/t.w);
    double r2=r1+2*sin(20*Theta+t.v/150);
    CRGB GrainColor;                                          //木纹颜色
    int Grain=ROUND(r2)%60;
    if (Grain<40)
        GrainColor=CRGB(0.8, 0.6, 0.0);
    else
        GrainColor=CRGB(0.5, 0.3, 0.0);
    return GrainColor;
}
```

程序说明：通过旋转共轴圆柱面生成三维纹理场，由于共轴圆柱面过于规则，所以进行扭曲、扰动和倾斜。

五、案例小结

1. 体纹理

三维纹理不能使用图像拼接，只能使用程序生成纹理场或者通过实体扫描获得纹理场。

2. 边界连续

三维纹理自然过渡，保证表面边界处的纹理连续，就像雕刻家用一块坚固的大理石雕刻出一个人物一样。

3. 反走样

由于物体上的各个点自动获取纹理空间相应点的颜色，三维纹理不需要拉伸和扭曲，自然不会引起纹理走样。

六、案例拓展

（1）建立棋盘三维纹理场，先用立方体验证三维棋盘，如图42-3(a)所示，再编程绘制棋盘纹理茶壶，如图42-3(b)所示。

（2）Perlin噪声的思路是将整个空间区域划分为一个个小格子，在每个格子顶点上随机取值，在格子顶点外的区域，通过将周围顶点的值进行线性插值得到噪声，如图42-4(a)所示。试将Perlin噪声纹理映射到Utah茶壶制作青花瓷效果，如图42-4(b)所示。

 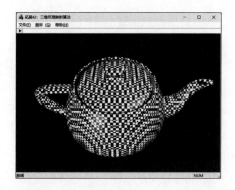

(a) 立方体　　　　　　　　　　　　　(b) 茶壶

图 42-3　三维纹理映射效果图

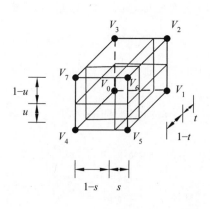 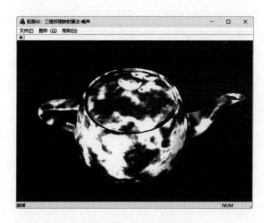

(a) 三线性插值　　　　　　　　　　　(b) 效果图（彩插图22）

图 42-4　Perlin 噪声

案例 43　透视校正算法

知识点

- 透视变形原因。
- 透视校正方法。

一、案例需求

1. 案例描述

将三维棋盘纹理场映射到立方体上会出现严重的透视变形,如图 43-1 所示,需要进行透视校正,试编程实现透视校正算法。

2. 功能说明

(1) 定义三维右手世界坐标系,原点位于客户区中心,x 轴水平向右为正,y 轴垂直向上为正,z 轴指向观察者。

(2) 定义三维左手屏幕坐标系,原点位于客户区中心,x 轴水平向右为正,y 轴垂直向上为正,z 轴指向屏幕内部。设置屏幕背景色为黑色。

(3) 建立三维右手建模坐标系,原点位于客户区中心,x 轴水平向右为正,y 轴垂直向上为正,z 轴指向观察者。

(4) 建立三维棋盘纹理场,并将棋盘纹理映射到立方体上。

(5) 使用透视校正算法校正棋盘纹理的变形。

(6) 使用键盘上的方向键或者工具栏上的"动画"图标按钮播放立方体的旋转动画。

3. 案例效果图

对图 43-1 所示的透视变形情况进行校正,效果如图 43-2 所示。

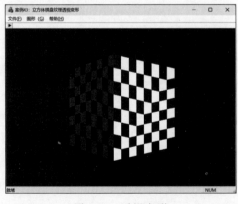
图 43-1　透视变形

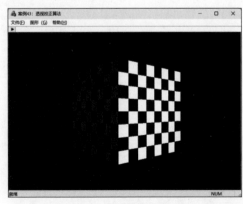
图 43-2　透视校正效果图

二、案例分析

光栅化图形学中，在观察坐标系中对顶点属性（坐标、颜色、法向量、纹理坐标等）的线性插值，并不能在屏幕坐标系得到正确的透视结果。因此，如果在纹理映射时，简单地使用屏幕坐标系的纹理坐标的线性插值结果，就会产生透视变形。图 43-3 中，观察坐标系 $\{O:x, y, z\}$ 是左手系，x 轴垂直于纸面向外。观察坐标系中的直线段 V_0V_1 在屏幕上的投影是 P_0P_1。屏幕坐标系的线性插值公式为 $P=(1-t)P_0+tP_1$；观察坐标系的线性插值公式为 $V=(1-s)V_0+sV_1$。假定 P 点是直线段 P_0P_1 的中点，有 $t=0.5$；在透视投影前，与 P 点对应的 V 点就不一定是 V_0V_1 的中点，有 $s\neq 0.5$。尽管如此，我们还是希望使用屏幕坐标系内的线性插值获得正确的结果，而非使用观察坐标系内的线性插值。这样就需要修正屏幕坐标系的线性插值公式，进行所谓的透视校正插值（perspective-correct interpolation）。

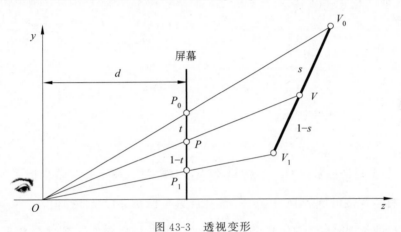

图 43-3　透视变形

1. 深度倒数的线性插值

假定视点位于屏幕正前方，即位于观察坐标系原点，视线沿 z 轴正向。观察坐标系内顶点 V_0 的深度值为 z_0，V_1 点的深度值为 z_1，如何在屏幕坐标系内实现观察坐标系内纹理的正确线性插值？

从 V_0 和 V_1 点分别做 P_0P_1 的平行线，交 PV 连线为 A 点和 B 点，如图 43-4 所示。

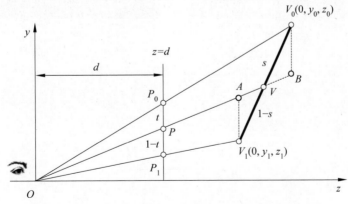

图 43-4　屏幕坐标系参数 t 与观察坐标系参数 s 之间的关系

假定屏幕坐标系的参数为 t,观察坐标系的参数为 s,有

$$\frac{s}{1-s}=\frac{|V_0V|}{|V_1V|}=\frac{|V_0B|}{|V_1A|}=\frac{|P_0P|\frac{z_0}{d}}{|P_1P|\frac{z_1}{d}}=\frac{tz_0}{(1-t)z_1}$$

解得

$$s=\frac{tz_0}{(1-t)z_1+tz_0} \tag{43-1}$$

在观察坐标系内插值计算任一点的 z 坐标,有

$$\begin{aligned}z&=(1-s)z_0+sz_1\\&=\frac{(1-t)z_1}{(1-t)z_1+tz_0}z_0+\frac{tz_0}{(1-t)z_1+tz_0}z_1\\&=\frac{z_0z_1}{(1-t)z_1+tz_0}\\&=\frac{1}{(1-t)\frac{1}{z_0}+t\frac{1}{z_1}}\end{aligned} \tag{43-2}$$

改写为

$$\frac{1}{z}=(1-t)\frac{1}{z_0}+t\frac{1}{z_1} \tag{43-3}$$

式中,z_0 和 z_1 是观察坐标系内的三维点 V_0 和 V_1 的深度值,而不是屏幕坐标系的伪深度值。这样,观察坐标内深度的倒数值 $\frac{1}{z_0}$ 和 $\frac{1}{z_1}$ 能在屏幕坐标系进行线性插值。

已知 V_0 点的纹理坐标为 T_0,V_1 点的纹理坐标为 T_1,观察坐标系内直线上一点的纹理坐标 T 的计算公式为

$$T=(1-s)T_0+sT_1 \tag{43-4}$$

将式(43-4)代入式(43-1)的参数 s,有

$$\begin{aligned}T&=\frac{(1-t)z_1}{(1-t)z_1+tz_0}T_0+\frac{tz_0}{(1-t)z_1+tz_0}T_1\\&=\frac{1}{1+\frac{tz_0}{(1-t)z_1}}T_0+\frac{1}{\frac{(1-t)z_1}{tz_0}+1}T_1\\&=\frac{\frac{1-t}{z_0}}{(1-t)\frac{1}{z_0}+t\frac{1}{z_1}}T_0+\frac{\frac{t}{z_1}}{(1-t)\frac{1}{z_0}+t\frac{1}{z_1}}T_1\end{aligned}$$

将上式代入式(43-3),有

$$T=\frac{\frac{1-t}{z_0}T_0+\frac{t}{z_1}T_1}{\frac{1}{z}} \tag{43-5}$$

改写为

$$\frac{T}{z} = (1-t)\frac{T_0}{z_0} + t\frac{T_1}{z_1} \qquad (43\text{-}6)$$

式(43-6)说明,在屏幕坐标系内使用 t 参数对纹理坐标进行插值,可以保证观察坐标系内使用参数 s 进行插值的正确性。通过以下方法校正纹理:对起点的纹理坐标和起点深度的商 $\dfrac{T_0}{z_0}$ 与终点的纹理坐标和终点深度的商 $\dfrac{T_1}{z_1}$ 进行线性插值,得到插值点处的纹理坐标和插值点处深度的商 $\dfrac{T}{z}$。

2. 重心坐标表示的透视校正

在屏幕坐标系中,已知三角形 $P_0P_1P_2$ 内的一点 P,且 $P = \alpha P_0 + \beta P_1 + \gamma P_2$。$(\alpha, \beta, \gamma)$ 为 P 点的重心坐标。重心坐标表示的透视校正公式为

$$\frac{1}{z} = \alpha\frac{1}{z_0} + \beta\frac{1}{z_1} + \gamma\frac{1}{z_2} \qquad (43\text{-}7)$$

令 $a = \dfrac{\alpha}{z_0}, b = \dfrac{\beta}{z_1}, c = \dfrac{\gamma}{z_2}$,则 $z = \dfrac{1}{a+b+c}$。

用重心坐标改写式(43-6),有

$$T = z(\alpha_1 T_0 + \beta_1 T_1 + \gamma_1 T_2) \qquad (43\text{-}8)$$

式中,T、T_0、T_1、T_2 为 P、P_0、P_1、P_2 点的纹理坐标。

三、算法设计

(1)修改投影类,添加透视校正函数来获得观察坐标系的深度值。

(2)在深度缓冲类内,对来自观察坐标系顶点的深度值进行线性插值,并使用其结果校正纹理坐标。

(3)使用校正后的纹理坐标查找三维纹理的颜色值,将其作为材质的漫反射率和环境反射率。

四、案例设计

1. 透视校正函数

在 CProjection 类里,添加成员函数 PerspectiveCorrection() 来获得观察坐标系的深度值。

```
double CProjection::PerspectiveCorrection(CP3 WorldPoint)
{
    double z;      //观察坐标系三维点的深度
    z=-k[5]*WorldPoint.x-k[3]*WorldPoint.y-k[4]*WorldPoint.z+R;
    return z;
}
```

程序说明:将世界坐标系的三维点转换到观察坐标系,z 坐标为观察坐标系内该点的深度值。

2. 校正纹理坐标

在 CZBuffer 类的绘制函数 PhongShader() 中,用观察坐标系深度倒数的插值结果,修

正纹理坐标。通过对三维纹理坐标线性插值得到三角形每个点的纹理坐标,然后查找并使用 GenerateWoodGrainTexture() 函数生成三维纹理颜色。

```
void CZBuffer::PhongShader(CDC*pDC, CP3 Eye, CLighting*pScene)
{
    int xMin=ROUND(min(min(P0.x, P1.x), P2.x));    //包围盒左下角点坐标
    int yMin=ROUND(min(min(P0.y, P1.y), P2.y));
    int xMax=ROUND(max(max(P0.x, P1.x), P2.x));    //包围盒右上角点坐标
    int yMax=ROUND(max(max(P0.y, P1.y), P2.y));
    for (int y=yMin; y<=yMax; y++)
    {
        for (int x=xMin; x<=xMax; x++)
        {
            double Area=P0.x*P1.y+P1.x*P2.y+P2.x*P0.y-P2.x*P1.y -P1.x*P0.y-
                P0.x*P2.y;
            double Area0=x*P1.y+P1.x*P2.y+P2.x*y-P2.x*P1.y-P1.x*y-x*P2.y;
            double Area1=P0.x*y+x*P2.y+P2.x*P0.y-P2.x*y-x*P0.y-P0.x*P2.y;
            double Area2=P0.x*P1.y+P1.x*y+x*P0.y-P1.x*P0.y-P0.x*y;
            double alpha=Area0/Area,beta=Area1/Area,gamma=Area2/Area;
            if (alpha>=0&&beta>=0&&gamma>=0)
            {
                double zDepth=alpha*P0.z+beta*P1.z+gamma*P2.z;  //计算深度
                CVector3 ptNormal=alpha*N0+beta*N1+gamma*N2;    //计算法向量
                double a=alpha/z0, b=beta/z1, c=gamma/z2;
                #1   double z=1.0/(a+b+c);
                #2   CT3 ptTexture=z*(a*T0+b*T1+c*T2);          //校正纹理坐标
                CRGB DiffuseColor=Generate3dTexture(ptTexture); //查找三维纹理
                pScene->pMaterial->SetDiffuse(DiffuseColor);//设置材质的漫反射率
                pScene->pMaterial->SetAmbient(DiffuseColor); //设置材质的环境反射率
                CRGB Intensity=pScene->Illuminate(Eye, CP3(x, y, zDepth),
                    ptNormal, pScene->pMaterial);
                if (zDepth<=zBuffer[x+nWidth/2][y+nHeight/2])   //zBuffer
                {
                    zBuffer[x+nWidth/2][y+nHeight/2]=zDepth;
                    pDC->SetPixelV(x, y, CRGBtoRGB(Intensity));
                }
            }
        }
    }
}
```

程序说明:第 1~2 行语句用于校正纹理坐标,Generate3dTexture() 函数用于查找三维纹理。

3. 生成棋盘三维纹理场

从 U、V、W 3个维度考察子立方体块的奇偶性,建立三维棋盘纹理场。

```
CRGB CZBuffer::Sample3dTexture(CT3 t)
{
    if ((int)floor(t.w*8.001)%2==0)
    {
```

```
        if (0==((int)floor(t.u*8.001)+(int)floor(t.v*8.001))%2)
            return CRGB(1, 1, 1);
        else
            return CRGB(0, 0, 0);
    }
    else
    {
        if (0==((int)floor(t.u*8.001)+(int)floor(t.v*8.001))%2)
            return CRGB(0, 0, 0);
        else
            return CRGB(1, 1, 1);
    }
}
```

程序说明：三维纹理场要保证每个子立方体的 6 个小面同色。

五、案例小结

（1）棋盘纹理图案规整，可以有效检测透视变形。

（2）屏幕坐标系内的线性插值不能保证观察坐标系内线性插值的正确性，造成了透视变形。修正方法是，使用观察坐标系内的深度坐标校正屏幕坐标系内的纹理坐标。

（3）立方体的透视变形比较明显，曲面体的透视变形不明显。从此，后续案例都增加透视校正的内容。

六、案例拓展

本案例使用的是三维纹理场。试使用棋盘二维纹理函数，将棋盘图案绑定到立方体的各个表面上，制作棋盘立方体并校正透视变形，如图 43-5 所示。

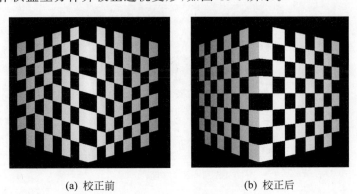

(a) 校正前　　　　　　　　(b) 校正后

图 43-5　棋盘图案立方体

案例 44　漫反射贴图算法

知识点

- 图像转储为颜色数组。
- 曲面绑定纹理坐标。
- 漫反射贴图和高光贴图。

一、案例需求

1. 案例描述

图 44-1 所示"五牛图"是唐代韩滉的作品，五匹牛各具状貌，姿态互异。从右向左的第四匹为黄牛，躯体高大，峻角耸立，回首而顾。将图 44-2 所示黄牛图案映射到茶壶的 32 个曲面片上，规定每个曲面片映射一幅图像。试基于 PhongShader 绘制茶壶的漫反射贴图。

图 44-1　五牛图

图 44-2　纹理图

2. 功能说明

（1）定义三维右手世界坐标系，原点位于客户区中心，x 轴水平向右为正，y 轴垂直向上为正，z 轴指向观察者。

（2）定义三维左手屏幕坐标系，原点位于客户区中心，x 轴水平向右为正，y 轴垂直向上为正，z 轴指向屏幕内部。设置屏幕背景色为黑色。

（3）建立三维右手建模坐标系，原点位于客户区中心，x 轴水平向右为正，y 轴垂直向上为正，z 轴指向观察者。

(4) 先将黄牛位图导入资源视图,并将黄牛位图转储到图像数组中。

(5) 将纹理图像绑定到曲面片上。

(6) 将纹理图像的颜色设置为材质的漫反射率和环境反射率。

(7) 使用键盘上的方向键或者工具栏上的"动画"图标按钮播放茶壶的旋转动画。

3. 案例效果图

茶壶共有 32 片曲面,共贴了 32 幅"黄牛"图像,效果如图 44-3 所示。这里不仅要求黄牛头部向上,而且要求图像边界部分过渡自然。

图 44-3　漫反射贴图效果(彩插图 23)

二、案例分析

已经知道,物体的漫反射光从任何角度观察都是相同的,漫反射光对表面的贡献可以用纹理附加到表面上来刻画。漫反射贴图就是简单地根据相应纹理图的颜色调整 PhongShader 中的漫反射率。有时纹理数据会影响镜面反射光颜色,而 Blinn-Phong 光照模型中镜面反射光的颜色是由光源颜色决定的,与物体本身材质的颜色无关。处理方法是,先将镜面反射光分离出来,然后通过设置材质漫反射率 k_d 完成纹理映射,最后将镜面反射光分量叠加上去。

1. 贴图方式

无论是多面体还是曲面体,都是由多个平面片或者曲面片组成的。例如,立方体由 6 个平面正方形组成,茶壶由 32 片双三次 Bezier 曲面组成。这样,每片平面或者曲面上可以单独贴一张图,也可以在物体的整个表面上贴一张图。

1) 每个小面映射一幅图像

将一幅图像绑定到物体展开图的每个小面上。正方体有 6 个平面四边形小面,每个四边形各映射一幅图像。如果将表示头部图像的 6 幅纹理图映射到立方体的 6 个小面上,并考虑各个贴图的拼接关系,立方体人(BoxMan)的头部效果如图 44-4 所示。

对于一片双三次 Bezier 曲面片,经过 3 次递归细分被分为 64 个小平面,将一幅图像映射到一片曲面上,效果如图 44-5 所示。

(a) 6幅纹理图　　　　　(b) 效果图

图 44-4　立方体 6 个侧面贴图

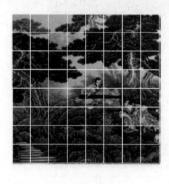

(a) 纹理图　　　　　　　(b) 效果图

图 44-5　一片曲面贴图

2）整个表面映射一幅图像

将多面体或曲面体展开为平面，所有表面只贴一幅图像。正方体 6 个表面共贴一幅图像，效果如图 44-6 所示。用茶壶的 32 片曲面贴一幅图像，效果如图 44-7 所示。

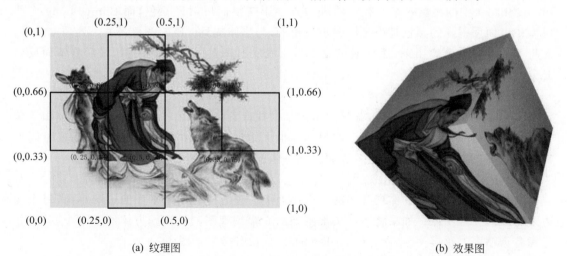

(a) 纹理图　　　　　　　　　　　　　　　　(b) 效果图

图 44-6　正方体贴一幅图像

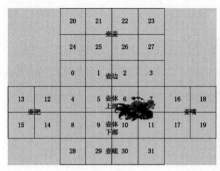

(a) 纹理图　　　　　　　　　　(b) 效果图

图 44-7　茶壶贴一幅图像

3）茶壶每个曲面片各贴一幅图像

根据双三次 Bezier 曲面片定义，参数曲面片的定义域为 $(u,v)\in[0,1]^2$，图像的定义域也为 $(u,v)\in[0,1]^2$，如图 44-8 所示。取图像 uv 等于曲面片定义域 uv，就将图像绑定到曲面片上了。然后获取对应纹理图像上的颜色值作为曲面上该点光照的漫反射系数，就可以调用 Blinn-Phong 光照模型绘制纹理茶壶。我们知道，茶壶由 32 片曲面构成，如果在每片曲面上各映射一幅图像，绘制效果如图 44-2 所示。

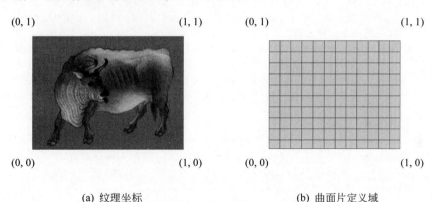

(a) 纹理坐标　　　　　　　　　　(b) 曲面片定义域

图 44-8　一片曲面贴一幅图

2. 数字化图像

从资源中读入"黄牛"位图，将位图颜色存储到一维数组中。设计 CTexture 类来接收图像和检索图像。

三、算法设计

（1）设计纹理类 CTexture，将位图转储到一维数组中。
（2）计算纹理坐标，为每片曲面绑定一幅图像。
（3）使用当前点的纹理坐标查找相应图像在该位置的颜色，并将其设置为材质的漫反射率和环境反射率。
（4）使用 PhongShader 将纹理图像映射到茶壶上。

四、案例设计

1. 绑定纹理函数

在 CBicubicBezierPatch 类的成员函数 MeshGrid() 里,为每个曲面片绑定纹理坐标。

```
void CBicubicBezierPatch::MeshGrid(CDC*pDC, CT2 T[4])
{
    double M[4][4];                                         //系数矩阵 M
    M[0][0]=-1, M[0][1]=3, M[0][2]=-3, M[0][3]=1;
    M[1][0]=3, M[1][1]=-6, M[1][2]=3, M[1][3]=0;
    M[2][0]=-3, M[2][1]=3, M[2][2]=0, M[2][3]=0;
    M[3][0]=1, M[3][1]=0, M[3][2]=0, M[3][3]=0;
    CP3 pTemp[4][4];                                        //每次递归需要保证控制点矩阵不改变
    for (int i=0; i<4; i++)
        for (int j=0; j<4; j++)
            pTemp[i][j]=P[i][j];
    LeftMultiplyMatrix(M, pTemp);                           //控制点矩阵左乘系数矩阵
    TransposeMatrix(M);                                     //系数矩阵转置
    RightMultiplyMatrix(pTemp, M);                          //控制点矩阵右乘系数矩阵
    double u0, u1, u2, u3, v0, v1, v2, v3;                  //u,v 参数的幂
    for (int i=0; i<4; i++)
    {
        u3=pow(T[i].u, 3.0), u2=pow(T[i].u, 2.0), u1=T[i].u, u0=1.0;
        v3=pow(T[i].v, 3.0), v2=pow(T[i].v, 2.0), v1=T[i].v, v0=1.0;
        //计算网格点三维坐标
        gridP[i]=(u3*pTemp[0][0]+u2*pTemp[1][0]+u1*pTemp[2][0]+u0*pTemp[3][0])
            *v3+ (u3*pTemp[0][1]+u2*pTemp[1][1]+u1*pTemp[2][1]+u0*pTemp[3][1])*
            v2+(u3*pTemp[0][2]+u2*pTemp[1][2]+u1*pTemp[2][2]+u0*pTemp[3][2])*
            v1+(u3*pTemp[0][3]+u2*pTemp[1][3]+u1*pTemp[2][3]+u0*pTemp[3][3])
            *v0;
        //计算网格点法向量
        CVector3 uTangent, vTangent;            //u 向切向量、v 向切向量(tangent)
        double pdu3, pdu2, pdu1, pdu0;          //u 方向的偏导数(partial derivative)
        pdu3=3.0 * pow(T[i].u, 2.0), pdu2=2.0 * T[i].u, pdu1=1, pdu0=0.0;
        uTangent= (pdu3*pTemp[0][0]+pdu2*pTemp[1][0]+pdu1*pTemp[2][0]+
            pdu0*pTemp[3][0])*v3+ (pdu3*pTemp[0][1]+pdu2*pTemp[1][1]+
            pdu1*pTemp[2][1]+pdu0*pTemp[3][1])*v2+ (pdu3*pTemp[0][2]+
            pdu2*pTemp[1][2]+pdu1*pTemp[2][2]+pdu0*pTemp[3][2])*v1+
            (pdu3*pTemp[0][3]+pdu2*pTemp[1][3]+pdu1*pTemp[2][3]
            pdu0*pTemp[3][3])*v0;
        double pdv3, pdv2, pdv1, pdv0;          //v 方向的偏导数
        pdv3=3.0*pow(T[i].v, 2.0), pdv2=2.0*T[i].v, pdv1=1.0, pdv0=0.0;
        vTangent=(u3*pTemp[0][0]+u2*pTemp[1][0]+u1*pTemp[2][0]+
            u0*pTemp[3][0])*pdv3+ (u3*pTemp[0][1]+u2*pTemp[1][1]+
            u1*pTemp[2][1]+u0*pTemp[3][1])*pdv2+ (u3*pTemp[0][2]+
            u2*pTemp[1][2]+u1*pTemp[2][2]+u0*pTemp[3][2])*pdv1+
            (u3*pTemp[0][3]+u2*pTemp[1][3]+u1*pTemp[2][3]+
            u0*pTemp[3][3])*pdv0;
        gridN[i]=CrossProduct(uTangent, vTangent).Normalize();    //顶点法向量
        gridT[i]=T[i];                          //顶点纹理绑定,曲面 u、v 向对应纹理 u、v 向
    }
    if (fabs(gridP[0].x-gridP[1].x)<1e-4)                //处理特殊区域法向量
```

```
        gridN[0]=gridN[1]=CVector3(gridP[0]).Normalize();
    if (fabs(gridP[2].x-gridP[3].x)<1e-4)
        gridN[2]=gridN[3]=CVector3(gridP[2]).Normalize();
}
```

程序说明：gridT[i]为顶点纹理坐标，取曲面递归划分时的定义域 T[i]值。

2. 查找纹素颜色

```
void CZBuffer::PhongShader(CDC*pDC, CP3 Eye, CLighting*pScene)
{
    int xMin=ROUND(min(min(P0.x, P1.x), P2.x));      //包围盒左下角点坐标
    int yMin=ROUND(min(min(P0.y, P1.y), P2.y));
    int xMax=ROUND(max(max(P0.x, P1.x), P2.x));      //包围盒右上角点坐标
    int yMax=ROUND(max(max(P0.y, P1.y), P2.y));
    for (int y=yMin; y<=yMax; y++)
    {
        for (int x=xMin; x<=xMax; x++)
        {
            double Area=P0.x*P1.y+P1.x*P2.y+P2.x*P0.y-P2.x*P1.y-P1.x*P0.y-
                P0.x*P2.y;
            double Area0=x*P1.y+P1.x*P2.y+P2.x*y-P2.x*P1.y-P1.x*y-x*P2.y;
            double Area1=P0.x*y+x*P2.y+P2.x*P0.y-P2.x*y-x*P0.y-P0.x*P2.y;
            double Area2=P0.x*P1.y+P1.x*y+x*P0.y-x*P1.y-P1.x*P0.y-P0.x*y;
            double alpha=Area0/Area,beta=Area1/Area,gamma=Area2/Area;
            if (alpha>=0&&beta>=0&&gamma>=0)
            {
                double zDepth=alpha*P0.z+beta*P1.z+gamma*P2.z; //任意一点的深度
                CVector3 ptNormal=alpha*N0+beta*N1+gamma*N2;   //任意一点的法向量
                //透视校正
                double a=alpha/z0, b=beta/z1, c=gamma/z2;
                double z=1.0/(a+b+c);
                CT2 ptTexture=z*(a*T0+b*T1+c*T2);              //计算纹素的纹理坐标
                CT2 TextureAddress;                            //图像纹理地址
                TextureAddress.u=ptTexture.u*(pTexture->bmp.bmWidth-1);
                TextureAddress.v=ptTexture.v*(pTexture->bmp.bmHeight-1);
                CRGB diffuseColor=pTexture->SampleTexture(TextureAddress);
                                                               //纹素颜色
                pScene->pMaterial->SetDiffuse(DiffuseColor);   //设置材质的漫反射率
                pScene->pMaterial->SetAmbient(DiffuseColor);   //设置材质的环境反射率
                CRGB Intensity=pScene->Illuminate(Eye, CP3(x, y, zDepth),
                    ptNormal, pScene->pMaterial);
                if (zDepth<=zBuffer[x+nWidth/2][y+nHeight/2])   //zBuffer
                {
                    zBuffer[x+nWidth/2][y+nHeight/2]=zDepth;
                    pDC->SetPixelV(x, y, CRGBtoRGB(Intensity));
                }
            }
        }
    }
}
```

程序说明：通过对三角形顶点纹理坐标线性插值得到三角形每个点的纹理坐标（这里使用了透视校正），然后乘以图像的宽度和高度得到纹理地址。使用纹理地址查找图像纹素的颜色，并作为材质的漫反射率和环境反射率，代入光照模型计算该点的光强。

五、案例小结

（1）茶壶由 32 片曲面构成，可以选择每个曲面片映射一幅图像，或者整个茶壶映射一幅图像。为了简单起见，本案例选择了前者，茶壶上映射了 32 幅"黄牛"图像。

（2）将图像数字化到一维或者二维数组中，根据纹理地址采样图像纹素颜色。

（3）使用 PhongShader 进行纹理映射，小面内每个像素点的材质漫反射率和环境反射率取自图像上相应点的颜色。

（4）漫反射贴图是将图像扭曲后贴到曲面上，图像随茶壶的转动而转动。

六、案例拓展

（1）茶壶的壶体"前面"由 4 片曲面构成，编号为 6、7、10、11，如图 44-9(a)所示。试将一幅"连年有余"图像贴到茶壶的前表面上，效果如图 44-9(c)所示。

(a) "曲面"的曲面片编号　　　(b) 贴画(彩插图24(a))　　　(c) 贴图效果(彩插图24(b))

图 44-9　茶壶"前面"贴一幅图像

（2）经典游戏《我的世界》中的史蒂夫（Steve）是个立方体人，如图 44-10(a)所示。图 44-10(b)所示的纹理图形由 6 个小正方形纹理块组成，试在立方体上映射该图构造立方体人，效果如图 44-10(c)所示。这里要求对纹理图进行透视校正。

 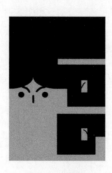 

(a) 史蒂夫　　　　　　(b) 纹理图　　　　　　(c) 贴图效果

图 44-10　制作立方体人

（3）假定有一个包有金属外圈的木头纹理贴到立方体的表面上。用漫反射贴图的方法制作一个盒子,如图 44-11 所示。这里高光是错误的,木头部分不应该出现高光。可以使用高光贴图解决。

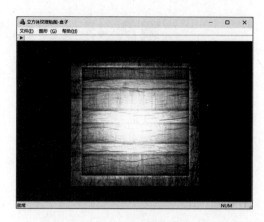

(a) 漫反射图　　　　　　　　　　　(b) 贴图效果

图 44-11　只用漫反射贴图制作盒子

在漫反射贴图的基础上,添加高光贴图来控制高光效果,使得木头部分不产生高光,效果如图 44-12 所示。

(a) 高光贴图　　　　　　　　　　　(b) 贴图效果

图 44-12　漫反射贴图加高光贴图制作盒子

案例 45　凹凸贴图算法

知识点

- 计算曲面上一点的法向量。
- 从高度图计算扰动量。

一、案例需求

1. 案例描述

用图 45-1 所示高度图扰动茶壶表面上的法向量，形成凹凸不平的视觉效果。试基于 PhongShader 绘制茶壶的凹凸贴图。

2. 功能说明

（1）定义三维右手世界坐标系，原点位于客户区中心，x 轴水平向右为正，y 轴垂直向上为正，z 轴指向观察者。

（2）定义三维左手屏幕坐标系，原点位于客户区中心，x 轴水平向右为正，y 轴垂直向上为正，z 轴指向屏幕内部。设置屏幕背景色为黑色。

（3）建立三维右手建模坐标系，原点位于客户区中心，x 轴水平向右为正，y 轴垂直向上为正，z 轴指向观察者。

（4）将高度图导入资源视图并转储到图像数组中。保持茶壶的材质属性不变。从高度图中读取高度值后，对茶壶表面的法向量进行扰动。光照后，茶壶表面呈现凹凸不平的视觉效果。

（5）使用键盘上的方向键或者工具栏上的"动画"图标按钮播放凹凸贴图茶壶的旋转动画。

3. 案例效果图

使用高度图扰动后，茶壶凹凸贴图效果如图 45-2 所示。

图 45-1　高度图（彩插图 25）

图 45-2　凹凸贴图效果（彩插图 26）

二、案例分析

已经知道,一般情况下,模型面数越大,可以表现的细节越多,效果越好。但是,由于面数多了,顶点多了,计算量就大了。为了保持面数不变而增加表面细节,就出现了凹凸贴图(bump map)。凹凸贴图就是通过修改模型表面内各点的法线,让模型看起来好像是"凹凸不平"的样子,增加细节层次感,达到高模的视觉效果。

1. 扰动法向量

定义一个连续可微的扰动函数 F,对双参数曲面作不规则的微小扰动,如图 45-3 所示。物体表面上的每个点 P 都沿该点处的法向量方向偏移 F 个单位长度,新的表面位置改变为 P'。

$$P' = P + \left(F \frac{\mathbf{N}}{|\mathbf{N}|}\right) \tag{45-1}$$

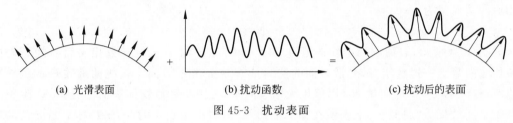

(a) 光滑表面   (b) 扰动函数   (c) 扰动后的表面

图 45-3 扰动表面

已经知道,扰动前的 P 点的法向量可以通过沿 u、v 两个方向的偏导数的叉积得到,即

$$\mathbf{N} = \frac{\partial P(u,v)}{\partial u} \times \frac{\partial P(u,v)}{\partial v} \tag{45-2}$$

则扰动后的 P' 点的法向量为

$$\mathbf{N}' = \frac{\partial P'(u,v)}{\partial u} \times \frac{\partial P'(u,v)}{\partial v} \tag{45-3}$$

计算偏导数

$$\frac{\partial P'(u,v)}{\partial u} = \frac{\partial\left(P + F\frac{\mathbf{N}}{|\mathbf{N}|}\right)}{\partial u} = \frac{\partial P}{\partial u} + \frac{\partial F}{\partial u}\left(\frac{\mathbf{N}}{|\mathbf{N}|}\right) + F\left(\frac{\partial \frac{\mathbf{N}}{|\mathbf{N}|}}{\partial u}\right) \tag{45-4}$$

$$\frac{\partial P'(u,v)}{\partial v} = \frac{\partial\left(P + F\frac{\mathbf{N}}{|\mathbf{N}|}\right)}{\partial v} = \frac{\partial P}{\partial v} + \frac{\partial F}{\partial v}\left(\frac{\mathbf{N}}{|\mathbf{N}|}\right) + F\left(\frac{\partial \frac{\mathbf{N}}{|\mathbf{N}|}}{\partial v}\right) \tag{45-5}$$

由于粗糙表面的凹凸高度相对于表面尺寸一般小得多,因而 F 很小,可以忽略不计,有

$$\frac{\partial P'(u,v)}{\partial u} = \frac{\partial P}{\partial u} + \frac{\partial F}{\partial u}\left(\frac{\mathbf{N}}{|\mathbf{N}|}\right), \quad \frac{\partial P'(u,v)}{\partial v} = \frac{\partial P}{\partial v} + \frac{\partial F}{\partial v}\left(\frac{\mathbf{N}}{|\mathbf{N}|}\right)$$

新法向量为

$$\mathbf{N}' \approx \left(\frac{\partial P}{\partial u} + \frac{\partial F}{\partial u}\left(\frac{\mathbf{N}}{|\mathbf{N}|}\right)\right) \times \left(\frac{\partial P}{\partial v} + \frac{\partial F}{\partial v}\left(\frac{\mathbf{N}}{|\mathbf{N}|}\right)\right) \tag{45-6}$$

$$\mathbf{N}' \approx \frac{\partial P}{\partial u} \times \frac{\partial P}{\partial v} + \frac{\frac{\partial F}{\partial u}\left(\mathbf{N} \times \frac{\partial P}{\partial v}\right)}{|\mathbf{N}|} + \frac{\frac{\partial F}{\partial v}\left(\frac{\partial P}{\partial u} \times \mathbf{N}\right)}{|\mathbf{N}|} + \frac{\frac{\partial F}{\partial u}\frac{\partial F}{\partial v}(\mathbf{N} \times \mathbf{N})}{|\mathbf{N}|^2}$$

由于 $\mathbf{N} \times \mathbf{N} = 0$,且 $\mathbf{N} = \dfrac{\partial P(u,v)}{\partial u} \times \dfrac{\partial P(u,v)}{\partial v}$,因此有

$$\mathbf{N}' = \mathbf{N} + \dfrac{\dfrac{\partial F}{\partial u}\left(\mathbf{N} \times \dfrac{\partial P}{\partial v}\right) - \dfrac{\partial F}{\partial v}\left(\mathbf{N} \times \dfrac{\partial P}{\partial u}\right)}{|\mathbf{N}|}$$

令

$$\mathbf{A} = \mathbf{N} \times \dfrac{\partial P}{\partial v}, \quad \mathbf{B} = \mathbf{N} \times \dfrac{\partial P}{\partial u}$$

则

$$\mathbf{D} = \dfrac{\dfrac{\partial F}{\partial u}\mathbf{A} - \dfrac{\partial F}{\partial v}\mathbf{B}}{|\mathbf{N}|}$$

扰动后的法向量为

$$\mathbf{N}' = \mathbf{N} + \mathbf{D} \tag{45-7}$$

如图 45-4 所示,表面的两个切向量 $\mathbf{A}$ 和 $\mathbf{B}$ 分别与 F 的 u、v 偏导数相乘后被加到表面的原始法向量上。这意味着,光滑表面的法向量 $\mathbf{N}$ 在 u 和 v 方向上被扰动函数 F 的偏导数所修改,得到 $\mathbf{N}'$。将法向量 $\mathbf{N}'$ 规范化为单位向量,可用于计算物体表面的光强,产生貌似凹凸不平的效果。"貌似"二字表示在物体的边缘上,看不到真实的凹凸效果,只是光滑的轮廓而已。

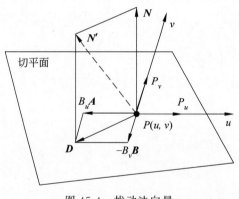

图 45-4　扰动法向量

2. 高度图

颜色由红(R)、绿(G)、蓝(B)三原色组成,而高度图只有一个通道,1 代表全白,0 表示全黑。高度图像通过取彩色图的一种颜色通道表示,例如红色,一般规范化到 [0,1] 区间表示。

三、算法设计

(1) 读入一幅高度场的灰度图。
(2) 使用中心差分法计算 B_u 和 B_v,进而计算扰动法向量 $\mathbf{D}$。
(3) 将扰动法向量 $\mathbf{D}$ 与原法向量 $\mathbf{N}$ 合成为新法向量 $\mathbf{N}'$。
(4) 使用新法向量基于 Phong 明暗处理算法,计算小面内每个像素点的光照。

四、案例设计

基于中心差分法,计算三角形内每个像素点的扰动向量。

```
void CZBuffer::PhongShader(CDC*pDC, CP3 Eye, CLighting*pScene,
    CTexture*pTexture)
{
    int xMin=ROUND(min(min(P0.x, P1.x), P2.x));    //包围盒左下角点坐标
    int yMin=ROUND(min(min(P0.y, P1.y), P2.y));
    int xMax=ROUND(max(max(P0.x, P1.x), P2.x));    //包围盒右上角点坐标
    int yMax=ROUND(max(max(P0.y, P1.y), P2.y));
    for (int y=yMin; y<=yMax; y++)
    {
        for (int x=xMin; x<=xMax; x++)
        {
            double Area=P0.x*P1.y+P1.x*P2.y+P2.x*P0.y-P2.x*P1.y-P1.x*P0.y-
                P0.x*P2.y;
            double Area0=x*P1.y+P1.x*P2.y+P2.x*y-P2.x*P1.y-P1.x*y-x*P2.y;
            double Area1=P0.x*y+x*P2.y+P2.x*P0.y-P2.x*y-x*P0.y-P0.x*P2.y;
            double Area2=P0.x*P1.y+P1.x*y+x*P0.y-x*P1.y-P1.x*P0.y-P0.x*y;
            double alpha=Area0/Area, beta=Area1/Area, gamma=Area2/Area;//重心坐标
            if (alpha>=0&&beta>=0&&gamma>=0)
            {
                double zDepth=alpha*P0.z+beta*P1.z+gamma*P2.z;   //计算深度
                CVector3 ptNormal=alpha*N0+beta*N1+gamma*N2;     //计算法向量
                CT2 Texture=alpha*T0+beta*T1+gamma*T2;           //计算纹理坐标
                CT2 TextureAddress;                              //真实图像的纹理地址
                TextureAddress.u=Texture.u*(pTexture[0].bmp.bmWidth-1);
                TextureAddress.v=Texture.v*(pTexture[0].bmp.bmHeight-1);
                CRGB diffuseColor=pTexture[0].SampleTexture(TextureAddress);
                pScene->pMaterial->SetDiffuse(diffuseColor);     //材质漫反射率
                pScene->pMaterial->SetAmbient(diffuseColor);     //材质环境反射率
                //中心差分法构造扰动法向量
                TextureAddress.u=Texture.u*(pTexture[1].bmp.bmWidth-1);
                TextureAddress.v=Texture.v*(pTexture[1].bmp.bmHeight-1);
                CRGB ForwardU=pTexture[1].SampleTexture(CT2(TextureAddress.u+1,
                    TextureAddress.v));
                CRGB BackwardU=pTexture[1].SampleTexture(CT2(TextureAddress.u-1,
                    TextureAddress.v));
                double Bu=(ForwardU.red-BackwardU.red)/2.0;   //u向高度差
                CRGB ForwardV=pTexture[1].SampleTexture(CT2(TextureAddress.u,
                    TextureAddress.v+1));
                CRGB BackwardV=pTexture[1].SampleTexture(CT2(TextureAddress.u,
                    TextureAddress.v-1));
                double Bv=(ForwardV.red-BackwardV.red)/2.0;   //v向高度差
```

```
                int BumpScale=15;                              //凹凸比例
                CVector3 BumpNormal=CVector3(-Bu, -Bv, 0);     //用于扰动的法向量
                ptNormal=ptNormal+BumpScale*BumpNormal;        //扰动后的新法向量
                CRGB Intensity=pScene->Illuminate(Eye, CP3(x, y, zDepth), ptNormal,
                    pScene->pMaterial);
                if (zDepth<=zBuffer[x+nWidth/2][y+nHeight/2])  //zBuffer消隐
                {
                    zBuffer[x+nWidth/2][y+nHeight/2]=zDepth;
                    pDC->SetPixel(x, y, CRGBtoRGB(Intensity));
                }
            }
        }
    }
}
```

五、案例小结

（1）使用高度图为茶壶表面增加凹凸效果。

（2）凹凸贴图使用中心差分计算灰度图的扰动量,从而直接影响光照产生的明暗效果,造成表面凹凸不平的虚拟幻象。茶壶的边界是完整的,凹凸是一种假象。

（3）凹凸纹理映射时,灰度图并不映射到物体表面上,所以不必修改漫反射率k_d。

（4）可以自由控制茶壶的凹陷和凸起。

六、案例拓展

（1）在长方体上输出文字"SIGGRAPH"。使用凹凸贴图控制文字的凹入和凸起,如图 45-5 所示。

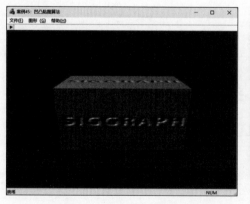 

(a) 文字凹入　　　　　　　　　　　　(b) 文字凸起

图 45-5　立方体文字凹凸贴图

（2）在球体上贴一幅世界地图,试绘制蓝色地球的凹凸效果,如图 45-6 所示。

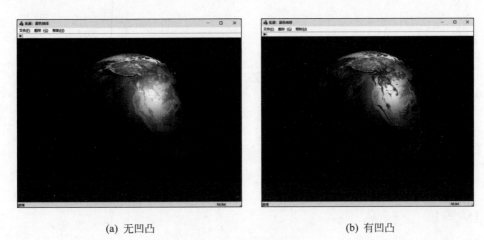

(a) 无凹凸　　　　　　　　　　　(b) 有凹凸

图 45-6　球体凹凸贴图

案例 46　法线贴图算法

知识点
- 切线空间和世界空间。
- 法线图和法向量。

一、案例需求

1. 案例描述
用图 46-1(a)所示"砖墙"漫反射图作为茶壶颜色。从图 46-2(a)所示"砖墙"法线图中读取茶壶表面的法向量信息。试基于 Blinn-Phong 光照模型绘制具有"砖墙"效果的茶壶。

2. 功能说明
（1）定义三维右手世界坐标系，原点位于客户区中心，x 轴水平向右为正，y 轴垂直向上为正，z 轴指向观察者。

（2）定义三维左手屏幕坐标系，原点位于客户区中心，x 轴水平向右为正，y 轴垂直向上为正，z 轴指向屏幕内部。设置屏幕背景色为黑色。

（3）建立三维右手建模坐标系，原点位于客户区中心，x 轴水平向右为正，y 轴垂直向上为正，z 轴指向观察者。

（4）将漫反射图和法线图转储到图像数组中。从法线图中读取切线空间中法向量的数值，转换至世界空间后，代入光照模型计算光强，绘制凹凸不平的茶壶表面。

（5）使用键盘上的方向键或者工具栏上的"动画"图标按钮播放法线贴图茶壶的旋转动画。

3. 案例效果图
已经知道，砖墙的表面是粗糙的，包含着接缝处的水泥凹痕。如果茶壶只使用漫反射图绘制颜色，效果如图 46-1 所示，光照效果忽略了砖块之间凹进去的线条，表面看起来完全是平坦的。

(a) 漫反射图

(b) 效果图

图 46-1　漫反射贴图（无法线图）

如果茶壶不仅使用漫反射图绘制颜色,而且使用法线图读入法向量,则效果如图 46-2 所示。可见,法线贴图的光照效果突出了砖块之间的凹痕深度。

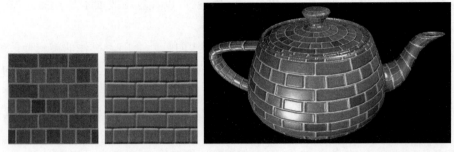

图 46-2　漫反射图、法线图及法线贴图(彩插图 27)

二、案例分析

案例 45 介绍了凹凸贴图,使用灰度图提供凹凸信息来扰动原法向量,这是一种比较旧的技术。法线贴图提供了多边形表面每个点扰动后的法向量,用于直接取代原法向量。

如果物体表面上的像素点只有一个法线向量,则该表面完全根据这个法线向量被以一致的方式照亮;如果表面上每个像素点都有自己的法线,就可以让光照相信该表面由很多微小的平面所组成,表现出更多的细节。这种每个像素点使用各自的法线,替代一个表面上所有像素点使用同一个法线的技术称为法线贴图(normal mapping)。

1. 3 个空间

法线贴图中,常用到 3 个空间:切线空间(tangent space)、物体空间(object space)和世界空间(world space),空间关系如图 46-3 所示。从法线贴图中采样得到的法向量,位于切线空间;物体的顶点的相关信息,位于物体空间;光源位置、观察者位置等,位于世界空间中。

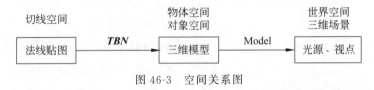

图 46-3　空间关系图

2. 法线图

图像不仅能存储颜色信息(漫反射贴图)和光照信息(镜面反射贴图),也可以存储法向量信息。法线图是一幅色调偏蓝的图像,这是因为所有法向量都偏向 z 轴,这是一种偏蓝的颜色。将法向量的 x、y、z 分量规范化到 $[-1,1]$ 区间,将颜色分量 r、g、b 规范化到 $[0,1]$ 区间,就可以用颜色信息表示向量信息。假如用 pixel_normal 表示表面上像素点的法向量,用 rgb_normal 表示颜色信息,则将法向量存储到法线图中的公式为

$$\text{rgb\_normal} = 0.5 \times \text{pixel\_normal} + 0.5 \tag{46-1}$$

可以验证,如果 pixel_normal$=-1$,那么 rgb_normal$=-0.5+0.5=0$;如果 pixel_normal$=1$,那么 rgb_normal$=0.5+0.5=1$。这样就将法向量 pixel_normal$\in[-1,1]$ 映射为颜色信息 rgb_normal$\in[0,1]$。

于是，从法线图中读出的法向量公式为

$$\text{pixel\_normal} = 2 \times \text{rgb\_normal} - 1 \tag{46-2}$$

将采样出的法线向量代入 Blinn-Phong 模型，就可以计算出表面上各点的光强。

3. 切线空间向世界空间变换

在世界空间中，法向量是垂直于物体表面的。法向量就会随着物体的旋转而改变方向，世界空间的一张法线图不可能表示所有方向的法向量。定义一个空间，法线图中的法向量总是指向该空间的正 z 方向。计算光照时，世界空间中表面上所有的法向量都与该空间的正 z 方向进行变换，就能始终使用同样的法线贴图，不管朝向问题。这个空间就是切线空间。

位于多边形表面顶点的 3 个正交向量定义了切线空间 TBN，即顶点的法向量 N（normal）、切向量 T（tangent）和副切向量 B（bitangent），如图 46-4(a)所示，其中副切向量又称副法向量（binormal）。直观地讲，切线空间定义了模型顶点中的纹理坐标。模型中不同的三角形，都有对应的切线空间。T 指向参数 u 增加的方向，B 指向参数 v 增加的方向，N 与三角形的面法向量同向，如图 46-4(b)所示。

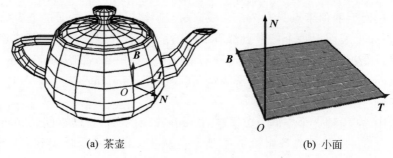

(a) 茶壶　　　　　　　　　　(b) 小面

图 46-4　切线空间

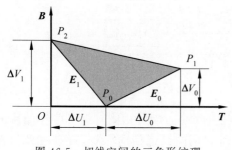

图 46-5　切线空间的三角形纹理

4. TBN 变换矩阵

法向量从切线空间变换到世界空间，需要构造 TBN 矩阵，保证切线空间的法向量垂直于物体表面。

切线空间定义为 $\{O; T, B, N\}$，法线贴图的切线和副切线与纹理坐标的两个方向对齐，如图 46-5 所示，纹理图的 u 和 v 分别对应切线空间的 T 与 B。三角形的顶点为 $P_0(u_0, v_0)$、$P_1(u_1, v_1)$、$P_2(u_2, v_2)$，三角形纹理的两个边向量为

$$E_0 = P_1 - P_0 = \Delta U_0 T + \Delta V_0 B$$
$$E_1 = P_2 - P_0 = \Delta U_1 T + \Delta V_1 B$$

式中，$\Delta U_0 = U_1 - U_0$，$\Delta V_0 = V_1 - V_0$，$\Delta U_1 = U_2 - U_0$，$\Delta V_1 = V_2 - V_0$。

写成矩阵为

$$\begin{bmatrix} E_{0x} & E_{0y} & E_{0z} \\ E_{1x} & E_{1y} & E_{1z} \end{bmatrix} = \begin{bmatrix} \Delta U_0 & \Delta V_0 \\ \Delta U_1 & \Delta V_1 \end{bmatrix} \begin{bmatrix} T_x & T_y & T_z \\ B_x & B_y & B_z \end{bmatrix}$$

解出 **T** 和 **B**

$$\begin{bmatrix} T_x & T_y & T_z \\ B_x & B_y & B_z \end{bmatrix} = \begin{bmatrix} \Delta U_0 & \Delta V_0 \\ \Delta U_1 & \Delta V_1 \end{bmatrix}^{-1} \begin{bmatrix} E_{0x} & E_{0y} & E_{0z} \\ E_{1x} & E_{1y} & E_{1z} \end{bmatrix}$$

$$\begin{bmatrix} T_x & T_y & T_z \\ B_x & B_y & B_z \end{bmatrix} = \frac{1}{\Delta U_0 \Delta V_1 - \Delta U_1 \Delta V_0} \begin{bmatrix} \Delta V_1 & -\Delta V_0 \\ -\Delta U_1 & \Delta U_0 \end{bmatrix} \begin{bmatrix} E_{0x} & E_{0y} & E_{0z} \\ E_{1x} & E_{1y} & E_{1z} \end{bmatrix} \quad (46\text{-}3)$$

用三角形的两条边以及纹理坐标计算出切向量 **T** 和副切向量 **B**，法向量 **N** 由三角形顶点的法向量的线性插值得到。**TBN** 矩阵为

$$T = \begin{bmatrix} T_x & T_y & T_z \\ B_x & B_y & B_z \\ N_x & N_y & N_z \end{bmatrix} \quad (46\text{-}4)$$

从法线贴图中读出的法向量 **N** 乘以 **TBN** 矩阵，就可以将位于切线空间中的法向量 **N** 变换为世界空间的法向量 **N**′。

$$[N'_x \quad N'_y \quad N'_z] = [N_x \quad N_Y \quad N_z] \begin{bmatrix} T_x & T_y & T_z \\ B_x & B_y & B_z \\ N_x & N_y & N_z \end{bmatrix} \quad (46\text{-}5)$$

三、算法设计

（1）读入一幅漫反射图，用漫反射图中的纹素颜色设置茶壶表面材质的漫反射色和环境色。

（2）读入一幅法线图，从法线图中读取表面的法向量。

（3）构造 **TBN** 矩阵，分别计算 **TBN** 矩阵中的 **T** 和 **B**。**TBN** 矩阵中的 **N** 由三角形顶点的法向量的线性插值得到。

（4）使用 **TBN** 矩阵将法线贴图中的法向量从切线空间变换到世界空间。

（5）在世界空间中，使用新法向量调用 Blinn-Phong 光照模型，计算小面内每个像素点的光强。

四、案例设计

这里采用的方法是在世界空间中计算光照。先构造 **TBN** 矩阵，然后用 **TBN** 矩阵把从法线图采样得到的法向量从切线空间变换到世界空间，再传给 PhongShader。这样，法向量就和光源、视点等光照变量处于同一个空间了。

1）从法线图中读取法向量

```
CVector3 PixelNormal(RGBNormalColor.red*2-1, RGBNormalColor.green*2-1,
    RGBNormalColor.blue*2-1);
```

2）构造 TBN 矩阵

```
CVector3 E0(P1-P0), E1(P2-P0);              //屏幕坐标系三维点表示世界坐标系的顶点
double deltaU0=T1.u-T0.u, deltaV0=T1.v-T0.v;
double deltaU1=T2.u-T0.u, deltaV1=T2.v-T0.v;
double f=1.0 / (deltaU0*deltaV1-deltaU1*deltaV0);
//计算 TBN 中的 T
Tangent.x=f*(E0.x*deltaV1-E1.x*deltaV0);
Tangent.y=f*(E0.y*deltaV1-E1.y*deltaV0);
Tangent.z=f*(E0.z*deltaV1-E1.z*deltaV0);
Tangent=Tangent.Normalize();
//计算 TBN 中的 B
Bitangent.x=f*(-E0.x*deltaU1+E1.x*deltaU0);
Bitangent.y=f*(-E0.y*deltaU1+E1.y*deltaU0);
Bitangent.z=f*(-E0.z*deltaU1+E1.z*deltaU0);
Bitangent=Bitangent.Normalize();
//计算 TBN 中的 N
CVector3 Normal=alpha*N0+beta*N1+gamma*N2;
Normal=Normal.Normalize();
```

程序说明：分别计算了 **T**、**B**、**N**。**N** 来自顶点法向量的线性插值。

3）将法向量从切线空间变换到世界空间

```
CVector3 ptNormal;
ptNormal.x=PixelNormal.x*Tangent.x+PixelNormal.y*Bitangent.x+
    PixelNormal.z*Normal.x;
ptNormal.y=PixelNormal.x*Tangent.y+PixelNormal.y*Bitangent.y+
    PixelNormal.z*Normal.y;
ptNormal.z=PixelNormal.x*Tangent.z+PixelNormal.y*Bitangent.z+
    PixelNormal.z*Normal.z;
ptNormal=ptNormal.Normalize();
```

程序说明：将切线空间的法向量 PixelNormal 变换为世界空间的法向量 ptNormal。

五、案例小结

（1）使用法线图为茶壶增加表面细节。

（2）法线图用颜色定义，要将颜色信息转换为法向量信息。

（3）纹理定义在切线空间内，用 **TNB** 矩阵将法向量信息转换到世界空间内，保证法向量垂直于物体表面。

（4）法线贴图可以使用低模表现出高模丰富的细节效果。

（5）法线贴图可以仅使用法线图，而不使用漫反射图，效果如图 46-6 所示。

六、案例拓展

在立方体模型上，用其"前面"模拟现实世界中的一面墙，将法线图贴到墙上展示不同的效果。试编程实现以下两道拓展题。

（1）在墙上映射一幅茶壶的法线贴图，如图 46-7（a）所示。绕 x 轴逆时针方向旋转墙体，可以观察到茶壶从无到有的过程。

图 46-6 无漫反射图的法线贴图

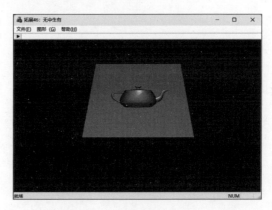

(a) 法线图　　　　　　　　　　　　(b) 效果图

图 46-7 无中生有

（2）映射图 46-8(a)所示砖墙漫反射贴图来制作砖墙,效果如图 46-8(b)所示。如果再映射图 46-8(c)所示的法线贴图,砖墙效果如图 46-8(d)所示。

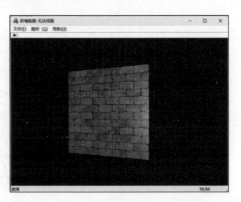

(a) 漫反射图　　　　　　　　　　　　(b) 效果图1

图 46-8 制作砖墙

(c) 法线图　　　　　　　　　　　(d) 效果图2

图 46-8　（续）

案例 47 视差贴图算法

知识点

- 高度图与深度图。
- 切线空间计算视差坐标。
- 传统视差贴图与陡峭视差贴图。

一、案例需求

1. 案例描述

从图 47-1(a)所示"砖墙"的漫反射图中读取茶壶表面的颜色。从图 47-1(b)所示"砖墙"的法线图中读取茶壶表面的法向量,从图 47-1(c)所示"砖墙"的深度图中读取茶壶表面的深度值。在切线空间内,使用深度值调节表面的视差纹理地址。在世界空间内,基于 Blinn-Phong 光照模型绘制具有夸张效果的"砖墙"茶壶。

(a) 漫反射图　　　　(b) 法线图　　　　(c) 深度图

图 47-1　视差贴图所需的图像(彩插图 28)

2. 功能说明

(1) 定义三维右手世界坐标系,原点位于客户区中心,x 轴水平向右为正,y 轴垂直向上为正,z 轴指向观察者。

(2) 定义三维左手屏幕坐标系,原点位于客户区中心,x 轴水平向右为正,y 轴垂直向上为正,z 轴指向屏幕内部。设置屏幕背景色为黑色。

(3) 建立三维右手建模坐标系,原点位于客户区中心,x 轴水平向右为正,y 轴垂直向上为正,z 轴指向观察者。

(4) 将漫反射图、法线图和深度图转储到图像数组中。将位于世界空间中的视点变换到切线空间后,基于高度图计算视线与物体表面虚拟高度的交点处的视差纹理地址,得到视差纹理地址。

(5) 用视差纹理地址,从漫反射图中检索颜色,从法线图中检索法向量。

(6) 将法线贴图存储的法向量从切线空间变换到世界空间。在世界空间中计算像素点的光强,绘制夸张的茶壶表面效果。

(7) 使用键盘上的方向键或者工具栏上的"动画"图标按钮播放视差贴图茶壶的旋转动画。

3. 案例效果图

传统视差贴图效果如图 47-2(a)所示，陡峭视差贴图效果如图 47-2(b)所示。普通视差贴图效果要好于法线贴图效果，陡峭视差贴图效果比普通视差贴图效果更加夸张。陡峭视差贴图仿佛将砖块从黏结处撕开，使之具有深度感。图 47-2(b)所示是在深度比例取 100 的基础上茶壶效果图。

(a) 传统视差贴图　　　　　　　　(b)陡峭视差贴图(彩插图29)

图 47-2　视差贴图

二、案例分析

视差贴图(parallax mapping)技术和法线贴图差不多，都是人为制造表面的凹凸效果，用于欺骗眼睛，但二者原理不同。视差贴图是作为法线贴图技术的延续进行研究的。法线贴图通过提供新法向量产生视错觉，而视差贴图则是借助高度图产生令人难以置信的夸张效果。高度图(或深度图)是一张灰度图像，取值范围为[0,1]。视差贴图的思想是修改纹理坐标使一个表面像素看起来比实际的更高或者更低，所有这些修改根据观察方向和高度图(或深度图)决定。

1. 基于高度图的视差贴图

图 47-3 中，高度图中的数值绘制结果用粗线表示。V 代表视向量，视线与物体表面的实际交点是 A 点。如果小面按照高度图发生了实际偏移，则沿视线方向会看到 B 点，但由于小面并没有发生偏移，沿视线方向只能看到 A 点。视差贴图的原理是，使用 B 点的纹理坐标 $T(B)$ 代替 A 点的纹理坐标 $T(A)$，对漫反射图和法线图进行采样，沿视线方向仿佛在 A 点看到了 B 点。故有

$$T(B)=T(A)+\boldsymbol{P} \tag{47-1}$$

图 47-3 中，使用 A 点的高度值 $H(A)$ 对视向量 V 进行缩放得到向量 $\boldsymbol{P}$。使用向量 $\boldsymbol{P}$ 的 x 分量和 y 分量作为 A 点的纹理坐标的偏移量。

2. 基于深度图的视差贴图

现代计算机图形学中计算视差贴图中的纹理坐标时，常使用深度图代替高度图。这可

以通过在着色器中用 1.0 减去从高度图采样的值获得深度值,或者简单地用图像编辑软件把高度图进行反色处理得到深度图。图 47-4 是用深度图表示的视差原理。使用 A 点的深度值 $D(A)$ 缩放视向量 $\mathbf{V}$ 得到向量 $\mathbf{P}$。使用向量 $\mathbf{P}$ 的 x 分量和 y 分量作为 A 点的纹理坐标的偏移量,有

$$T(B)=T(A)-\mathbf{P} \tag{47-2}$$

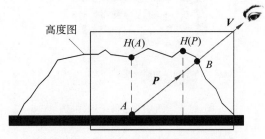

图 47-3　用高度图表示的视差原理

3. 陡峭视差贴图

如果旋转视差贴图,在陡峭的地方会出现错误,如图 47-5 所示。这是由于仅使用一个样本而非多个样本确定 B 点的纹理地址导致的错误。

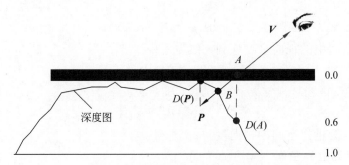

图 47-4　用深度图表示的视差原理

图 47-5　视差贴图的错误

算法原理:视向量与每个深度层的交点 P 表示当前层的深度,存储在深度贴图中的深度值用 D 表示。从上到下遍历深度层,比较 P 和 D。如果当前层的 $P \leqslant D$,就意味着这一层的 P 点在表面之下;继续这个处理过程,直到某一层的 $P > D$,则 P 点位于表面上方。图 47-6 中,从 T_0 层开始迭代;假定当前查找的是第 2 层 T_2:$P_2=0.4, D_2=0.73$,有 $P_2<$

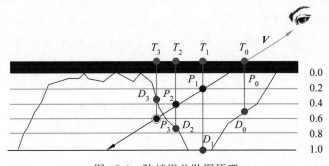

图 47-6　陡峭视差贴图原理

D_2，继续查找第 3 层 T_3：$P_3=0.6$，$D_3=0.37$，满足 $P_3>D_3$，迭代结束。用 P_3 的纹理坐标计算视差位移。陡峭视差贴图的精度要比传统视差贴图的精度高，如图 47-7 所示。

图 47-7　陡峭视差贴图效果图

4. 将视点转换到切线空间

从法线贴图案例已经知道，切线空间向世界空间的变换矩阵为 **TBN**。现在从世界空间向切线空间变换。由于世界空间和切线空间同为正交矩阵，即 $TT^T=E$，于是有 $T^{-1}=T^T$，所以 **TBN** 矩阵的逆阵为其转置矩阵，即

$$\begin{bmatrix} T_x & T_y & T_z \\ B_x & B_y & B_z \\ N_x & N_y & N_z \end{bmatrix}^{-1} = \begin{bmatrix} T_x & B_x & N_x \\ T_y & B_y & N_y \\ T_z & B_z & N_z \end{bmatrix} \tag{47-3}$$

使用式(47-3)，可以将世界空间中的视向量变换到切线空间中

$$\begin{bmatrix} V'_x & V'_y & V'_z \end{bmatrix} = \begin{bmatrix} V_x & V_y & V_z \end{bmatrix} \begin{bmatrix} T_x & B_x & N_x \\ T_y & B_y & N_y \\ T_z & B_z & N_z \end{bmatrix} \tag{47-4}$$

式中，**V**′ 为切线空间的视向量，**V** 为世界空间的视向量。

5. 将法向量从切线空间转换到世界空间

将法向量从切线空间变换到世界空间为

$$\begin{bmatrix} N'_x & N'_y & N'_z \end{bmatrix} = \begin{bmatrix} N_x & N_y & N_z \end{bmatrix} \begin{bmatrix} T_x & T_y & T_z \\ B_x & B_y & B_z \\ N_x & N_y & N_z \end{bmatrix} \tag{47-5}$$

式中，**N** 为切线空间的法向量，**N**′ 为世界空间的法向量。

6. TBN 的正交化

在复杂网格上计算切线向量时，往往有数量众多的共享顶点，此时 **TBN** 向量可能出现互不垂直的情况，这意味着 **TBN** 矩阵不再是正交矩阵。可以使用 Gram Schmidt 正交化方法重新正交化。

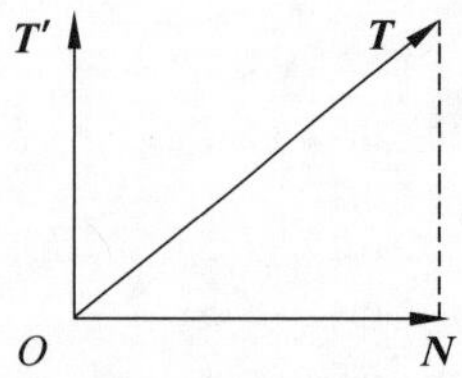

假设向量 **T** 和 **N** 不正交。**T** 需要更新为与 **N** 正交的向量 **T**′。从图 47-8 中可以直观看到

$$\boldsymbol{T}' = \boldsymbol{T} - (\boldsymbol{TN})\boldsymbol{N} \tag{47-6}$$

图 47-8　Gram Schmidt 正交化

三、算法设计

（1）读入漫反射图、法线图和深度图。
（2）构造 **TBN** 矩阵，将视向量从世界空间转换到切线空间。
（3）根据深度图计算视差纹理地址，即用采样点的深度值乘以视向量近似计算视差纹理地址。
（4）使用视差纹理地址检索漫反射图得到材质颜色；使用视差纹理地址检索法线图得到法向量。
（5）将法线图中采样得到的法向量转换到世界坐标空间。
（6）在世界空间中，使用新法向量调用 Blinn-Phong 光照模型，计算小面内每个像素点的光强。

四、案例设计

1）计算 **TBN** 矩阵

```
CVector3 E0(P1-P0), E1(P2-P0);
double deltaU0=T1.u-T0.u, deltaV0=T1.v-T0.v;
double deltaU1=T2.u-T0.u, deltaV1=T2.v-T0.v;
double f=deltaU0*deltaV1-deltaU1*deltaV0;      //分母
//计算 TBN->T
CVector3 Tangent;
Tangent.x=f*(E0.x*deltaV1-E1.x*deltaV0);
Tangent.y=f*(E0.y*deltaV1-E1.y*deltaV0);
Tangent.z=f*(E0.z*deltaV1-E1.z*deltaV0);
Tangent=Tangent.Normalize();
//计算 TBN->N
CVector3 Normal=alpha*N0+beta*N1+gamma*N2;
Normal=Normal.Normalize();
//使 Tangent 正交于 Normal,Gram-Schmidt 正交化
Tangent=Tangent-DotProduct(Tangent, Normal)*Normal;
//计算 B=N×T
CVector3 Bitangent(CrossProduct(Normal, Tangent));
Bitangent=Bitangent.Normalize();
```

程序说明：本案例的 **TBN** 矩阵建设方法与上一案例方法不同，但效果一致。使用的是先计算切向量 Tangent，然后基于三角形顶点的法向量线性插值得到 Normal，之后进行 **TBN** 的正交化处理，最后用法向量 Normal 与切向量 Tangent 进行叉乘得到副切向量 Bitangent。

2）在切空间中计算视差地址

```
//视差贴图,在切线空间中绘制
CP3 CurrentPoint(x, y, zDepth);                 //世界空间的当前像素点
CVector3 View=CVector3(Eye-CurrentPoint);       //世界空间的视向量
CVector3 TangentView;                           //切线空间的视向量
//将视向量转换到切空间,乘以 TBN 矩阵的转置矩阵
TangentView.x=View.x*Tangent.x+View.y*Tangent.y+View.z*Tangent.z;
```

```
TangentView.y=View.x*Bitangent.x+View.y*Bitangent.y+View.z*Bitangent.z;
TangentView.z=View.x*Normal.x+View.y*Normal.y+View.z*Normal.z;
TangentView=TangentView.Normalize();
CT2 ParallaxAddress;                                    //视差图真实图像的纹理地址
ParallaxAddress.u=ptTexture.u*(pTexture[2].bmp.bmWidth-1);
ParallaxAddress.v=ptTexture.v*(pTexture[2].bmp.bmHeight-1);
//传统视差图:根据深度图,通过缩放视向量计算视差贴图的地址
double DepthScale=100;                                  //DepthScale 强烈影响视差效果
double Depth=pTexture[2].SampleTexture(ParallaxAddress).red;
CT2 P=CT2(TangentView.x, TangentView.y)*(Depth-0.5)*DepthScale;
ParallaxAddress=ParallaxAddress-P;                      //高度图用加法,深度图用减法
//陡峭视差图:访问每个深度层,通过迭代计算视差贴图的准确地址
double DepthScale=100;                                  //DepthScale 强烈影响视差效果
const double numLayers=100;                             //深度层数
CT2 P=CT2(TangentView.x, TangentView.y)*DepthScale;//沿 P 方向的纹理坐标移动量
double layerDepth=1.0/numLayers;           //每一层的深度
double currentLayerDepth=0.0;              //当前层的深度沿 P 方向的纹理坐标移动量
CT2 deltaParallaxAddress=P/numLayers;      //每层移动量
CT2 currentParallaxAddress=ParallaxAddress;
double currentDepthMapValue=Texture[2].SampleTexture(currentParallaxAddress).red;
while (currentLayerDepth<currentDepthMapValue)
{
    //沿 P 方向移动纹理坐标
    currentParallaxAddress-=deltaParallaxAddress;
    //获得当前纹理坐标的深度
    currentDepthMapValue=pTexture[2].SampleTexture(currentParallaxAddress).red;
    //获得下一层的深度
    currentLayerDepth+=layerDepth;
}
ParallaxAddress=currentParallaxAddress;
```

程序说明:分别给出了传统视差贴图和陡峭视差贴图的代码。使用二者时,需要互相注释代码行。由于视差效果如果没有一个缩放参数通常会过于强烈,所以引入 DepthScale 进行一些额外的控制。对于传统视差贴图,深度值减去 0.5 表示将深度范围从[0,1]修改为[−0.5,0.5],以实现视点位于屏幕中心观察的效果。对于陡峭视差贴图,需要逐层迭代以求得精确的纹理地址。先定义层的数量,并计算每一层的深度,最后计算纹理坐标偏移量。这里要求每一层必须沿着 P 的方向进行移动。

3) 将法向量从切线空间变换到物体空间

```
//用视差地址检索漫反射图纹素的颜色
CRGB diffuseColor=pTexture[0].SampleTexture(ParallaxAddress);
pScene->pMaterial->SetDiffuse(diffuseColor);        //材质漫反射率
pScene->pMaterial->SetAmbient(diffuseColor);        //材质环境反射率
//用视差地址检索法线贴图
CRGB RGBNormalColor=pTexture[1].SampleTexture(ParallaxAddress);
CVector3 PixelNormal(RGBNormalColor.red*2-1, RGBNormalColor.green*2-1,
    RGBNormalColor.blue*2-1);                       //法线图 RGB 颜色转换为法向量
//将法线贴图存储的法向量从切线空间变换到世界空间
CVector3 ptNormal;
```

```
ptNormal.x=PixelNormal.x*Tangent.x+PixelNormal.y*Bitangent.x+
    PixelNormal.z*Normal.x;
ptNormal.y=PixelNormal.x*Tangent.y+PixelNormal.y*Bitangent.y+
    PixelNormal.z*Normal.y;
ptNormal.z=PixelNormal.x*Tangent.z+PixelNormal.y*Bitangent.z+
    PixelNormal.z*Normal.z;
ptNormal=ptNormal.Normalize();
```

程序说明：使用视差贴图地址，检索漫反射图得到颜色，检索法线图得到法向量。在世界空间中，计算三维像素点的光强。

五、案例小结

（1）视差贴图的思想是修改纹理坐标使表面看起来比实际的更高或者更低，从而产生夸张的凹凸效果。

（2）用视向量与表面实际交点像素的深度值缩放视向量，得到视向量与深度图的虚拟交点，用虚拟交点的纹理坐标代替实际交点的纹理坐标进行采样。

（3）视差贴图将视线方向考虑进去，会产生更加真实的凹凸效果（如砖墙的缝隙有更明显的深度或者可以绘制阴影）。

（4）一般情况下，把漫反射图、法线图和深度图组合在一起，才能产生强烈的视差效果。

六、案例拓展

（1）在立方体模型上，用其"前面"模拟现实世界中的一面墙。试将图 47-9 所示漫反射贴图、法线图和深度图贴到墙上来展示不同的视差效果。

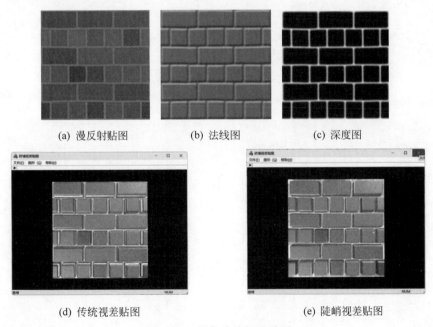

(a) 漫反射贴图　　(b) 法线图　　(c) 深度图

(d) 传统视差贴图　　(e) 陡峭视差贴图

图 47-9　制作砖墙视差贴图

（2）试将图 47-10 所示漫反射贴图、法线图和深度图贴到立方体的"前面"来展示陡峭贴图视差效果。

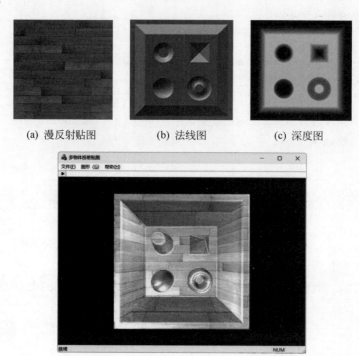

(a) 漫反射贴图　　(b) 法线图　　(c) 深度图

(d) 陡峭视差贴图

图 47-10　制作多物体视差贴图

案例 48　环境贴图算法(球方法)

知识点
- 反射向量检索图像。
- HDR 环境图。

一、案例需求

1. 案例描述

将图 48-1 所示的环境图映射到茶壶表面上,试基于球方法绘制反射周围环境的茶壶。

图 48-1　环境图(彩插图 30)

2. 功能说明

(1) 定义三维右手世界坐标系,原点位于客户区中心,x 轴水平向右为正,y 轴垂直向上为正,z 轴指向观察者。

(2) 定义三维左手屏幕坐标系,原点位于客户区中心,x 轴水平向右为正,y 轴垂直向上为正,z 轴指向屏幕内部。设置屏幕背景色为黑色。

(3) 建立三维右手建模坐标系,原点位于客户区中心,x 轴水平向右为正,y 轴垂直向上为正,z 轴指向观察者。

(4) 使用普通相机拍摄多幅方向的图像并将它们合成为一幅图像来代替场景,称为 HDRI(high dynamic range image,高动态范围图像)或者环境图。

(5) 将反射向量转换为球坐标(φ, θ),并将二者规范化到$[0,1]$区间内,作为 u、v 坐标采样环境图。

(6) 将从环境图采样到的颜色作为材质的漫反射率和环境反射率,调用 Blinn-Phong,旋转环境贴图茶壶。

(7) 使用键盘上的方向键或者工具栏上的"动画"图标按钮播放环境贴图茶壶的旋转动画。

3. 案例效果图

在茶壶上,使用环境映射算法(球方法)的贴图效果如图 48-2 所示。茶壶旋转,环境纹理不动。

图 48-2　环境贴图(彩插图 31)

二、案例分析

环境贴图(environment mapping,EM),又称反射贴图,是一种用来模拟光滑表面对周围环境的反射技术。常见的反射体,如汽车转弯处的凸面镜、首饰盒的漆面等。环境贴图有两种算法:球面贴图(sphere mapping)算法和立方体贴图(cube mapping)算法。球面贴图是一个早期的环境贴图技术,采用单张贴图表示整个环境。环境贴图被称为"穷人的光线跟踪算法"(poor man's ray-tracing)。

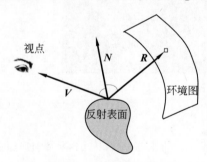

图 48-3　环境贴图模型

假定环境图贴在无限大的球面内侧,待绘制的物体位于球心处。物体表面只考虑镜面反射光的反射作用,仅用反射向量索引环境图,如图 48-3 所示。从视点发出一束光线,以表面交点处的法线为基准进行反射,到反射体上的一点终止。EM 算法不像光线跟踪算法那样,需要找到光线与最近物体表面的相交位置,而是仅将反射向量的方向作为索引去检索环境图。

首先计算反射向量 $\boldsymbol{R}$

$$\boldsymbol{R} = 2(\boldsymbol{VN})\boldsymbol{N} - \boldsymbol{V} \tag{48-1}$$

式中,$\boldsymbol{V}$ 为视向量,$\boldsymbol{N}$ 为法向量,$\boldsymbol{R}$ 为反射向量。

1. 经纬贴图(latitude-longitude mpping)

经纬算法由 Blinn 和 Newell 于 1976 年提出。将反射向量 $\boldsymbol{R}$ 转换为球面坐标 (φ, θ)。图 48-4 中,φ 为余纬度角,取值范围为 $[0, \pi]$。θ 为经度角,范围为 $[0, 2\pi]$。

最后,将球面坐标 (φ, θ) 变换到值域 $[0, 1]$ 中,使用 (u, v) 坐标访问环境纹理,读出纹理颜色,如图 48-5 所示。设环境图的宽度为 w,高度为 h,有

纬度方向:$\varphi = a\cos(R.y)$,得到

$$v = \left(1 - \frac{\varphi}{\pi}\right) h \tag{48-2}$$

经度方向:$\theta = a\tan2(R.x, -R.z)$,得到

$$u = \frac{\theta}{2\pi} w \tag{48-3}$$

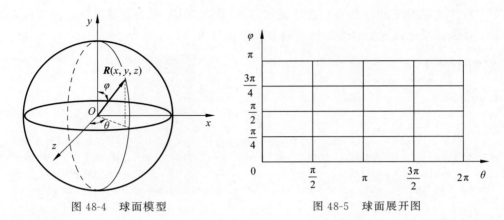

图 48-4 球面模型　　　　图 48-5 球面展开图

2. 新算法

假定视点位于 z 轴正向,视向量为 $\boldsymbol{V}=(0,0,1)$。假定反射向量为 $\boldsymbol{R}=\{r_x,r_y,r_z\}$,则法向量为

$$\boldsymbol{N} = \boldsymbol{R} + \boldsymbol{V} = \{r_x, r_y, r_z+1\} \tag{48-4}$$

规范化法向量

$$\boldsymbol{N} = \frac{(r_x, r_y, (r_z+1))}{\sqrt{r_x^2 + r_y^2 + (r_z+1)^2}} \tag{48-5}$$

得到物体表面顶点对应球上的纹理坐标,范围为 $[-1,1]$。

$$u = \frac{r_x}{\sqrt{r_x^2 + r_y^2 + (r_z+1)^2}}, \quad v = \frac{r_y}{\sqrt{r_x^2 + r_y^2 + (r_z+1)^2}} \tag{48-6}$$

由于纹理坐标的范围为 $[0,1]$,对式(48-6)规范化,即

$$\begin{cases} u = \left(\dfrac{r_x}{\sqrt{r_x^2 + r_y^2 + (r_z+1)^2}}\right)\Big/2 + \dfrac{1}{2} \\ v = \left(\dfrac{r_y}{\sqrt{r_x^2 + r_y^2 + (r_z+1)^2}}\right)\Big/2 + \dfrac{1}{2} \end{cases} \tag{48-7}$$

式(48-7)可简化为

$$\begin{cases} u = \dfrac{r_x}{m} + \dfrac{1}{2} \\ v = \dfrac{r_y}{m} + \dfrac{1}{2} \end{cases}, \quad \text{其中 } m = 2\sqrt{r_x^2 + r_y^2 + (r_z+1)^2} \tag{48-8}$$

三、算法设计

(1) 读入一幅环境图。
(2) 计算当前点的视向量。
(3) 计算当前点的法向量。
(4) 经纬算法:计算当前点的反射向量,根据经度角和纬度角计算 UV 坐标。

(5) 将经度角和纬度角规范化到[0,1]区间内,作为 u、v 坐标对环境图进行采样。

(6) 新算法:计算当前点的法向量,根据法向量计算 UV 坐标。

(7) 将法向量的 x 和 y 坐标规范化到[0,1]区间内,作为 u、v 坐标对环境图进行采样。

(8) 将采样颜色设置为材质的漫反射率和环境反射率。

四、案例设计

1. 经纬算法

```
CP3 CurrentPoint(x, y, zDepth);                                    //当前三维像素点
CVector3 ptNormal=alpha*N0+beta*N1+gamma*N2;                       //计算法向量 N
ptNormal=ptNormal.Normalize();CVector3 View(CurrentPoint, Eye);    //视向量 V
View=View.Normalize();                                             //规范化视向量
CVector3 Reflection=2*DotProduct(View, ptNormal)*ptNormal-View;    //反射向量 R
double Phi=acos(Reflection.y);                                     //反余切函数
double Theta=atan2(Reflection.x, -Reflection.z);
if (Theta<0.0)
    Theta+=2*PI;                                                   //值域转换
CT2 TextureAddress;                                                //图像纹理地址
TextureAddress.u=Theta/(2*PI)*(pTexture->bmp.bmWidth-1);           //Theta 作为 u 坐标
TextureAddress.v=(1-Phi/PI)*(pTexture->bmp.bmHeight-1);            //Phi 作为 v 坐标
CRGB diffuseColor=pTexture->SampleTexture(TextureAddress);         //采样环境图
pScene->pMaterial->SetDiffuse(diffuseColor);                       //设置为材质的漫反射率
pScene->pMaterial->SetAmbient(diffuseColor);                       //设置为材质的环境反射率
```

程序说明:在 CZBuffer 类中实现环境映射,环境映射只是检索环境图,并未绑定环境图。

2. 新算法

```
CP3 CurrentPoint(x, y, zDepth);                                    //当前三维像素点
CVector3 View(CurrentPoint, Eye);                                  //视向量 V 代替入射光线
View=View.Normalize();                                             //规范化视向量
CVector3 Reflection=2*DotProduct(View, ptNormal)*ptNormal-View;    //反射向量 R
CT2 TextureAddress;                                                //图像纹理地址
double m=2*sqrt(pow(Reflection.x, 2.0)+pow(Reflection.y, 2.0)+
    pow((Reflection.z+1), 2.0));
TextureAddress.u=(1-(Reflection.x/m+0.5))*(pTexture->bmp.bmWidth-1);
TextureAddress.v=(Reflection.y/m+0.5)*(pTexture->bmp.bmHeight-1);
CRGB diffuseColor=pTexture->SampleTexture(TextureAddress);         //采样环境图
pScene->pMaterial->SetDiffuse(diffuseColor);                       //设置为材质的漫反射率
pScene->pMaterial->SetAmbient(diffuseColor);                       //设置为材质的环境反射率
```

五、案例小结

(1) 环境贴图的另一个名称是镀铬映射(chrome mapping),这是因为非常光滑的镀铬板表面像一面镜子,能记录下周围物体的表面细节,并根据自身的表面曲率对图像进行几何变形。

(2) 环境贴图算法使用的环境图是一幅 HDR(high-dynamic range)图像,这是一幅全景图像。HDR 可以自己制作,也可以使用已经制作好的图像。

(3) 经纬算法:使用反射向量检索环境图,其 UV 坐标来自球体的经度角和纬度角。

(4) 新算法:使用法向量检索环境图,其 UV 坐标来自法向量。该算法认为环境图距离

物体无限远,可以使用法向量代替反射向量检索环境图。

(5) 环境贴图(球方法)算法假定光源离物体足够远,且物体不反射自身,可以假定视向量为(0,0,1)。

(6) 环境贴图效果显示的是环境图在曲面上的成像,其左右位置交换了。

(7) 环境贴图并未将纹理绑定到曲面上。纹理不仅会跨曲面映射,而且不会随着茶壶的旋转而转动。

(8) 环境贴图的球方法有较大缺点,会在极点处发生汇聚。作为一种环境贴图技术,球方法的用处并不是很大。本案例之所以介绍这种方法,主要是考虑到历史方面的一些原因。推荐使用环境贴图的立方体方法代替球方法。

六、案例拓展

(1) 在球体模型上贴图 48-6(a)所示环境图,效果如图 48-6(b)所示,在球体模型上贴一张环境图,试基于经纬算法绘制球体的环境贴图。

(a) 环境图　　　　　　　　　　　(b) 效果图

图 48-6　球体环境贴图

(2) 在圆环模型上贴图 48-7(a)所示环境图,效果如图 48-7(b)所示,试基于新算法绘制圆环的环境贴图。

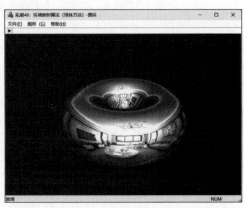

(a) 环境图　　　　　　　　　　　(b) 效果图

图 48-7　圆环环境贴图

案例 49　环境贴图算法(立方体方法)

知识点

- 反射向量检索图像。
- 6 幅图像构造天空盒。

一、案例需求

1. 案例描述

将图 49-1 所示的 6 幅天空盒图像映射到茶壶表面上,试基于立方体方法绘制反射周围环境的茶壶。

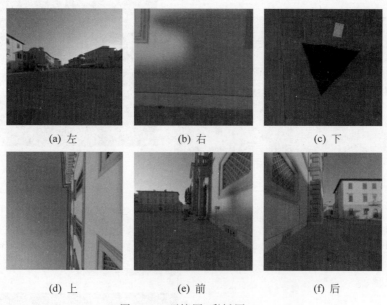

图 49-1　环境图(彩插图 32)

2. 功能说明

(1) 定义三维右手世界坐标系,原点位于客户区中心,x 轴水平向右为正,y 轴垂直向上为正,z 轴指向观察者。

(2) 定义三维左手屏幕坐标系,原点位于客户区中心,x 轴水平向右为正,y 轴垂直向上为正,z 轴指向屏幕内部。设置屏幕背景色为黑色。

(3) 建立三维右手建模坐标系,原点位于客户区中心,x 轴水平向右为正,y 轴垂直向上为正,z 轴指向观察者。

(4) 使用 6 幅天空盒图像作为纹理图,使用反射向量检索图像。

(5) 在反射向量的 3 个分量中找到绝对值最大的分量,沿该分量方向从天空盒图像中取值映射。

（6）将从天空盒图像中采样到的颜色作为材质的漫反射率和环境反射率，调用Blinn-Phong光照模型，绘制环境贴图茶壶。

（7）使用键盘上的方向键或者工具栏上的"动画"图标按钮播放环境贴图茶壶的旋转动画。

3. 案例效果图

使用环境映射算法（立方体方法）的贴图效果如图49-2所示。茶壶旋转，环境纹理不动。

图49-2 使用环境映射算法的贴图效果（彩插图33）

二、案例分析

天空盒（sky box）是一个包裹整个场景的立方体，是由6幅连续图像贴到立方体上构成的一个环绕空间，如图49-3所示。假定视点位于天空盒中心来接受环境图。要使用反射向量索引纹理图像，则需要得到相应天空盒上的纹理坐标。图像的"左""右""底""顶""后""前"分别对应反射向量的$-x$、$+x$、$-y$、$+y$、$-z$、$+z$。立方体映射的方法是，在反射向

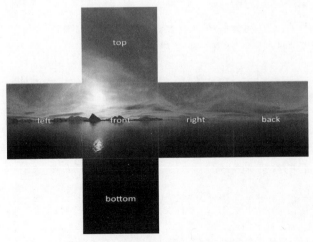

图49-3 立方体展开图的坐标表示1

量的 3 个分量中找到绝对值最大的分量,沿该分量正负方向对应的天空盒表面的环境图中取值映射。再将反射向量中的另外两个分量分别除以绝对值最大的分量,并规范化到[0,1]区间,就得到立方体某一表面上的纹理坐标,如图 49-4 所示。注意,图 49-4 所示的立方体展开图向后包裹构成立方体的封闭空间。

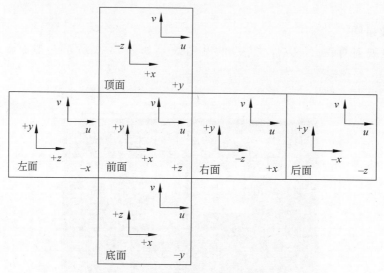

图 49-4　立方体展开图的坐标表示 2

首先计算反射向量 R

$$R = 2(VN)N - V \tag{49-1}$$

式中,V 为视向量,N 为法向量,R 为反射向量。

假定,反射向量 R 的 x 方向分量 R_x 最大,故使用立方体"左面"或"右面"的环境图进行索引,相应的规范化后的纹理坐标为

$$\text{左面} \begin{cases} u = \left(\dfrac{R_z}{|R_x|} + 1 \right) \Big/ 2 \\ v = \left(\dfrac{R_y}{|R_x|} + 1 \right) \Big/ 2 \end{cases}, \quad \text{右面} \begin{cases} u = \left(\dfrac{-R_z}{|R_x|} + 1 \right) \Big/ 2 \\ v = \left(\dfrac{R_y}{|R_x|} + 1 \right) \Big/ 2 \end{cases} \tag{49-2}$$

假定反射向量 R 的 y 方向分量 R_y 最大,故使用立方体"底面"或"顶面"的环境图进行索引,相应的规范化后的纹理坐标为

$$\text{底面} \begin{cases} u = \left(\dfrac{R_x}{|R_y|} + 1 \right) \Big/ 2 \\ v = \left(\dfrac{R_z}{|R_y|} + 1 \right) \Big/ 2 \end{cases}, \quad \text{顶面} \begin{cases} u = \left(\dfrac{R_x}{|R_y|} + 1 \right) \Big/ 2 \\ v = \left(\dfrac{-R_z}{|R_y|} + 1 \right) \Big/ 2 \end{cases} \tag{49-3}$$

假定反射向量 R 的 z 方向分量 R_z 最大,故使用立方体"后面"和"前面"的环境图进行索引,相应的规范化后的纹理坐标为

$$\text{后面} \begin{cases} u = \left(\dfrac{-R_x}{|R_z|} + 1 \right) \Big/ 2 \\ v = \left(\dfrac{R_y}{|R_z|} + 1 \right) \Big/ 2 \end{cases}, \quad \text{前面} \begin{cases} u = \left(\dfrac{R_x}{|R_z|} + 1 \right) \Big/ 2 \\ v = \left(\dfrac{R_y}{|R_z|} + 1 \right) \Big/ 2 \end{cases} \tag{49-4}$$

最后依据纹理坐标在对应的立方体环境图上执行纹理查找即可。

三、算法设计

(1) 读入 6 幅天空盒的环境图。
(2) 计算当前点的反射向量。
(3) 比较反射向量的 x 分量、y 分量和 z 分量。
(4) 如果反射向量的 x 分量最大，故使用立方体"左面"或"右面"的环境图进行索引。
(5) 如果反射向量的 y 分量最大，故使用立方体"底面"或"顶面"的环境图进行索引。
(6) 如果反射向量的 z 分量最大，故使用立方体"后面"和"前面"的环境图进行索引。
(7) 将采样颜色设置为材质的漫反射率和环境反射率。
(8) 为了避免高光对环境贴图效果的影响，将高光反射率设置为 0。

四、案例设计

```
CVector3 View(CurrentPoint, Eye);                              //视向量代替入射光线
View=View.Normalize();
CVector3 R=2*DotProduct(View, ptNormal)*ptNormal-View;         //结果为单位向量
CT2 TextureAddress;                                            //图像纹理地址
CRGB DiffuseColor;                                             //纹素颜色
//判断 x 方向分量
if (fabs(R.x)>=fabs(R.y)&&fabs(R.x)>=fabs(R.z))
{
    if (R.x>=0)
    {
        TextureAddress.u=(-R.z/fabs(R.x)+1)/2*(pTexture[1].bmp.bmWidth-1);
        TextureAddress.v=(R.y/fabs(R.x)+1)/2*(pTexture[1].bmp.bmHeight-1);
        DiffuseColor=pTexture[1].SampleTexture(TextureAddress);     //right
    }
    else
    {
        TextureAddress.u=(R.z/fabs(R.x)+1)/2*(pTexture[0].bmp.bmWidth-1);
        TextureAddress.v=(R.y/fabs(R.x)+1)/2*(pTexture[0].bmp.bmHeight-1);
        DiffuseColor=pTexture[0].SampleTexture(TextureAddress);     //left
    }
}
//判断 y 方向分量
if (fabs(R.y)>=fabs(R.x)&&fabs(R.y)>=fabs(R.z))
{
    if (R.y>=0)
    {
        TextureAddress.u=(R.x/fabs(R.y)+1)/2*(pTexture[3].bmp.bmWidth-1);
        TextureAddress.v=(R.z/fabs(R.y)+1)/2*(pTexture[3].bmp.bmHeight-1);
        DiffuseColor=pTexture[3].SampleTexture(TextureAddress);     //Top
    }
```

```
            else
            {
                TextureAddress.u=(-R.x/fabs(R.y)+1)/2*(pTexture[2].bmp.bmWidth-1);
                TextureAddress.v=(R.z/fabs(R.y)+1)/2*(pTexture[2].bmp.bmHeight-1);
                DiffuseColor=pTexture[2].SampleTexture(TextureAddress);      //Bottom
            }
        }
        //判断 z 方向分量
        if (fabs(R.z)>=fabs(R.y)&&fabs(R.z)>=fabs(R.x))
        {
            if (R.z>=0)
            {
                TextureAddress.u=(R.x/fabs(R.z)+1.0)/2*(pTexture[5].bmp.bmWidth-1);
                TextureAddress.v=(R.y/fabs(R.z)+1.0)/2*(pTexture[5].bmp.bmHeight-1);
                DiffuseColor=pTexture[5].SampleTexture(TextureAddress);      //Front
            }
            else
            {
                TextureAddress.u=(-R.x/fabs(R.z)+1.0)/2*(pTexture[4].bmp.bmWidth-1);
                TextureAddress.v=(R.y/fabs(R.z)+1.0)/2*(pTexture[4].bmp.bmHeight-1);
                DiffuseColor=pTexture[4].SampleTexture(TextureAddress);      //Back
            }
        }
        pScene->pMaterial->SetDiffuse(DiffuseColor);          //设置材质的漫反射率
        pScene->pMaterial->SetAmbient(DiffuseColor);          //设置材质的环境反射率
```

五、案例小结

（1）立方体方法将 6 幅图像投影到环境上，没有产生变形和出现接缝。

（2）立方体方法映射时，从视点出发沿着反射向量方向，前、后、上、下、左、右 6 次渲染场景。

（3）立方体方法的环境贴图已经广泛应用于电子游戏中，因为设计者可以不付出任何代价就可以轻易构造复杂环境。

（4）由于环境映射并未将纹理绑定到曲面上，所以纹理图不仅可以跨曲面映射，而且随着物体的旋转，纹理图保持不动。

（5）优点：立方体方法的计算量很小。缺点：需要指定较多的环境贴图。

六、案例拓展

（1）在立方体模型上贴图 49-5 所示天空盒图，效果如图 49-5 所示，试构造立方体天空盒。

（2）在球模型上贴环境图。试基于立方体方法绘制球体的环境贴图，如图 49-6 所示。

说明：上述两个拓展题均要求去掉镜面反射光。

图 49-5 天空盒

图 49-6 基于立方体方法的球体环境贴图

案例50　读入外部模型算法

知识点

- OBJ 模型结构。
- 旋转法向量。

一、案例需求

1. 案例描述

参照图 50-1(a) 所示的铸客大鼎（又称楚大鼎）照片，使用 Blender 软件建立三维模型，如图 50-1(b) 所示，Blender 软件渲染效果如图 50-1(c) 所示。试将铸客大鼎模型导出为 OBJ 文件，分别绘制线框图、光照图和纹理图的旋转动画。

(a) 照片(彩插图34)

(b) Blender模型

(c) 渲染效果

图 50-1　铸客大鼎

2. 功能说明

（1）定义三维右手世界坐标系，原点位于客户区中心，x 轴水平向右为正，y 轴垂直向上为正,z 轴指向观察者。

（2）定义三维左手屏幕坐标系,原点位于客户区中心,x 轴水平向右为正,y 轴垂直向上为正,z 轴指向屏幕内部。设置屏幕背景色为黑色。

（3）建立三维右手建模坐标系,原点位于客户区中心,x 轴水平向右为正,y 轴垂直向上为正,z 轴指向观察者。

（4）使用 Blender 软件建立铸刻大鼎的三维模型,并导出为 OBJ 文件,小面选择为三角形。

（5）在 BCGL 程序中导入 OBJ 文件,分别读出顶点数组、纹理数组和法向量数组。

（6）根据顶点数组和小面数组建立物体的线框模型。

（7）根据顶点数组、法向量数组和小面数组建立物体的三维模型,使用 Blinn-Phong 算法为大鼎添加光照。

（8）根据顶点数组、纹理坐标数组、法向量数组和小面数组建立物体的三维模型,导入 Blender 中生成的纹理图,建立物体的真实感模型。

（9）使用键盘上的方向键或者工具栏上的"动画"图标按钮播放绕 y 轴旋转的大鼎的动画。

3. 案例效果图

读入铸客大鼎 OBJ 模型,使用透视投影绘制的线框模型如图 50-2（a）所示。使用 Blinn-Phong 光照模型绘制效果如图 50-2（b）所示。使用纹理映射技术绘制的真实感图形如图 50-2（c）所示。

二、案例分析

前面讲解的立方体、球体等案例中,三维模型全部在程序中建立。茶壶案例中,模型通过外部读入顶点表和小面表后在程序中建立。对于复杂的房子、货车或人物角色,无法像定义立方体一样手动定义顶点、法线和纹理坐标。设计并制作复杂三维模型的工作应该交给 Blender、3ds max 或者 Maya 这样的工具软件,直接把这些模型导入应用程序中,而常用的外部模型有 OBJ、Ply 等,本案例重点介绍 OBJ 模型。

1. 解析 OBJ 文件

OBJ 文件是 Wavefront 公司开发的 3D 模型文件格式。OBJ 文件是一种文本文件,可以直接用写字板进行查看和编辑。OBJ 文件中,文件以行为单位表示一条数据,可以根据行开头的字符判断后续的内容：字符"#"表示注释行,v 代表物体顶点位置,vt 代表纹理坐标、vn 代表顶点法向量、f 代表小面。其中,f 用空格间隔的元素表示小面的顶点数量。每个元素的格式为"顶点索引号/纹理索引号/法向量索引号"。需要指出的是,OBJ 文件的小面不是只有三角形,也可以有四边形甚至五边形。为编程简单,已进行约定,所读入的 OBJ 文件都使用三角形小面表示。

2. 旋转法向量

OBJ 文件中的法向量是读入的。如果旋转物体而不旋转法向量,则会造成光照错误。图 50-3 中,三角形顶点坐标为 V_0、V_1、V_2,3 个顶点的法向量等于面法向量 $\boldsymbol{N}$。

因为法向量垂直于三角形表面,故由平面方程知道

$$\boldsymbol{N V} = 0$$

用 $\boldsymbol{V}$ 表示三角形下面上的任意一点,则

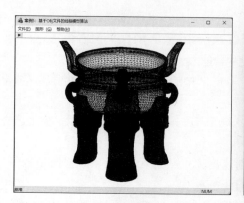
(a) 线框模型

(b) 光照模型(彩插图35(a))

(c) 真实感图形

图 50-2 铸客大鼎渲染效果图(彩插图 35(b))

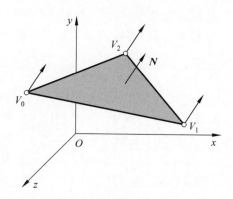

图 50-3 法向量垂直于三角形表面

$$[x \quad y \quad z]\begin{bmatrix} n_x \\ n_y \\ n_z \end{bmatrix} = 0 \tag{50-1}$$

式中，$[x \quad y \quad z]$ 为 $\boldsymbol{V}$，$\begin{bmatrix} n_x \\ n_y \\ n_z \end{bmatrix}$ 为 $\boldsymbol{N}$。

设 M 为三维非齐次坐标表示的变换矩阵,则式(50-1)可改写为

$$[x \quad y \quad z] M M^{-1} \begin{bmatrix} n_x \\ n_y \\ n_z \end{bmatrix} = 0 \qquad (50\text{-}2)$$

式中,$[x \quad y \quad z]M$ 是变换后的三角形顶点 $V'=VM$。$M^{-1}\begin{bmatrix} n_x \\ n_y \\ n_z \end{bmatrix}$ 是用列阵表示的变换后的法向量 $(N')^T = M^{-1} N^T$。变换后的法向量用行阵表示为

$$N' = [n_x \quad n_y \quad n_z](M^{-1})^T \qquad (50\text{-}3)$$

式(50-3)表示,变换后的法向量 N' 仍然垂直于变换后的三角形表面(用 V' 表示)。N' 为变换矩阵的逆转置。由于法向量到世界坐标系的变换矩阵是正交矩阵,转置矩阵与逆矩阵相等,所以对法向量进行三维变换即可。

说明: BCGL 是笔者在博创研究所开发的图形程序,也就是本套案例集合所展示的,用 C++语言开发的程序平台。BCGL 曾获得 2021 年山西省教学成果二等奖。

三、算法设计

(1) 读入元素个数,包括以 v 开头的顶点数量、以 vt 开头的纹理坐标数量、以 vn 开头的法向量数量和以 f 开头的小面数量。

(2) 动态定义顶点数组,对于以 v 开头的顶点位置,读出 x、y、z 坐标。

(3) 动态定义纹理数组,对于以 vt 开头的纹理,读出 u、v 坐标。

(4) 动态定义法向量数组,对于以 vn 开头的法向量,读出 x、y、z 分量坐标。

(5) 循环访问每个三角形小面,对三角形顶点进行透视投影。计算三角形顶点的纹理坐标、法向量,调用 PhongShader 算法绘制光照场景。

(6) 对纹理图像进行采样(这里推荐的是 DIB 位图),将颜色设置为材质的漫反射率和环境反射率。

(7) 调用 Blinn-Phong 光照模型,为每个三角形像素点(fragment)计算光强,使用 zBuffer 算法对三角形进行消隐后,绘制真实感图形。

四、案例设计

1. 读入用行表示的元素个数

```
void CModel::ReadNumber(void)                       //读入元素个数
{
    CStdioFile file;                                //文件流对象
    if (!file.Open(FileName, CFile::modeRead))      //以只读方式打开文件
    {
        MessageBox(NULL, _T("文件不存在!"), _T("Warning"), MB_ICONEXCLAMATION);
        return;
    }
    CString strLine;                                //行字符串
    while (file.ReadString(strLine))                //按行读取
    {
        //当前行以"v+空格"开头时读取
```

```cpp
            if (strLine[0]=='v'&&strLine[1]==' ')
                nTotalVertex++;
            //当前行以"vt+空格"开头时读取
            if (strLine[0]=='v'&&strLine[1]=='t'&&strLine[2]==' ')
                nTotalTexture++;
            //当前行以"vn+空格"开头时读取
            if (strLine[0]=='v'&&strLine[1]=='n'&&strLine[2]==' ')
                nTotalNormal++;
            //当前行以"f+空格"开头时读取
            if (strLine[0]=='f'&&strLine[1]==' ')
                nTotalFace++;
        }
        file.Close();
}
```

程序说明：读取元素行是为了动态定义数组。

2. 读入顶点表

```cpp
void CModel::ReadVertex(void)
{
    CStdioFile file;                              //文件流对象
    if (!file.Open(FileName, CFile::modeRead))    //以只读方式打开文件
        return;
    V=new CP3[nTotalVertex];
    int indexLine=0;
    CString strLine;                              //存放文件中每行字符串的缓冲区
    while (file.ReadString(strLine))              //按行读取
    {
        //当前行以"v+空格"开头时读取点表
        if (strLine[0]=='v'&&strLine[1]==' ')
        {
            CString str[3];                       //将 strLine 以'空格'为间隔符分割
            for (int i=0; i<3; i++)
                AfxExtractSubString(str[i], strLine, i+1, ' ');
            V[indexLine].x=_wtof(str[0]);         //将 CSting 类型转换为 double 类型
            V[indexLine].y=_wtof(str[1]);
            V[indexLine].z=_wtof(str[2]);
            indexLine++;
        }
    }
    file.Close();
}
```

程序说明：将 strLine 以'空格'为间隔符分割，并把第 $i+1$ 段赋值给 $str[i]$（开头字符'v'为第 0 段）。

3. 读入纹理坐标

```cpp
void CModel::ReadTexture(void)
{
    CStdioFile file;                              //文件流对象
    if (!file.Open(FileName, CFile::modeRead))    //以只读方式打开文件
        return;
```

```
T=new CT2[nTotalTexture];
int indexLine=0;
CString strLine;                                    //行字符串
while (file.ReadString(strLine))                    //按行读取
{
    if (strLine[0]=='v'&&strLine[1]=='t'&&strLine[2]==' ')
    //当前行以"vt+空格"开头时读取纹理坐标
    {
        CString str[2];
        //将 strLine 以'空格'为间隔符分割,并把第 j+1 段赋值给 str[j](开头字符'vt'
        //为第 0 段)
        for (int i=0; i<2; i++)
            AfxExtractSubString(str[i], strLine, i+1, ' ');
        T[indexLine].u=_wtof(str[0]);
        T[indexLine].v=_wtof(str[1]);
        indexLine++;
    }
}
file.Close();
}
```

五、案例小结

（1）本案例读入 OBJ 文件建立了复杂物体的数学模型。OBJ 文件一般包含物体的顶点坐标 v、纹理坐标 vt、法向量坐标 vn 和表面信息 f。从小面 f 的空格数量可以看出小面的顶点数。

（2）为降低编程难度，规定小面全部细化为三角形。

（3）OBJ 文件的"顶点/纹理/法向量的索引号"从 1 开始，而不是从 0 开始，读取数据后要进行减一操作。

（4）OBJ 文件中空格是主要的分隔符。有时来自 3D 扫描仪的数据用两个空格分开各个元素，而非一个空格。

（5）由于三角形小面的法向量是读入值，只能保证初始状态下正确。对物体进行三维变换的同时，也要对法向量进行同样的变换，如图 50-4 所示。

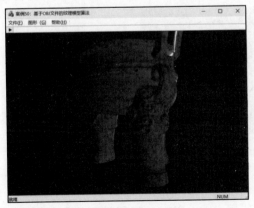

(a) 未旋转　　　　　　　　　　(b) 旋转了

图 50-4　旋转法向量

（6）有了 OBJ 模型，就可以使用本案例集给出的 Blinn-Phong 算法为 OBJ 模型加上纹理和光照效果。

（7）本案例给出的是一个通用程序，只要准备好 OBJ 文件和对应的纹理图像都可以绘制出复杂模型，如图 50-5 所示。

(a) 海豚　　　　　　(b) 花瓶　　　　　　(c) 月亮

图 50-5　读入 OBJ 绘制复杂模型效果图

六、案例拓展

（1）使用 Blender 软件建立茶壶模型并导出为 OBJ 文件。分别将图 50-6 所示的漫反射图、法线图和高光图映射到茶壶表面上。试绘制光照茶壶旋转动画，效果如图 50-6(d) 所示。

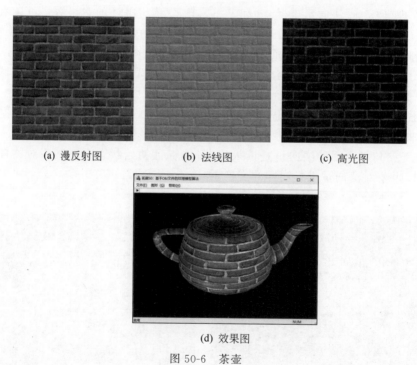

(a) 漫反射图　　　　　(b) 法线图　　　　　(c) 高光图

(d) 效果图

图 50-6　茶壶

（2）使用 Blender 软件建立甜甜圈模型，使用 Blinn-Phong 光照模型绘制如图 50-7 所示的真实感图形旋转动画。

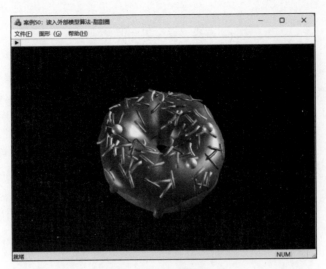

图 50-7 甜甜圈效果图

参考文献

[1] 孔令德. 计算机图形学基础教程(Visual C++版)[M].3版.北京:清华大学出版社,2024.
[2] 孔令德. 计算机图形学实践教程(Visual C++版)[M].2版.北京:清华大学出版社,2013.
[3] 孔令德. 计算几何算法与实现(Visual C++版)[M].北京:电子工业出版社,2017.
[4] 孔令德,康凤娥. 计算机图形学基础教程(Visual C++版)习题解答与编程实践[M].2版.北京:清华大学出版社,2019.
[5] 孔令德,康凤娥. 计算机图形学实验及课程设计(Visual C++版)[M].2版.北京:清华大学出版社,2018.
[6] 孔令德. 计算机图形学——理论与实践项目化教程[M].北京:电子工业出版社,2020.
[7] 孔令德,康凤娥. 三维计算机图形学[M].北京:高等教育出版社,2020.
[8] 孔令德,康凤娥. 计算机图形学(微课版)[M].北京:清华大学出版社,2021.